农产品技术性贸易措施热点问题与案例研究

钱永忠　郭林宇　主编

中国质量标准出版传媒有限公司
中　国　标　准　出　版　社

北　京

图书在版编目（CIP）数据

农产品技术性贸易措施热点问题与案例研究 / 钱永忠，郭林宇主编．—北京：中国标准出版社，2021.6

ISBN 978-7-5066-9818-4

Ⅰ.①农… Ⅱ.①钱… ②郭… Ⅲ.①农产品—技术贸易—贸易协定—案例—中国 Ⅳ.① F752.652

中国版本图书馆 CIP 数据核字（2021）第 100635 号

中国质量标准出版传媒有限公司
中 国 标 准 出 版 社 出版发行

北京市朝阳区和平里西街甲 2 号（100029）

北京市西城区三里河北街 16 号（100045）

网址：www. spc. net. cn

总编室：（010）68533533 发行中心：（010）51780238

读者服务部：（010）68523946

中国标准出版社秦皇岛印刷厂印刷

各地新华书店经销

*

开本 710×1000 1/16 印张 16.75 字数 266 千字

2021 年 6 月第一版 2021 年 6 月第一次印刷

*

定价：75.00 元

编委会

前　言

我国加入世界贸易组织（WTO）以后，为促进国内协调与实施《技术性贸易壁垒协定》(《TBT 协定》) 和《卫生与植物卫生措施协定》(《SPS 协定》)，加强各有关部门在技术性贸易措施建设和实施方面的信息交流与配合，建立符合 WTO 规则和国际通行做法、信息通畅、措施协调、反应快速的技术性贸易措施协调机制，2003 年，国务院批准设立“全国技术性贸易措施部际联席会议制度”。农业部作为部际联席会议成员单位之一，于 2004 年启动了农产品技术性贸易措施官方评议工作。多年来，通过加强业务技术储备、专业组织建设和人才队伍培养，农产品技术性贸易措施评议质量和效率不断提高，评议效果逐步显现，共计对 4000 余项农产品技术性贸易措施通报开展了深入评议，其中澳大利亚虾及虾产品进口措施等重点评议意见得到成员认同和采纳，为我国相关产品顺利出口创造了有利条件。

随着中国农业对外开放程度的提高，农产品国际贸易依存度不断提升，与世界农产品市场的关联度日趋紧密，受技术性贸易措施的影响日益加深。一方面，世界经济复苏步伐放缓，无论是发达成员还是发展中成员，都在积极强化技术性贸易措施布局，加强对自身贸易利益的保护，我国农产品出口遭遇技术性贸易壁垒的形势日趋严峻。科学运用 WTO 规则防范和化解农产品出口遭遇不合理限制的能力需要全面加强。另一方面，我国农产品进口量快速增长，已成为世界最大的农产品进口国，2019 年农产品贸易逆差达 718.7 亿美元，国际市场对我国农产品相关法规和技术标准的关注度日益提高。如何更好地符合并合理运用 WTO 规则保护进口农产品消费安全和动植物卫生安全显得十分迫切。国际新形势、新环境以及当前和今后一个时期以国内大循环为主体、国内国际双循环互相促进的新发展格局，对我国深入参与农产品技术性贸易措施国际规则的制定与运用提出了更高要求，需要我们更全面了解相关国际规则，更准确把握相关国际动态与趋势，更深入分析借鉴国际实践经验，为更好地遵守规则、运用规则和深入参与制定规则打下坚实的基础。为此，我们组织长期从事和研究相关业务的专家编写了本书，供从事农产品技术性贸易措施研究和工作的人员参考。

本书共分6章，第一章介绍农产品技术性贸易措施国际规则，系统阐述了制定和实施农产品技术性贸易措施需遵守的《TBT协定》《SPS协定》的主要内容、原则和执行进展；第二章至第四章分别是CAC国际食品法典标准、IPPC国际植物检疫和OIE动物卫生进展与热点，全面介绍了《SPS协定》认可的3个国际标准化机构的概况、主要进展及近年讨论的热点议题。第五章介绍了TBT/SPS特别贸易关注进展与热点，梳理分析了1995—2019年TBT/SPS特别贸易关注发展趋势、近年热点议题及我国运用SPS特别贸易关注机制解决具体关注的实践案例。第六章是TBT/SPS争端解决案例评析，选取了墨西哥诉美国金枪鱼案Ⅱ等4个比较典型的争端解决案例，详细介绍了WTO专家组及上诉机构对《TBT协定》《SPS协定》相关条款的引用与阐释，并总结了这些争端解决案例带来的经验与启示。中国诉美国禽肉限制措施案是我国在WTO提起诉讼并获胜诉的争端案例，由于案件亲历者在《世贸组织规则博弈：中国参与WTO争端解决的十年法律实践》一书中翔实阐述了该案的全貌，本书不再赘述。

本书的编写得到了农业农村部农产品质量安全监管司领导的亲切关怀和热情指导，同时得到了业内专家和同仁的大力支持与密切配合，在此一并表示衷心感谢！

虽然编写人员努力完善书稿，力图向读者传递全面准确的知识内容，但囿于时间和水平，书中难免存在不足与疏漏之处，恳请读者和业内同行批评指正。

编者

2021年5月

目 录

第一章　农产品技术性贸易措施国际规则

世界贸易组织（World Trade Organization，WTO）是世界最大的多边贸易组织，成立于1995年1月1日，总部设在瑞士日内瓦，目前有164个成员，成员的贸易总额占世界贸易总额的98%。WTO的前身是《关税与贸易总协定》（General Agreement on Tariffs and Trade，GATT），WTO成立后，GATT作为一项单独的协定纳入WTO一揽子协定中。在过去60年中，WTO及其前身GATT帮助建立了一个强大和繁荣的国际贸易体系，从而促进了前所未有的全球经济增长。由成员共同谈判和签署的一系列协定是WTO的核心，这些协定是世界上大部分贸易成员国际贸易体系的法律基础和规则。尽管WTO相关协定在细节上不尽相同，但是通常可以按照货物、服务和知识产权划分为3个领域，每个领域都有一个总的协定，如货物领域的《关税与贸易总协定》（General Agreement on Tariffs and Trade，GATT）、服务领域的《服务贸易总协定》（General Agreement on Trade in Service，GATS）以及知识产权领域的《与贸易有关的知识产权协定》（Agreement on Trade-Related Aspects of Intellectual Property Rights，TRIPs）。在这些总的协定项下，针对特定领域或特定问题的特殊要求，制定了若干附加协定和附件。其中，管辖技术性贸易措施的协定是货物贸易领域GATT项下的《技术性贸易壁垒协定》（Agreement on Technical Barriers to Trade，简称《TBT协定》）和《实施卫生与植物卫生措施协定》（Agreement on the Application of Sanitary and Phytosanitary Measures，简称《SPS协定》）。国际贸易中农产品技术性贸易措施的制定、采纳和实施需要遵守这两项协定规定的国际规则。

第一节 《TBT 协定》及执行进展

一、《TBT 协定》的背景与内容

1.《TBT》协定的背景

GATT 期间（1948—1994 年），全球贸易领域关税大幅削减，关税措施对国际贸易的影响逐渐减弱，非关税措施对国际贸易的影响日益凸显。技术性贸易壁垒是出口商最大的非关税壁垒。一方面，各缔约方需要采取技术法规、标准等非关税措施实现保护人类健康和保护环境等公共政策目标，尽管此类措施具有合理性，但在客观上可能会对其他缔约方的贸易产生一定影响。另一方面，技术法规和标准在技术上通常很复杂，比关税更不透明且更难以量化，可能会被成员用于保护内部生产商免受来自成员外部的生产商的竞争，构成不必要的贸易限制。随着各缔约方制定和采用技术法规及标准的数量显著增长，不同成员间因此类措施的差异性导致出口商的成本大大增加，对中小企业的影响尤为明显。

在 GATT 东京回合多边贸易谈判（1973—1979 年）中，部分缔约方经过数年磋商签署了多边性质的《TBT 协定（1979）》，又被称为《标准守则》。该协定对制定、采纳和实施技术法规、标准和合格评定程序的原则做出规定，帮助各缔约方区分相关措施是基于合法目标还是基于保护主义目的。之后，在 GATT 乌拉圭回合多边贸易谈判（1986—1994 年）中，各缔约方在强化和明确《标准守则》相关规定的基础上对其进行了修订，达成了新版本的多边性质的《TBT 协定》。该协定包含于 1994 年 4 月 15 日在马拉喀什签署的乌拉圭回合多边贸易谈判的最终法律文本之中，与其他包含在最终法律文本之中的协定，以及修订的《关税与贸易总协定 1994》(《GATT 1994》）共同构成了 WTO 成立的条约，随着 1995 年 1 月 1 日 WTO 成立而生效。

2.《TBT 协定》的适用范围

《TBT 协定》第 1.3 条明确规定该协定涵盖所有的货物贸易，包括工业品和农产品，但不涵盖服务贸易（《TBT 协定》附件 1 第 1 段）。同时，政府机构为其生产或消费要求所制定的采购规格不受该协定规定的约束

(《TBT 协定》第 1.4 条),应根据 WTO《政府采购协定》规定的范围处理;《SPS 协定》附件 A 定义的卫生与植物卫生措施不受该协定规定的约束(《TBT 协定》第 1.5 条),应根据《SPS 协定》规定的范围处理。《TBT 协定》涵盖的措施有 3 类,包括技术法规、标准和合格评定程序。《TBT 协定》附件 1 对这 3 类措施给出了准确定义。

技术法规是指规定强制执行的产品特性或其相关工艺和生产方法,包括适用的管理规定在内的文件;该文件可包括适用于产品、工艺或生产方法的专门术语、符号、包装、标志或标签要求。可见,技术法规具有强制性的属性,规定的是强制遵守的要求。技术法规涉及的具体产品和措施类型可能差异很大,也可能是具体的,例如规定某种肥料或饲料产品的技术要求,或撤销某种农药的使用授权;也可能是更具普遍性的措施,例如制定有机农产品标签标准。尽管具体形式和内容不同,但技术法规的共同点是通过某种形式的政府干预,如法律、法规、法令、法案,使市场准入满足技术法规规定的要求。技术法规需要同时符合 3 个要件:1)法规文件中规定的要求必须适用于可识别的一个或一组产品(即使没有在文件中明确指出);2)相关要求必须规定产品的一项或多项特性(这些特性可能是产品本身固有的,或与其相关的);3)符合产品特性必须是强制性的。

标准是指经公认机构批准的、规定非强制执行的,供通用或重复使用的产品或相关工艺和生产方法的规则、指南或特性的文件。该文件可包括适用于产品、工艺或生产方法的专门术语、符号、包装、标志或标签要求。标准可以由政府机构制定,也可以由非政府机构制定。与技术法规不同,标准不是强制性的。然而,标准经常被用作制定技术法规和合格评定程序的基础,在这种情况下,标准规定的要求会由于政府的干预而成为强制性要求。《TBT 协定》专门制定了“制定、采用和实施标准的良好行为规范”(简称“良好行为规范”),作为《TBT 协定》附件 3。该规范向所有标准化机构开放,提供了标准制定的程序指南,如规定标准制定应透明,标准化机构应该接受评议并避免不必要的重复。目前,192 个标准化机构接受了“良好行为规范”。

合格评定程序是指任何直接或间接用以确定是否满足技术法规或标准中的相关要求的程序,特别包括抽样、检验和检查,评估、验证和合格保证,注册、认可、批准以及各项的组合。合格评定程序让消费者对产品诚信更有信心，增加了生产商营销声明的价值。由于不同的合格评定程序对贸易的影响不同，在特定情形下选择使用哪种合格评定程序是一个关键问题。风险水平是影响选择的一个不确定因素，例如在风险危害足够高的情况下，某些成员可能会选择比供应商自我声明合格成本更高的第三方认证。

3.《TBT 协定》的目标宗旨

《TBT 协定》对所有 WTO 成员具有约束力，其宗旨是为促进国际贸易的自由和便利，鼓励在技术法规、标准和合格评定程序方面开展广泛的国际协调，规范各成员实施技术性贸易措施的行为，指导成员制定、采用和实施合理的技术性贸易措施，遏制以带有歧视性的技术性贸易措施为主要表现形式的贸易保护主义，最大限度地减少国际贸易中的技术性贸易壁垒。各成员为实现公共政策目标采取监管措施的理由很多，协定明确指出，成员制定技术法规、标准和合格评定程序应具有维护国家基本安全、防止欺诈行为、保护人类健康或安全、保护动物或植物的生命或健康、保护环境等合理的目标和理由。但即使成员基于合理的目标和理由制定技术性贸易措施，这些措施仍会不可避免地影响国际贸易。因此，在满足《TBT 协定》规定的合法目标的基础上，遵守 WTO 和《TBT 协定》规定的多边贸易规则非常重要。实施《TBT 协定》的目的是帮助各成员在“维持合法的法规政策目标”与“遵守 WTO 多边贸易规则”之间实现平衡，避免对国际贸易造成不必要的障碍。

4《TBT 协定》的主要内容

《TBT 协定》共包含 15 条和 3 个附件，协定框架结构见表 1-1。第 1 条总则主要规定了《TBT 协定》的适用范围。第 2 条和第 3 条规定了中央政府机构、地方政府机构和非政府机构制定、采用和实施技术法规需遵守的要求。第 4 条规定了中央政府机构、地方政府机构和非政府机构制定、采用和实施标准需遵守“附件 3 关于制定、采用和实施标准的良好行为规范”。第 5 条 ~ 第 9 条规定了中央政府机构、地方政府机构、非政府机构、国际和区域体系在合格评定程序方面应遵守的要求。第 10 条规定了设立咨询点和通报机构及相关的信息要求。第 11 条和第 12 条规定了对其他成员的技术援助和对发展中成员的特殊和差别待遇等要求。第 13 条规定了设立技术性贸易壁垒委员会（简称“TBT 委员会”）及其职责。

第 14 条规定了《TBT 协定》项下磋商和争端解决应遵循的规定。第 15 条规定了《TBT 协定》的审议机制。附件 1 定义了技术法规、标准、合格评定程序、国际机构或体系、区域机构或体系、中央政府机构、地方政府机构、非政府机构 8 个术语。附件 2 规定了设立争端解决技术专家小组的程序。附件 3 给出了制定、采用和实施标准的良好行为规范。

表 1-1 《TBT 协定》框架结构

条款号	条款内容
序言	目标宗旨
第 1 条	总则
第 2 条	中央政府机构制定、采用和实施的技术法规
第 3 条	地方政府机构和非政府机构制定、采用和实施的技术法规
第 4 条	标准的制定、采用和实施
第 5 条	中央政府机构的合格评定程序
第 6 条	中央政府机构对合格评定的承认
第 7 条	地方政府机构的合格评定程序
第 8 条	非政府机构的合格评定程序
第 9 条	国际和区域体系
第 10 条	关于技术法规、标准和合格评定程序的信息
第 11 条	对其他成员的技术援助
第 12 条	对发展中成员的特殊和差别待遇
第 13 条	技术性贸易壁垒委员会
第 14 条	磋商和争端解决
第 15 条	最后条款
附件 1	本协定中的术语及其定义
附件 2	技术专家小组
附件 3	关于制定、采用和实施标准的良好行为规范

二、《TBT 协定》的主要原则

《TBT 协定》具有其他 WTO 协定所共有的许多基本原则，如非歧视、透明度以及协定执行过程中的对发展中成员的技术援助、特殊和差别待遇。同时,《TBT 协定》还包括一些关于对货物贸易有影响的法规措施的特殊规定，如鼓励使用国际标准、强调避免不必要的贸易壁垒、等效原则等。这些规定与实施协定的若干具体指南共同支撑《TBT 协定》成为处理与贸易有关的技术性贸易措施的独特多边工具。

1. 非歧视

在《TBT 协定》项下，成员必须确保 TBT 措施不在本成员的产品和本成员之外的产品之间构成歧视，称为国民待遇；也不能在其他成员之间构成歧视，不能给予某一成员比其他成员更优惠的待遇，称为最惠国待遇。即从任何成员领土进口的产品都应被给予与本成员“同类产品”和从其他成员进口的“同类产品”相同的待遇。该原则适用于《TBT 协定》的 3 类措施：技术法规（第 2.1 条）、合格评定程序（第 5.1.1 条）和标准（附件 3.D），见表 1-2。

表 1-2 《TBT 协定》关于非歧视原则的条款

条款号	适用措施	条款内容
2.1	技术法规	各成员应保证在技术法规方面，给予源自任何成员领土进口的产品的待遇不低于其给予本成员同类产品或来自任何其他成员同类产品的待遇
5.1.1	合格评定程序	合格评定程序的制定、采用和实施，应在可比的情况下以不低于给予本成员同类产品的供应商或源自任何其他成员同类产品的供应商的条件，使源自其他成员领土内产品的供应商获得准入；此准入使产品供应商有权根据该程序的规则获得合格评定，包括在该程序可预见时，在设备现场进行合格评定并能得到该合格评定体系的标志
附件 3.D	标准	在标准方面，标准化机构给予源自 WTO 任何其他成员领土产品的待遇不得低于给予本成员同类产品和源自任何其他成员同类产品的待遇

判断成员是否违反非歧视原则，需要界定两个关键要素：一是涉及的产品是否是“同类产品”；二是是否给予进口产品国民待遇或最惠国待遇。确定“同类产品”，需要综合考虑产品的物理特性、最终用途、消费者的口味及习惯、税则归类以及进行比较的产品之间的“竞争关系”。如“印度尼西亚诉美国丁香烟案”中，美国称为减少年轻人吸烟，禁止生产和销售含有烟草香味或薄荷香味以外的香烟。印度尼西亚在争端解决中没有对

减少吸烟的重要性提出异议，但抱怨这项措施阻止了印度尼西亚向美国出口丁香味香烟。印度尼西亚认为禁止一种风味的香烟（丁香味香烟），而没有禁止另一种风味的香烟（薄荷味香烟），这种规定具有歧视性。根据产品之间的“竞争关系”，WTO 最终裁决确定从印度尼西亚进口的丁香味香烟和美国生产的薄荷味香烟是“同类产品”，禁止主要在印度尼西亚生产的丁香味香烟，但不禁止主要在美国生产的薄荷味香烟，构成歧视，违反了《TBT 协定》非歧视原则。关于国民待遇或最惠国待遇，WTO 上诉机构引入了术语“合法监管特性”。实际上，某些负面影响可能是任何一项对贸易有影响的法规的正常后果。例如，肉类在长距离运输之前必须冷冻，对于本地生产商和海外出口商会产生不同的成本。但这并不意味着对海外出口商给予了不优惠的待遇，也不意味着歧视，只是全球范围内进行交易的自然结果。因此，如果不利影响完全来自“合法监管特性”，就无法构成违反非歧视的充分基础，则没有必要认为违反了《TBT 协定》的非歧视原则。

2. 贸易影响最小化

贸易影响最小化是指最大限度地减少国际贸易中不必要的技术性贸易壁垒。为实现这一目标，《TBT 协定》规定 WTO 成员制定、采用或实施限制贸易的 TBT 措施必须具有合法目标，并且对贸易的限制不能超出实现其合法目标所必需的限度。根据《TBT 协定》，合法目标包括国家安全要求、防止欺诈行为、保护人类健康和安全、保护动物或植物的生命或健康、保护环境等。可见，在合法目标下，协定给予了成员确定其认为适当的保护水平的权利，但该权利需要与确保不对国际贸易造成不必要的障碍相平衡。与贸易影响最小化原则相关的《TBT 协定》条款见表 1-3。

表 1-3 《TBT 协定》关于贸易影响最小化原则的条款

条款号	适用措施	条款内容
2.2	技术法规	各成员应保证技术法规的制定、采用或实施在目的或效果上均不对国际贸易造成不必要的障碍。为此目的，技术法规对贸易的限制不得超过为实现合法目标所必需的限度，同时考虑合法目标未能实现可能造成的风险。此类合法目标特别包括：国家安全要求；防止欺诈行为；保护人类健康或安全、保护动物或植物的生命或健康及保护环境。在评估此类风险时，应考虑的相关因素特别包括：可获得的科学和技术信息、有关的加工技术或产品的预期最终用途

表 1-3（续）

条款号	适用措施	条款内容
5.1.2	合格评定程序	合格评定程序的制定、采用或实施在目的和效果上不应对国际贸易造成不必要的障碍。此点特别意味着：合格评定程序或其实施方式不得比给予进口成员对产品符合适用的技术法规或标准所必需的足够信任更为严格，同时考虑不符合技术法规或标准可能造成的风险
附件 3.E	标准	标准化机构应保证不制定、不采用或不实施在目的或效果上给国际贸易制造不必要障碍的标准

《TBT 协定》不是要消除所有的贸易壁垒，而是消除那些不必要的贸易限制。必要性可以认为是措施产生的贸易限制和措施寻求减轻的风险之间的均衡度。《TBT 协定》指出对贸易的限制不能超出实现合法目标所必须的限度，需要考虑不实施相关措施的风险。评估一项措施是否超出必要的贸易限制涉及的因素包括：该措施对实现目标的贡献、目标不能实现产生的风险类型和潜在后果以及措施的贸易限制性。评估还应考虑是否存在替代措施，如果存在合理可用的、具有较小贸易限制的替代措施能够实现相同的政策目标，应该优先选择替代措施。

有时关于特定风险的信息可能是不完整的，甚至是不存在的，在某些情况下，成员可能需要解决感知到的风险。《SPS 协定》包含一项关于“相关科学证据不充分”的特殊条款（《SPS 协定》第 5.7 条），《TBT 协定》没有此类条款。但《TBT 协定》在序言中承认，不应阻止各成员在其认为适当的程度内采取必要措施，保证其出口产品的质量，或保护人类、动物或植物的生命或健康及保护环境，或防止欺诈行为。这为在缺乏完整的科学信息或其他信息的情况下采取初步措施提供了一定余地。《TBT 协定》允许成员在安全、健康、环境保护或国家安全等紧急问题或发生此类问题面临威胁时采取紧急措施。同时，《TBT 协定》规定，如果导致采取措施的情况或目标不再存在或者发生改变，可以通过对贸易限制较小的方式加以解决，则不能再维持这些措施。换言之，如果根据新的科学（或其他相关）信息重新评估后，认为不存在可感知的风险，则需要对措施进行重新审查和考虑。

3. 协调一致

当技术要求因市场而异时，贸易商必须负担满足不同市场要求产生的产品改造（或重新设计）和合格评定的成本，这就造成了市场分割、阻碍竞争和减少国际贸易的问题，国际标准可以帮助成员克服这些问题。国际标准是促进监管趋同的重要手段，通过确保各成员之间的兼容性产生规模经济和生产效率，降低交易成本，并促进国际贸易。《TBT 协定》大力鼓励成员使用相关国际标准、指南或建议，相关条款见表 1-4。

表 1-4 《TBT 协定》关于协调一致原则的条款

条款号	适用措施	条款内容
2.4	技术法规	如需制定技术法规，而有关国际标准已经存在或即将拟就，则各成员应使用这些国际标准或其中的相关部分作为其技术法规的基础，除非这些国际标准或其中的相关部分对达到其追求的合法目标无效或不适当，例如由于基本气候因素或地理因素或基本技术问题
5.4	合格评定程序	如需切实保证产品符合技术法规或标准、且国际标准化机构发布的相关指南或建议已经存在或即将拟就，则各成员应保证中央政府机构使用这些指南或建议或其中的相关部分，作为其合格评定程序的基础，除非应请求作出适当说明，指出此类指南、建议或其中的相关部分特别由于如下原因而不适合于有关成员：国家安全要求；防止欺诈行为：保护人类健康或安全、保护动物或植物生命或健康及保护环境；基本气候因素或其他地理因素；基本技术问题或基础设施问题
附件 3.F	标准	如国际标准已经存在或即将拟就，标准化机构应使用这些标准或其中的相关部分作为其制定标准的基础，除非此类国际标准或其中的相关部分无效或不适当，例如由于保护程度不足，或基本气候或地理因素或基本技术问题

《TBT 协定》没有明确规定哪些标准属于国际标准，但涉及《TBT 协定》的争端解决中给出了一些认定国际标准可参考的案例。“秘鲁诉欧共体沙丁鱼案”的焦点几乎完全集中于《TBT 协定》第 2.4 条。欧共体相关措施规定利用在欧洲捕捞的沙丁鱼（*Sardina pilchardus Walbaum*）生产的产品才能在欧盟市场上作为“罐装沙丁鱼”销售。秘鲁抱怨这一措施不符合《TBT 协定》，阻止了秘鲁出口商将主要在南美水域捕捞的沙丁鱼

（*Sardinops sagax sagax*）作为“罐装沙丁鱼”在欧盟市场出售。WTO 最后裁决认为联合国粮农组织（Food and Agriculture Organization of the United Nations，FAO）/ 世界卫生组织（World Health Organization，WHO）食品法典委员会（Codex Alimentarius Commission，CAC）的“相关国际标准”，即罐装沙丁鱼和沙丁鱼类产品的国际标准，允许在某些条件下将 *Sardinops sagax sagax* 和 *Sardina pilchardus Walbaum* 作为沙丁鱼销售，因此欧共体相关措施没有基于国际标准，不符合《TBT 协定》。“墨西哥诉美国金枪鱼案Ⅱ”中情况则有所不同。由于美国和墨西哥都签订了《国际海豚养护计划协定》（Agreement on the International Dolphin Conservation Program，AIDCP），墨西哥主张 AIDCP 海豚安全标签是 1 项国际标准，美国没有以国际标准为基础制定其标签规则。上诉机构引用《TBT 协定》附件 1 关于“国际机构或体系”的定义，该定义规定成员资格至少对所有成员的有关机构开放的机构或体系为国际机构或体系。AIDCP 并不是对所有 WTO 成员都开放加入的，新缔约方只有通过邀请才能加入，因此，不是一个国际标准化机构，其制定的标准不是“相关国际标准”，因此，美国没有义务以其措施为基础。

协调一致原则与贸易影响最小化原则有关。如果一项措施与相关国际标准一致，可以推定该措施没有制造不必要的国际贸易障碍（尽管该推定可能被挑战）。同时，因为国际标准汇聚了全球的相关科学和技术知识，国际标准的制定和使用是传播知识和促进创新的重要手段。然而，由于不同成员的偏好和情况不同，无法实现所有的措施都与国际标准协调一致。《TBT 协定》预见到某些国际标准由于气候、地理或技术等原因在某些情况下可能缺乏有效性或适用性。因此，如果一项国际标准对于实现成员所追求的公共政策目标缺乏有效性或适用性，成员可能决定不使用该项标准。协定也承认不应期望发展中成员使用与其发展、财政和贸易需求不适应的国际标准。

4. 等效

制定国际标准持续时间较长，一些国际标准要在细节上达成一致通常要花费几年时间。同时，各成员采用和执行国际标准的时间也不相同，存在时间差。基于这些原因，《TBT 协定》提出了等效原则，作为实现各成员措施协调一致的补充方法。《TBT 协定》关于等效原则的相关条款见表 1-5。

表 1-5 《TBT 协定》关于等效原则的条款

条款号	适用措施	条款内容
2.7	技术法规	各成员应积极考虑将其他成员的技术法规作为等效法规加以接受，即使这些法规不同于自己的法规，只要他们确信这些法规足以实现与自己的法规相同的目标
6.1	合格评定程序	在不损害第 3 款和第 4 款规定的情况下，各成员应保证，只要可能，即接受其他成员合格评定程序的结果，即使这些程序不同于他们自己的程序，只要他们确信这些程序与自己的程序相比同样可以保证产品符合有关技术法规或标准

如果各成员之间不互相认可彼此的技术法规和合格评定程序及其结果，当某种产品输往多个市场时就会遇到重复检验或认证等困难，程序和方法上的差异会大大增加向不同的市场销售产品的生产商的成本。反之，成员之间将其他成员的技术法规作为等效法规加以接受或认可其他成员的合格评定程序，就会消除国际贸易的技术性壁垒，大幅度减少产品重复检验和认证所增加的成本。

5. 透明度

透明度原则是《TBT 协定》的基石，由 3 个核心要素组成：1）通报技术法规草案（第 2.9 条、第 2.10 条和第 3.2 条）和合格评定程序（第 5.6 条、第 5.7 条和第 7.2 条），以及为执行《TBT 协定》而设立组织机构、采取相关措施的"一次性"通报（第 15.2 条）；2）设立通报机构（第 10.10 条）和咨询点（第 10.1 条）；3）公布技术法规（第 2.9.1 条和第 2.11 条）、合格评定程序（第 5.6.1 条和第 5.8 条）和标准（附件 3，J 和 O 段）。

（1）措施的通报

《TBT 协定》关于通报技术法规和合格评定程序草案的规定是透明度原则的重要支撑。如果一项措施没有以相关国际标准为基础且可能对其他成员的贸易产生重大影响，则拟定该措施的成员必须通过 WTO 秘书处向其他成员进行通报，通报流程及相关时限要求见图 1-1。措施必须在拟定早期的适当阶段，还可以提出修改意见并可以对这些意见进行考虑时通报。措施从通报之日开始，至少留有 60 天评议期供成员评议，在此期间，成员可以索取措施草案的副本，并就该措施向通报成员提出书面评议意见。通报成员应讨论收到的评议意见，并在最终措施中考虑这些意见。最终措施公布和生效之间应留出合理时间间隔（至少 6 个月），以使出口成员、特别是发展中成员的生产商有时间调整其产品和生产方法以适应进口成员的要求。

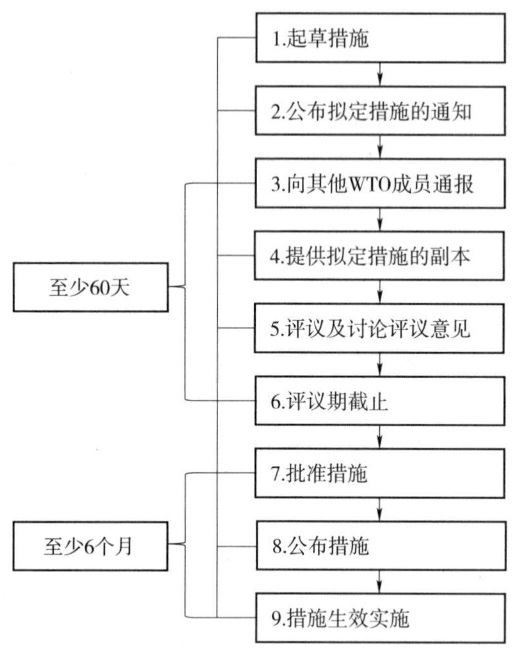

图 1-1　TBT 措施通报流程及时限要求

通报提供了有关该措施所涵盖产品的信息以及措施实施目标和理由的简要说明，通过通报增强了成员对其他成员拟议措施的预见性，有利于更好地了解和应对其他成员的市场准入要求变化。TBT 措施通报分为原始通报、补遗通报、勘误通报、修订通报及增补通报 5 类。

原始通报：成员拟议的技术法规或合格评定程序草案，应当使用原始通报格式予以通报。如果通报措施之前已经发出过“相关通报”，例如本通报是对已采纳措施的修改或补充，或者是对撤销或废除的措施的替换，应当在新通报第 8 栏标注“相关通报”的通报号。

补遗通报：补遗通报用于通报与原始通报相关的其他信息。如征求意见期变更（延长或重新开放）；通报措施通过、公布或生效，尤其是原始通报未提供相关日期或日期出现变动，鼓励成员提供措施最终版本的获取信息，包括网址；通报措施撤销或废除，如有新措施替换原通报措施，则需在可能的情况下标明新通报的通报号；通报措施的内容或范围部分变更或修改，此时，成员应当考虑制定新的征求意见期；发布解释指南；与通报或通报措施直接相关、但不属于勘误、修订或增补的任何其他实用和额外信息。

勘误通报：勘误通报用于更正原始通报、补遗通报或者通报措施文本中的行政或文书方面的小错误，此类更正应不改变内容的含义。

修订通报：通报措施在通过或生效之前被大幅重新拟定的，成员应当采用修订通报格式，修订本代替原通报，通常需要重新征求意见。

增补通报：提供通报措施的非官方译本时，成员应当采用增补通报格式进行通报。

除上述 TBT 措施通报外，根据《TBT 协定》第 15.2 条，成员有义务提交一份声明，说明其保证实施和管理《TBT 协定》（包括透明度规定）已有或已采取的措施。成员必须在其签署的 WTO 协议生效后，及时提交该声明，简要概述其如何执行《TBT 协定》。此类信息的后续变更也必须通报。成员关于实施和管理《TBT 协定》的声明载于 G/TBT/2/Add# 系列文件，已根据第 15.2 条提交声明的成员清单载于 G/TBT/GEN/1/# 系列文件，可通过 WTO 网站查阅。此外，《TBT 协定》第 10.7 条规定："只要一成员与一个或多个任何其他成员就与技术法规、标准或合格评定程序有关的问题达成可能对贸易有重大影响的协议，则至少一名属该协议参加方的成员即应通过秘书处通知其他成员该协议所涵盖的产品，包括对该协议的简要说明。"

（2）设立通报机构和咨询点

各成员应指定一个"中央政府机构"提交这些 TBT 通报（第 10.10 条）。通报应以 WTO 的 3 种官方语言（英语、法语和西班牙语）之一提交给 WTO 秘书处，由秘书处分发给成员。关于通报的信息可通过 TBT 信息管理系统（TBT IMS）公开查询。贸易伙伴关于市场准入新要求的信息对生产者和出口商至关重要，在新措施拟定的早期阶段收到相关信息的通报，可以使出口成员相关产业有机会了解出口目标市场的监管政策变化及可能对贸易产生的影响，以便产业界能够及时将其关切和评议意见传递给成员政府，由成员政府通过双边方式或在 TBT 委员会上提出并讨论这些问题。事实上，贸易伙伴有义务考虑成员提出的这些意见（第 2.9.4 条和第 5.6.4 条）。如果不能通过双边非正式程序解决成员的贸易关切，成员可以在 TBT 委员会上将相关议题作为具体的贸易关注提出。

同时，各成员还应设立一个咨询点，以便能够回答其他成员的所有合理询问，方便交换信息。咨询点的职责是处理收到的关于通报措施的评议意见，答复成员的咨询，并提供相关信息和文件。一些成员已成功将其咨询点的职能扩展到为自己的政府机构和行业提供服务。例如，一些咨询点开发了基于网络的“出口预警”系统，为利益攸关方提供关于出口市场的新要求的信息，这些信息通常来自其他成员的通报。各成员通报机构和咨询点的联系方式可以通过 TBT IMS 公开查询。

（3）措施的公布

《TBT 协定》关于措施公布要求的目的是告知成员所采取的措施的监管意图，并提供获取最终法规文本的渠道。在技术法规和合格评定程序草案正式通报之前，拟定措施的成员就应该在正式刊物上公布关于拟定措施的通知，具体说明打算采取某一措施的意图，称为“早期通知”。在技术法规和合格评定程序草案正式通报之后，一旦最终措施被批准通过，应立即予以公布。

6. 特殊和差别待遇

考虑到发展中成员在执行《TBT 协定》时可能面临的困难和挑战，《TBT 协定》规定了关于技术援助（第 11 条）和特殊和差别待遇（第 12 条）的相关条款，赋予发展中成员特殊权利，并且提供了发达成员向发展中成员提供比其他 WTO 成员更优惠的待遇的可能性。

《TBT 协定》第 11 条要求成员向其他成员，特别是发展中成员，提供咨询和技术援助。包括协助建立标准化或合格评定机构，协助建立实现成员义务或加入国际或区域合格评定体系的法律框架。还要求各成员就技术法规的制定、如何最好地符合这些技术法规以及生产商为进入合格评定系统应采取的步骤提供咨询意见。《TBT 协定》还有一项更普遍的义务，即提供建议和技术援助时优先考虑最不发达成员的需要。

《TBT 协定》第 12 条涉及对发展中成员的特殊和差别待遇。第 12.1 条和第 12.2 条规定了特殊和差别待遇的总体要求，之后的条款澄清了具体的适用情形：1）技术法规、标准和合格评定程序的制定与应用（第 12.3 条）；

2）相关技术援助（第 12.7 条）和协调（第 12.4、12.5 和 12.6 条）；3）时限的例外（第 12.8 条）、协商（第 12.9 条）和定期审查（第 12.10 条）。

WTO 成员确定了技术援助的几个优先领域，讨论了可持续技术基础设施的重要性。技术基础设施（包括实验室和认证机构），对于帮助企业融入全球价值链至关重要。这类基础设施是有效制定和设计技术法规、标准和合格评定程序的先决条件。通常，成员不仅需要达到一项标准，还必须证明遵守了这些标准，以便对出口产品的质量和安全建立信心。发展中成员缺乏适当的技术基础设施限制了出口商进入其他成员市场的能力。WTO 鼓励成员在计量、测试、认证和认可等领域提供技术合作，以改善技术基础设施。

WTO 秘书处通过技术援助活动帮助发展中成员提高了对《TBT 协定》的原则及其执行、透明度程序的运作以及 TBT 委员会的工作等事项的理解。援助形式包括区域、次区域和国家层面的研讨会和在日内瓦举办的活动，以及关于具体专题的专门课程、贸易政策课程和研讨会。此外，WTO 秘书处还帮助成员利用《TBT 协定》提供的机会维护他们的贸易利益，通过参与 TBT 委员会，成员可以在委员会讨论关注的具体措施，并审查协定条款的执行情况。国际电工委员会（International Electrotechnical Commission，IEC）、国际标准化组织（International Organization for Standardization，ISO）和联合国工业发展组织（United Nations Industrial Development Organization，UNIDO）也提供技术援助。

在《TBT 协定》实施情况第 4 次三年审议中，鼓励发达成员提供有关其向发展中成员提供的特殊和差别待遇的信息，鼓励发展中成员自行评估特殊和差别待遇的效用和益处。

三、《TBT 协定》的执行进展

1. TBT 委员会的职能及运作

根据《TBT 协定》第 13 条，应设立 TBT 委员会。TBT 委员会的目的是："为各成员提供机会，就与本协定的运用或促进其目的的实现有关的事项进行磋商，委员会应履行本协定或各成员所指定的职责。"委员会由各成员的代表组成，应选举主席，并应在必要时召开会议，每年应至少召开 1 次会议，目前通常每年举行 3 次例行会议。在举行这些会议之前，有时还会举行工作组会议或专题会议，以解决具体问题。除成员代表外，TBT 委员会还设立了观察员制度，包括政府观察员和政府间国际组织观察员。准备或启动加入 WTO 谈判的政府可以作为观察员参加 TBT 委员会会议，目的是让其更好地了解 WTO 及其活动。政府观察员拥有发言权，但没有提议权（除非该政府获得明确邀请）和参与决策权。WTO 政府间国际组织可以申请成为 TBT 委员会观察员，参加 TBT 委员会会议，目的是让此类组织了解与其利益直接相关的事项的讨论。政府间国际组织观察员拥有发言权，但没有散发文件权、提议权（除非该组织获得明确邀请）和参与决策权。

TBT 委员会的工作主要涉及两方面，一是审查具体的 TBT 措施，二是加强《TBT 协定》的执行。自第 1 次 TBT 委员会会议以来，成员一直将 TBT 委员会作为讨论其他成员特定措施（技术法规、标准或合格评定程序）相关问题的论坛。此类问题被称为“特别贸易关注”（Specific Trade Concerns，STCs），通常为影响成员贸易的具体法律、法规或程序。这些措施大多是成员向 TBT 委员会通报的处于制定过程中的拟议措施，但也有些是关于成员现行措施的实施情况的讨论。在 TBT 委员会会议上提出 STCs 有助于成员之间根据《TBT 协定》的核心义务，更多地了解彼此法规的范围、依据的理由和执行情况，并为各成员代表提供了澄清和说明潜在问题的机会。可见，TBT 委员会会议为成员提供了在透明、多边环境下进行正式和 / 或非正式磋商的机会，有利于促进解决成员之间产生的问题，或在早期阶段传递成员关注的问题。如果成员关注的贸易问题没有在委员会得到解决，则成员可能会进一步使用 WTO 正式的争端解决程序。过去 20 多年，WTO 成员向 TBT 委员会发出了 36641 项通报，其中 605 项措施在 TBT 委员会接受了 WTO 成员的详细审查，但是仅有少数措施正式进入争端解决机制，证明了委员会程序的有效性。

为强化《TBT 协定》的执行，TBT 委员会被授权每 3 年审查《TBT 协定》的执行情况，即“三年审议”。这些讨论围绕着透明度、标准、合格评定和良好监管实践等贯穿各领域的主题展开，2018 年完成了对协定的第 8 次三年审议。多年来，审议为各成员交流《TBT 协定》的执行经验提供了机会，其成果形成了一系列委员会决定和建议，指导提高《TBT 协定》的执行效力和效率，确保更有效地实施技术法规、标准和合格评定程序，避免对贸易造成不必要的障碍。此外，TBT 委员会被授权每年审查与《TBT 协定》的执行和运作有关的活动并发布年度审查报告，审查内容包括通报、STCs、技术援助活动和与 TBT 有关的争端。2020 年 2 月，TBT 委员会发布了执行《TBT 协定》的第 25 次年度审查报告。

2. TBT 措施的通报

WTO 成员发出的通报是各成员履行透明度义务和 TBT 委员会开展工作的基础。1995—2019 年 WTO 成员共发出 TBT 原始通报、补遗通报、勘误通报和修订通报共计 36641 项，通报数量呈现逐年上升趋势（见图 1-2）。总体上，WTO 成员执行《TBT 协定》透明度原则的水平有所提升，自 1995 年 WTO 成立以来，至少向秘书处提交过一项关于技术法规或合格评定程序的通报的成员有 142 位，占 WTO 成员总数的 87%；至少提交过一项协定实施和管理声明的通报的成员有 142 位，占 WTO 成员总数的 87%。相对而言，向秘书处提交关于 TBT 措施的双边或区域协议的通报比较少，仅有 23 位成员提交过此类通报，占 WTO 成员总数的 14%。2004 年以来，来自发展中成员和最不发达成员的通报数量稳步上升，推动了通报总量的增长。

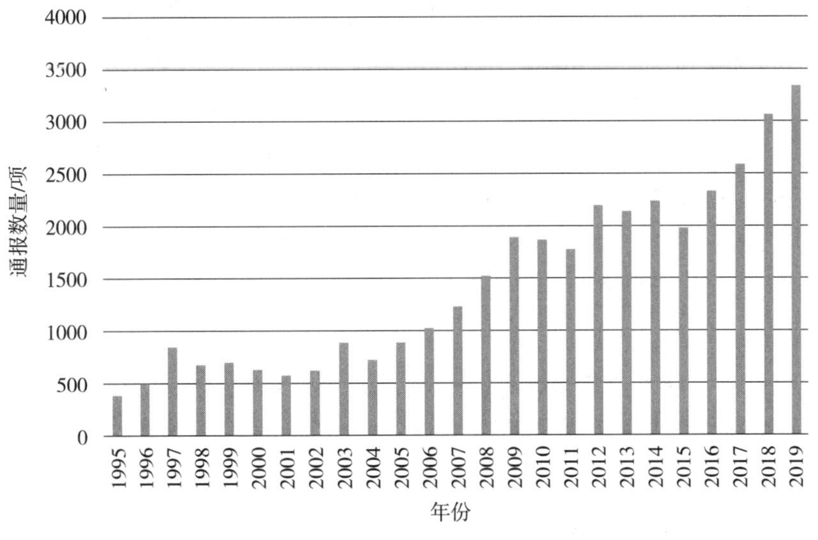

图 1-2　1995—2019 年 TBT 通报数量

2019 年，有 93 位成员向秘书提交了 3337 项 TBT 通报（包括原始通报、补遗通报、勘误通报和修订通报），发出通报的成员数量和通报措施数量均为 WTO 成立以来最多的一年。乌干达发出的通报数量最多，厄瓜多尔、美国、巴西和肯尼亚也是发出通报数量较多的成员。原始通报中，61 位发展中成员提交的通报数量占通报总量的 63%，12 位最不发达成员提交的通报数量占通报总量的 21%，其余 16% 来自发达成员。约 1/3 的原始通报来自非洲成员，远远超过其他区域。除原始通报外，成员发出的补遗通报数量也较多，2019 年发出的通报中补遗通报有 1101 项，为历年最高。补遗通报大部分与措施批准、公布或生效有关，其中约 1/2 的通报提供了最终措施文本的网址。成员提供的评议期平均数自 2015 年以来呈下降趋势，2019 年为 56.1 天，低于委员会建议的 60 天。

3. TBT 相关 STCs

尽管绝大多数通报措施不会在 TBT 委员会提起讨论，但只要 1 项通报发布，就有可能在 TBT 委员会提起讨论。WTO 成立以来，各成员共提出 605 项与 TBT 措施相关的 STCs，有 68 位成员在 TBT 委员会至少提出过一项 STC，占 WTO 成员总数的 41%。TBT 委员会每年提起讨论的 STCs 数量总体呈上升趋势（见图 1-3）。TBT 相关的 STCs 与 TBT 措施的通报密切相关，这些 STCs 中 68% 涉及发出过通报的 TBT 措施。TBT 委员会上讨论的 STCs 大部分为之前提出过的关注，一项 STC 在委员会提出的次数可能与成员对关注事项的重视程度或是否在解决关注事项方面取得进展有关。只提出 1 ~ 2 次的 STCs 可能说明已取得一些进展，而提出 5 次及以上的 STCs 可能说明进展不大。在委员会会议上提出 1 ~ 2 次的 STCs 占 56%，3 ~ 5 次的占 25%，超过 5 次的占 19%。1995 年以来各成员提出的所有 STCs 中约有 81% 在近 2 年没有再提出，这些 STCs 不再列入讨论议程，可能说明已经取得了某种形式的进展，或者成员们通过其他方式继续讨论这些问题。

2019 年 TBT 委员会 3 次例会提起讨论 STCs 的次数达到 185 次，为历年最高，其中讨论新 STCs35 次，为 2016 年以来的最高值。新提出的 STCs 大部分都是对拟定措施草案的关注，可见 TBT 委员会关于 STCs 的讨论在解决贸易摩擦方面具有先发制人的作用。欧盟和美国是提出新 STCs 数量较多的成员，1995—2019 年二者提出的新 STCs 均在 270 项以上。同时，发展中成员提出 STCs 的积极性也在不断提高，2019 年关于新 STCs 的 35 次讨论中，13 次由发达成员提出，13 次由发展中成员提出，

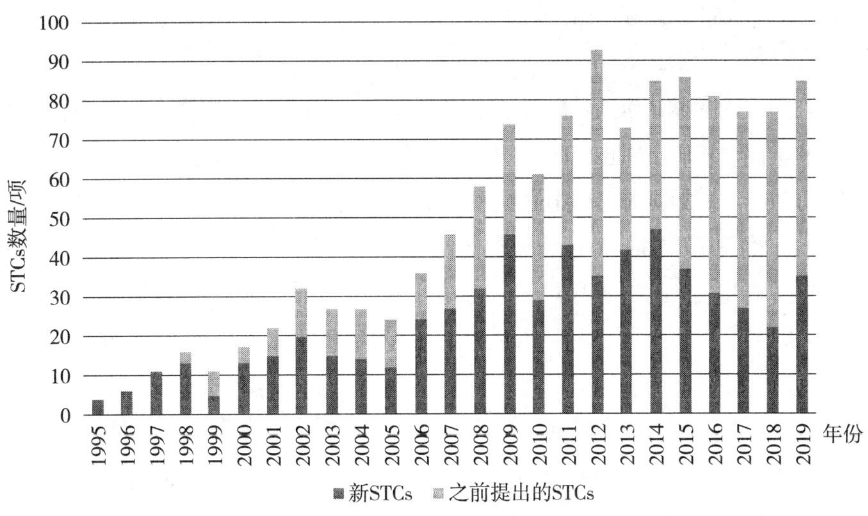

图 1-3　1995—2019 年 TBT 相关 STCs 的数量

9 次由发达成员和发展中成员共同提出，发展中成员提出的新 STCs 讨论次数为 2016 年以来的最高值。

4. TBT 在线工具

为便利提交和获取 TBT 信息，WTO 秘书处开发了两个在线工具，分别是 TBT 通报提交系统（TBT NSS，https：//nss.wto.org）和 TBT 信息管理系统（TBT IMS，http：//tbtims.wto.org）。

TBT NSS 是各成员通报机构在线填写和提交技术法规和合格评定程序通报的信息系统，有助于快速散发通报，节约时间，提高效率。除使用 TBT NSS 之外，成员还可以通过电子邮件（crn@wto.org）将通报提交给通报登记中心。近年来，TBT NSS 的使用普及率不断提高，在线提交的 TBT 通报比例呈快速上升趋势，2014 年 35% 的 TBT 通报通过 TBT NSS 在线提交，2019 年这一比例上升至 88%。

TBT IMS 是以 WTO 的 3 种官方语言提供的公开数据库，包含成员关于技术法规和合格评定程序的通报、标准化机构关于“关于制定、采用和实施标准的良好行为规范”的通报、成员之间关于 TBT 措施的双边或多边协议的通报、成员咨询点和国家通报机构的联系信息以及 TBT 委员会 STCs 的信息。TBT IMS 提供了若干搜索项，可以通过限定检索条件查询所需的文件信息，如可以通过通报成员、日期和产品以及措施类型、用户自定义关键词等查询 TBT 通报。

5. ePing 系统

尽管 TBT IMS 提供了一个在线查询 TBT 通报及相关信息的在线工具，但由于每年分发的 TBT/SPS 通报数量庞大、类型复杂，对利益攸关方而言，及时跟踪和应对不断变化的产品要求是一项不小的挑战。2015 年第 7 次三年审议建议 WTO 秘书处建立一个预警系统，以促进更方便地获取通报信息。为此，WTO 秘书处联合联合国经济和社会事务部（United Nations Department of Economic and Social Affairs，UNDESA）和国际贸易中心（International Trade Centre ，ITC），基于 TBT 和 SPS 通报信息开发了一个可定制的自动提醒系统 ePing，并于 2016 年 11 月正式启用，向公众开放。用户在使用时首先需要注册 ePing 系统（www.epingalert.org），注册时可自行设定关注的产品名称、产品 ICS 编码、HS 编码、通报类型、通报成员等参数。完成注册后，ePing 系统会根据用户设定的产品、目标市场等参数，在收到成员最新通报时自动筛选并以邮件方式向用户发送其感兴趣的 TBT/SPS 通报信息。成员咨询点之间还可通过系统建立的平台就法规、译文、摘要等内容进行信息交流和互动讨论。

自 ePing 系统推出以来，来自公共部门和私营部门的用户都在稳步增长。2019 年 1 月 1 日，ePing 有 5569 名注册用户，到 2019 年 12 月 31 日，这一数字已上升至来自 179 个国家和地区的 8821 个注册用户。约一半注册用户来自政府，其余来自私营公司、非政府组织、学术机构和区域 / 国际组织。自 2018 年年初开始，ePing 系统在线登记表中包含一个问题，即私营部门用户是来自于员工人数 250 人以上的公司还是 250 人以下的公司。调查结果显示，大约一半受访者来自员工人数 250 人以下的公司。

6. TBT 相关争端解决

根据 WTO 规则，提出磋商请求是贸易争端解决机制的第一个环节。如果磋商未能达成满意的结果，提起诉讼方可提请 WTO 争端解决机构成立专家组进行审理。WTO 成立以来，有 57 起 WTO 争端在磋商请求中引用《TBT 协定》，但其中许多关于违反《TBT 协定》的请求没有进入专家组报告或上诉阶段。专家组裁决中涉及《TBT 协定》相关条款的争端解决案有 12 起（见表 1-6）。

表 1-6 《TBT 协定》相关的争端解决案

争端名称	相关 TBT 条款	案件号
加拿大诉欧共体石棉进口措施案	技术法规的定义（附件 1.1）	DS135
秘鲁诉欧共体沙丁鱼案	技术法规的定义（附件 1.1） 国际标准（第 2.4 条）	DS231
加拿大、墨西哥诉美国原产地标签案	技术法规国民待遇（第 2.1 条） 贸易限制不超过必要的限度（第 2.2 条） 国际标准（第 2.4 条）	DS384，DS386
加拿大、墨西哥诉美国原产地标签案第 21.5 条程序	技术法规国民待遇（第 2.1 条） 贸易限制不超过必要的限度（第 2.2 条）	DS384，DS386
加拿大、挪威诉欧共体海豹产品案	技术法规国民待遇（第 2.1 条） 贸易限制不超过必要的限度（第 2.2 条） 技术法规的定义（附件 1.1）	DS400，DS401
印度尼西亚诉美国丁香烟案	技术法规国民待遇（第 2.1 条） 技术法规公布和生效之间留出合理时间间隔（第 2.12 条）	DS406
墨西哥诉美国金枪鱼案Ⅱ	技术法规国民待遇和最惠国待遇（第 2.1 条） 贸易限制不超过必要的限度（第 2.2 条） 国际标准（第 2.4 条） 技术法规的定义（附件 1.1）	DS381
墨西哥诉美国金枪鱼案Ⅱ第 21.5 条程序	技术法规国民待遇和最惠国待遇（第 2.1 条）	DS381
洪都拉斯、多米尼加、古巴、印度尼西亚诉澳大利亚烟草简化包装措施案	贸易限制不超过必要的限度（第 2.2 条）	DS435，DS441，DS458，DS467

第二节 《SPS 协定》及执行进展

一、《SPS 协定》的背景与内容

1.《SPS 协定》的背景

卫生与植物卫生措施是关于食品安全、动物和植物卫生方面的措施，

简称SPS措施。为确保向消费者提供安全的食品，预防害虫和疫病在动物和植物之间传播，客观上各成员都有采取SPS措施的现实需求，实施SPS措施具有必要性。实践中SPS措施有各种表现形式，如要求产品来自非疫区，产品检查、特殊的处理和加工方式，制定杀虫剂最大允许残留限量，食品添加剂使用要求等。但另一方面，SPS措施不仅适用于本成员生产的产品或本成员境内的动植物疫病防控，同时也适用于从其他成员进口的产品，SPS措施对贸易具有潜在影响，可能会对贸易产生限制。各成员都承认某些贸易限制对于确保食品安全和保护动物及植物健康是必要的，但是，如果这种限制超出健康保护的必要限度，利用SPS限制措施作为提高本成员生产者竞争力的一种保护，则会形成贸易保护主义，产生不必要的贸易壁垒。因此，需要确保SPS措施不被变相用于贸易保护。

SPS措施最初受GATT规则管制，GATT第1条"一般最惠国待遇"条款，要求对不同成员的进口产品不能实施歧视性待遇；第3条"国民待遇"条款，要求在影响销售的法律或规定方面，对其他成员的产品的要求不能高于本成员产品；第20条b款"一般例外"，允许成员采取措施对人类、动物或植物的生命或健康实施必要保护，只要这些措施在情形相同的成员之间没有构成不公平的歧视，也没有对贸易构成变相限制。如前所述，在GATT东京回合谈判（1973—1979年）期间，各成员签署了诸边性质的《TBT协定（1979）》，又被称为《标准守则》，对制定、采纳和实施技术法规、标准和合格评定程序的原则做出规定。尽管制定这个协定的首要目的不是管控卫生与植物卫生措施，但该协定也涵盖了食品安全、动植物卫生方面的技术要求，包括农药残留限量、检查要求和标签。

由于SPS措施技术上的复杂性、形式上的隐蔽性，那些不是真正以健康保护为目的的SPS限制措施将成为一种非常有效的贸易保护工具。食品生产者，特别是发展中成员，越来越关心产品出口高端市场受到SPS措施限制成为一种隐形的贸易保护。个别私营领域出口商倾向于认为进口成员SPS措施的真实动机就是贸易保护主义，对生产者的保护超过了对消费者和动植物的保护。这些新的情况变化都说明SPS问题日益重要。尽管东京回合谈判签署的《TBT协定（1979）》涵盖了食品安全、动植物卫生方面的技术要求，但是食品安全的重要性以及动植物疫病、有害生物的可传播性，使得农产品和食品表现出不同于工业产品的特性，《TBT

协定（1979）》在管理SPS措施方面存在一定缺陷。在GATT乌拉圭回合多边贸易谈判（1986—1994年）期间，GATT各缔约方担心降低关税和取消特殊的农业非关税措施后，会导致各缔约方更多地采用SPS措施进行隐蔽性的保护贸易，认为需要澄清SPS措施的运用规则，指导各缔约方合理运用食品安全和动植物卫生措施，减少贸易壁垒。为此，在乌拉圭回合多边贸易谈判中签署了《SPS协定》，对影响贸易的食品安全、动植物卫生措施规定了更为具体明确的权利与义务。该协定包含于1994年4月15日在马拉喀什签订的乌拉圭回合多边贸易谈判最终法律文本中。

2.《SPS协定》的范围

《SPS协定》适用于管辖SPS措施，其管辖范围是按照SPS措施的实施目的划分的，而不是按照措施类型划分的。根据《SPS协定》附件A.1，SPS措施是用于下列目的的任何措施：1）保护成员领土内的动物或植物的生命或健康免受虫害、病害、带病有机体或致病有机体的传入、定居或传播所产生的风险；2）保护成员领土内的人类或动物的生命或健康免受食品、饮料或饲料中的添加剂、污染物、毒素或致病有机体所产生的风险；3）保护成员领土内的人类的生命或健康免受动物、植物或动植物产品携带的病害，或虫害的传入、定居或传播所产生的风险；4）防止或控制成员领土内因虫害的传入、定居或传播所产生的其他损害。《SPS协定》包括保护鱼和野生动物、森林和野生植物采取的SPS措施，但不包括保护环境、保护消费者利益或者动物福利方面的措施，这些措施在WTO其他协定中有所涉及，例如《TBT协定》或GATT第20条。

SPS措施包括所有相关法律、法令、法规、要求和程序，特别包括：最终产品标准；工序和生产方法；检验、检查、认证和批准程序；检疫处理，包括与动物或植物运输有关的或与在运输过程中为维持动植物生存所需物质有关的要求；有关统计方法、抽样程序和风险评估方法的规定；以及与粮食安全直接有关的包装和标签要求。

《SPS协定》涉及与人类健康（主要是食品安全）和动植物健康或生命或防止虫害有关的特定风险。《TBT协定》则用于满足与国家安全、防止欺诈行为、保护环境、保护人类健康或安全或保护动植物生命或健康相关的要求。WTO成员在《TBT协定》项下追求的目标不受《SPS协定》规定的限制。《TBT协定》第1.5条将SPS措施排除在其范围之外，意味着TBT措施不能成为SPS措施，反之亦然。实际上，这只是人为的区分，成员有时会起草和执行比较宽泛的法规，这些法规可能同时包含一些《TBT协定》涵盖的要求和另一些《SPS协定》涵盖的要求。例如，一项食品法规可以包含关于防止有害生物传播的水果处理要求，这与《SPS协定》有关，但也可以包含与有害生物风险无关的要求，如质量、等级和标签等，这些内容与《TBT协定》相关。确定一项措施属于TBT措施还是SPS措施的依据是措施的目的，如果一项措施具有《SPS协定》附件A.1中列出的目的，则属于SPS措施，如果不具有《SPS协定》附件A.1中列出的目的，则该措施可能属于TBT措施。措施属于TBT措施还是SPS措施的判定流程见图1-4。

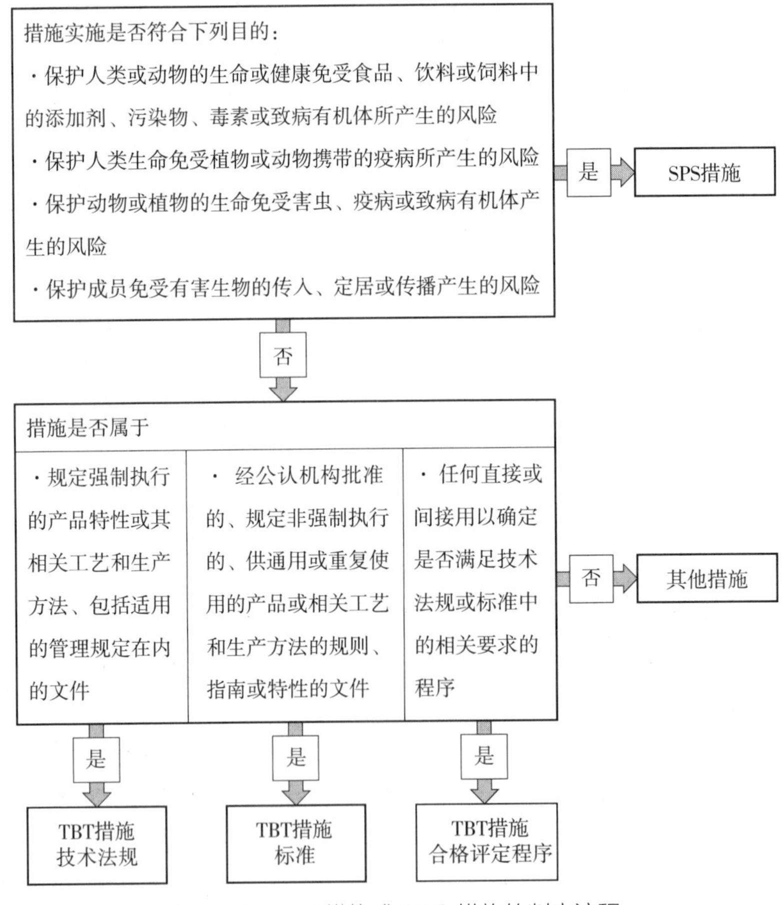

图1-4　TBT措施或SPS措施的判定流程

就食品而言，通常确定食品中微生物污染、制定农兽药残留限量、批准使用添加剂属于《SPS 协定》范畴，食品标签要求、营养声称和关注、质量和包装法规通常不认为是 SPS 措施，而视为 TBT 措施。但有些包装和标识要求，如果直接与食品安全相关，则属于《SPS 协定》范畴。

3.《SPS 协定》的目标宗旨

《SPS 协定》的基本目标是维持各成员实施其认为适当的健康保护措施的权利，但是应确保这些措施不以贸易保护主义为目的，不在国际贸易中产生不必要的障碍。《SPS 协定》在允许成员维持适当的卫生与植物卫生保护的同时，要求减少决策的随意性，鼓励决策的一致性，要求 SPS 措施仅以确保食品安全、动物和植物卫生保护为目的，措施必须以科学为基础，并且不能超过保护人类、动物或植物的生命或健康所必须的限度，也不能对相同或类似情形的成员构成任意的或不合理的歧视。

4.《SPS 协定》的主要内容

《SPS 协定》共包含 14 条和 3 个附件，协定框架结构见表 1-7。第 1 条总则主要规定了《SPS 协定》的适用范围。第 2 条规定了各成员在《SPS 协定》项下的基本权利和义务。第 3 条规定了 SPS 措施与国际标准协调一致的要求。第 4 条规定了对其他成员 SPS 措施等效认可的要求。第 5 条规定了在风险评估基础上确定 SPS 措施适当保护水平的要求。第 6 条规定了 SPS 措施区域化相关要求。第 7 条规定了 SPS 措施应遵守附件 B 关于透明度的要求。第 8 条规定了控制、检查和批准程序应遵守附件 C 的要求。第 9 条规定了向发展中成员提供技术援助的要求。第 10 条规定了向发展中成员提供特殊和差别待遇的要求。第 11 条规定了 SPS 措施的磋商和争端解决的相关要求。第 12 条规定了设立卫生与植物卫生措施委员会（SPS 委员会）的要求。第 13 条规定了成员政府应采取措施保障《SPS 协定》实施的要求。第 14 条规定了发展中成员和最不发达成员实施《SPS 协定》的宽限期。附件 A 定义了卫生与植物卫生措施，协调，国际标准、指南和建议，风险评估，适当的卫生与植物卫生保护水平，病虫害非疫区，病虫害低度流行区 7 个术语。附件 B 规定了 SPS 措施的透明度要求。附件 C 规定了实施控制、检查和批准程序的要求。

表 1-7 《SPS 协定》框架结构

条款号	条款内容
序言	目标宗旨
第 1 条	总则
第 2 条	基本权利和义务
第 3 条	协调
第 4 条	等效
第 5 条	风险评估和适当的卫生与植物卫生保护水平的确定
第 6 条	适应地区条件，包括适应病虫害非疫区和低度流行区的条件
第 7 条	透明度
第 8 条	控制、检查和批准程序
第 9 条	技术援助
第 10 条	特殊和差别待遇
第 11 条	磋商和争端解决
第 12 条	管理
第 13 条	实施
第 14 条	最后条款
附件 A	定义
附件 B	卫生与植物卫生法规的透明度
附件 C	控制、检查和批准程序

二、《SPS 协定》的主要原则

《SPS 协定》和《TBT 协定》具有一些相同的原则，包括非歧视的基本义务和措施草案预先通报、建立咨询点等透明度的要求。但是，2 个协定的很多实质性规定并不相同。例如，2 个协定都鼓励采用国际标准，但是在《SPS 协定》项下，为了保护食品安全和动植物健康不采用国际标准是一个关于潜在健康风险评估的科学性问题，而在《TBT 协定》项下，国际标准不适用可能涉及一些其他理由，包括基础技术问题或地理因素等。成员制定 TBT 措施的目标广泛，如国家安全、防止欺诈行为、保护环境等。成员制定 SPS 措施只能以科学信息为基础在保护人类、动物或植物健康必要的限度内实施。《SPS 协定》试图通过是否基于风险评估或是否基于公认的国际标准区分出贸易保护的情形。

1. 非歧视

GATT 规定的国民待遇和最惠国待遇的非歧视原则也适用于 SPS 措施。《SPS 协定》第 2.3 条规定："各成员应保证其卫生与植物卫生措施不在情形相同或相似的成员之间，包括在成员自己领土和其他成员的领土之间构成任意或不合理的歧视。卫生与植物卫生措施的实施方式不得构成对国际贸易的变相限制。"即从任何成员领土进口的产品都应被给予本成员"同类产品"和从其他成员进口的"同类产品"相同的待遇，不应因产品来源不同而加以不公正的区别对待。但《SPS 协定》也承认，在不同成员的不同产地之间，动植物有害生物的疫情可能存在差异，各成员必须在采取贸易措施时考虑这些因素。由于气候条件、病虫害或疫病发生情况、食品安全状况不同，对来自不同成员的食品和动物或植物产品强加相同的卫生与植物卫生措施并不适宜。因此，有时 SPS 措施因食品、动物或植物产品来源地不同而有所不同，如对来自疫区与非疫区的"同类产品"采取不同的措施。但总的前提是成员不应采用缺乏科学依据的、歧视性的 SPS 措施。

2. 科学性

对于影响贸易的食品安全和动植物卫生措施，《SPS 协定》更为明确和详细地规定了成员的权利与义务，只允许成员实施那些具有科学依据的且是保护健康所必需的措施。《SPS 协定》第 2.2 条规定："各成员应保证任何卫生与植物卫生措施仅在为保护人类、动物或植物的生命或健康所必需的限度内实施，并根据科学原理，如无充分的科学证据则不再维持。"如果一个成员没有合理的科学证据，其他成员可以对其食品安全或动植物卫生措施提出质疑。如果其他成员提出要求，成员应提供其开展食品安全或动植物健康风险评估的程序和决定。证明 SPS 措施以科学为依据有两种途径：一是与国际标准相协调；二是实施风险评估。由于实施风险评估，特别是定量风险评估，要求有专门的技术、足够的卫生和植物卫生基础设施，需要足够的费用和资源支持，因此，采纳已经制定好的国际标准对于资源有限的成员而言更具优势。

3. 协调一致

《SPS 协定》鼓励不同成员建立、承认和实施共同的 SPS 措施来克服与卫生和植物卫生有关的市场准入障碍。WTO 本身并不制定标准，大多数 WTO 成员参加了其他国际机构制定标准的工作。这些国际标准由相关领域的权威科学家和健康保护方面的专家基于科学依据制定，接受国际监督和审查，制定标准的目的是为保护人类、动植物的生命和安全采取必要的保护措施并促进贸易流通。WTO 鼓励成员制定的措施与其他国际组织制定的国际标准、指南或建议协调一致或者以这些标准、指南或建议为基础制定相关措施。《SPS 协定》第 3.1 条规定："为在尽可能广泛的基础上协调卫生与植物卫生措施，各成员的卫生与植物卫生措施应根据现有的国际标准、指南或建议制定。"《SPS 协定》明确规定了 SPS 领域的 3 个制定国际标准的国际组织，包括食品安全方面的 FAO/WHO 食品法典委员会（Codex Alimentarius Commission，CAC）、动物卫生方面的世界动物卫生组织（World Organisation for Animal Health，OIE）、植物卫生方面的国际植物保护公约（International Plant Protection Convention，IPPC）。采用这些国际组织制定的国际标准可视为符合《SPS 协定》。

鼓励采用国际标准并不意味着给成员的标准设置了低限或高限。成员政府有权决定其食品安全和动植物健康的保护水平，WTO 和其他任何国际机构不会决定各成员的食品安全和动植物健康的保护水平。成员标准与国际标准不同也并不代表一定违反《SPS 协定》。如果国际标准不能满足成员的健康保护需要，成员可以采用比国际标准要求更高的标准。WTO 允许成员采取具有比国际标准更高的健康保护水平的措施，但这些措施必须以适当的风险评估为基础，并且评估方法应是一致的而不是随意的。但是，如果成员不以国际标准为基础制定自身的措施，一旦这种差异对贸易构成了更大的限制引起了贸易争端，该成员将被要求提供科学证据以证明其实施更高水平保护措施的合理性，此类证明需要以风险分析为基础。

4. 等效

《SPS 协定》承认不同成员可以有多种方法确保食品安全或保护动植物健康，但同时规定成员应互相接受在保护人类、动物或植物健康方面具有等效水平的措施。《SPS 协定》第 4.1 条规定："如出口成员客观地向进口成员证明其卫生与植物卫生措施达到进口成员适当的卫生与植物卫生保护水平，则各成员应将其他成员的措施作为等效措施予以接受，即使这些措施不同于进口成员自己的措施，或不同于从事相同产品贸易的其他成员使用的措施。”

等效认可有助于在确保维持健康保护水平的同时，为消费者提供最大数量和品种的安全食品，为生产者提供最佳的安全投入和最健康的经济竞争环境。成员可以在双边或区域的基础上就等效认可达成协定，在等效认可的磋商谈判中出口成员具有举证责任，有责任证明其SPS措施与进口成员的措施等效，可以达到与进口成员相同的卫生与植物卫生保护水平。应进口成员请求，出口成员应向进口成员提供进行检查、检验和其他相关程序的合理机会。等效本身并不是一个复杂的概念，但成员之间做到等效认可却不容易。尽管成员间已经有一些等效认可，但是成员们仍然认为他们的贸易伙伴可以在等效性上做的更多，特别是发展中成员认为，他们在出口产品上采取措施提供的保护水平没有被发达成员作为等效措施认可。

5. 风险评估

各成员应在对实际风险进行评估的基础上制定《SPS措施》。《SPS协定》第5.1条规定：“各成员应保证其卫生与植物卫生措施的制定以对人类、动物或植物的生命或健康所进行的、适合有关情况的风险评估为基础，同时考虑有关国际组织制定的风险评估技术。”《SPS协定》鼓励应用系统的方法进行风险评估，特别澄清了风险评估需要考虑的因素。应其他成员请求，采取措施的成员需要告知其实施的风险评估考虑了哪些因素、使用的评估程序以及其确定的可接受的风险水平。

当食品安全或健康要求有明确的科学证据时，《SPS协定》给予了食品安全和动植物健康优先于贸易的权利。每个成员都有权以风险评估为基础决定其认为适当的食品安全和动植物健康保护水平。但是该水平应能反映出其卫生保护水平，而不应以保护本成员产品的竞争力为目的。特别是在健康风险相似的情况下，可接受的风险保护水平通常也应该是相似的，如果采用不一致的风险保护水平，将对国际贸易产生歧视或隐蔽的限制。

当一个成员确定了适当的风险保护水平，通常会有实现这一保护水平的若干备选措施，如处理措施、检疫或加强检验等措施。如果存在能够提供相同的食品安全或动物与植物健康保护水平的替代措施，并且这些措施在技术上和经济上可行，成员应该选择那些对贸易的限制不超过其健康保护目标所必须的限度的措施。例如，某成员面临外来有害生物随进口产品入侵的风险，禁止产品进口或要求出口商对货物进行熏蒸处理都可以达到成员政府确定的可接受风险水平，但是熏蒸处理比彻底禁止进口对贸易的限制更小。

《SPS 协定》也为以科学证据为基础制定 SPS 措施提供了例外，以应对在紧急情况下或没有足够的科学证据判断风险时采取适宜的预防措施。《SPS 协定》第 5.7 条规定："在有关科学证据不充分的情况下，一成员可根据可获得的有关信息，包括来自有关国际组织以及其他成员实施的卫生与植物卫生措施的信息，临时采用卫生与植物卫生措施。"可见，《SPS 协定》允许各成员在尚没有足够科学证据证明其措施的合理性的紧急情况下采取预防性措施。但是，这些紧急措施只是临时性的，成员必须寻求获得更加客观的进行风险评估所必需的额外信息，并在合理期限内据此审议所实施的 SPS 措施。

6. 区域化

病虫害非疫区并不一定与行政区边界相一致，对来自非疫区的产品应该区别对待，称之为"区域化"。《SPS 协定》第 6.1 条规定："各成员应保证其卫生与植物卫生措施适应产品的产地和目的地的卫生与植物卫生特点，无论该地区是一成员的全部或部分地区，或几个成员的全部或部分地区。"可见，非疫区可以是一个成员的部分地区，也可以是涵盖若干成员的部分地区。如果一个成员的部分地区流行某种病虫害，应考虑将没有这种病虫害流行的地区作为非疫区对待，而不应将这个成员境内的全部地区作为疫区禁止进口其产品。

7. 透明度

《SPS 协定》致力于使 SPS 措施更加透明，透明度原则是《SPS 协定》最重要的原则之一。《SPS 协定》第 7 条和附件 B 规定了 WTO 成员实施 SPS 措施应符合透明度原则。为帮助各成员履行透明度义务，SPS 委员会于 1996 年制定了"执行《SPS 协定》透明度义务（第 7 条）的推荐程序"（G/SPS/7），并于 1999 年（G/SPS/7/Rev.1）、2002 年（G/SPS/7/Rev.2）、2008 年（G/SPS/7/Rev.3）进行了 3 次修订。履行透明度义务的目的是在更大程度上增加各成员贸易政策、法规和规定的透明度及可预见性，并获取与此有关的信息。履行透明度义务的内容包括通报 SPS 措施、设立通报机构和咨询点、措施公布 3 个方面。

（1）措施的通报

《SPS 协定》附件 B.5 要求成员通报“国际标准、指南或建议不存在或与国际标准、指南或建议的内容实质上不同，且对其他成员的贸易有重大影响的 SPS 措施”。如果措施与国际标准、指南或建议的内容实质相同，但预期对其他成员贸易有重大影响，则鼓励成员通报这些措施。“对其他成员的贸易具有重大影响”可以理解为：一项或多项 SPS 措施对贸易产生影响；对一种、一类或所有产品产生影响；对两个或多个成员之间的贸易产生影响。对其他成员的重大影响应包括对贸易的促进和削弱影响，只要该影响较为明显。SPS 措施通报流程及相关时限要求与 TBT 措施类似，可参考图 1-1。措施必须在拟定早期的适当阶段，还可以提出修改意见并可以考虑这些意见时进行通报。措施从通报之日开始，至少留有 60 天评议期，在此期间，成员可以索取措施草案的副本，并就该措施向通报成员提出书面评议意见。通报成员应讨论收到的评议意见，并在最终措施中考虑这些意见。最终措施公布和生效之间应留出合理时间间隔（至少 6 个月），使出口成员、特别是发展中成员的生产者有时间调整其产品和生产方法适应进口成员的要求。当一项法规既包含 SPS 措施又包含 TBT 措施时，应根据《SPS 协定》和《TBT 协定》同时通报，最好指明哪一部分属于《SPS 协定》范围（如食品安全措施），哪一部分属于《TBT 协定》范围（如质量或成分要求）。

SPS 通报分为常规通报和紧急措施通报，每类通报又分为原始通报、补遗、勘误、修订 4 类。

原始通报：成员拟议的卫生与植物卫生措施草案，应当使用常规原始通报格式予以通报。任何紧急情况下生效的措施应以紧急措施原始通报格式立即通报，并说明采取紧急行动的理由。对已经实施的常规措施进行后补通报，不应以措施已经实施为由采用紧急通报的形式。

补遗通报：补遗通报适用于下列情况，包括：1）评议期延长；2）当法规草案通过、发布或生效时，如果原始通报中没有提出有关日期或者相关日期发生了改变。成员可能希望在补遗中指明最终法规是否已对通报的草案做了实质性修改；3）以前通报的法规草案的内容部分改变，或者现有通报适用范围改变（无论是受影响的成员还是涵盖的产品）。此类补遗应该提供新的 60 天评议期，除非通报的变化是促进贸易或是影响可忽略不计；4）法规草案被撤消；5）现有紧急通报的适用期延长。发布补遗通报有利于成员通过通报号来追踪已通报的 SPS 措施的状况改变。

勘误通报：勘误通报用来更正其他通报中的错误，如不正确的地址等。如果发现通报原文有误，各成员应告知秘书处，秘书处届时将发布一份相应的勘误通报。

修订通报：修订通报用于取代现有通报，例如，当通报的法规草案有实质性的更改，或当通报有大量错误时，应提交修订版本。成员应对修订后的通报进一步提供评议期，评议期通常为 60 天，除非通报的变化具有便利贸易的特点或对贸易影响可以忽略不计。

除上述措施通报外，根据“等效决议”（G/SPS/19/Rev.2），对其他成员 SPS 措施实施等效认可的成员应该通过秘书处向其他成员通报等效认可的措施和受认可影响的产品。此外，当等效协议有显著变化时，包括延迟或取消，也应该进行通报。

（2）设立通报机构和咨询点

各成员应指定一个“中央政府机构”提交这些 SPS 通报（附件 B.10）。通报应以 WTO 的 3 种官方语言（英语、法语和西班牙语）之一提交给 WTO 秘书处，由秘书处分发给成员。关于通报的信息可通过 SPS 信息管理系统（SPS IMS）公开查询。在新措施拟定的早期阶段收到相关信息的通报，可以使出口成员相关产业有机会了解出口目标市场的监管政策变化及可能对贸易产生的影响，以便产业界能够及时将其关切和评议意见传递给成员政府，由成员政府通过双边方式或在 SPS 委员会上提出并讨论这些问题。事实上，贸易伙伴有义务考虑成员提出的这些意见。如果不能通过双边非正式程序解决成员的贸易关切，成员可以在 SPS 委员会上将相关议题作为具体的贸易关注提出。

为方便交换信息，每个成员必须设立一个咨询点，以便能够回答其他成员的所有合理询问。咨询点的职责是处理收到的关于通报措施的意见，答复成员的咨询，并提供相关信息和文件。一些成员已成功将其咨询点的职能扩展到为自己的政府机构和行业提供服务。例如，一些咨询点开发了基于网络的“出口预警”系统，为相关利益攸关方提供关于出口市场的新要求的信息，这些信息通常来自其他成员的通报。通报机构和咨询点的联系方式可以通过 SPS IMS 公开查询。

（3）措施的公布

公开发布法规是《SPS 协定》关于透明度的基本要求，是各成员的基本义务。成员应保证尽快地公布所有批准的 SPS 法规，以便有利害关系的相关成员能及时知晓。WTO 鼓励成员在可能的情况下，在互联网公布 SPS 法规。在互联网上公布法规具有比传统方式更多的优势和好处：1）允许更大的透明度；2）使成员更易获得文件；3）减少包括处理、完成文件要求在内的工作量。

8. 特殊和差别待遇

尽管有很多发展中成员在食品安全、兽医和植物卫生服务方面具有良好的基础，但是也有一些成员并非如此，执行《SPS 协定》的全部要求对某些成员而言存在一定困难。协定第 10.1 条规定："在制定和实施卫生与植物卫生措施时，各成员应考虑发展中成员、特别是最不发达成员的特殊需要。"对发展中成员的特殊和差别待遇主要有 3 方面：1）给予发展中成员有利害关系的产品更长的时限以符合新措施，从而维持其出口机会；2）应请求，对于《SPS 协定》项下全部或部分义务给予特定的和有时限的例外对待；3）鼓励和便利发展中成员积极参与有关国际组织。许多发展中成员采用国际标准（包括 CAC、OIE、IPPC 标准）作为其自己措施的基础，避免把其有限的资源重复耗费在国际专家已经开展的工作上。《SPS 协定》鼓励发展中成员尽可能积极地参与这些国际组织的活动，以便于制定的国际标准能够体现发展中成员的需求。

为帮助发展中成员提高执行《SPS 协定》的能力，《SPS 协定》呼吁向发展中成员提供援助，帮助其强化食品安全和动植物健康保护体系。《SPS 协定》第 9.1 条规定："各成员同意以双边形式或通过适当的国际组织向其他成员、特别是发展中成员提供技术援助。此类援助可特别针对加工技术、研究和基础设施等领域，包括建立管理机构，并可采取咨询、信贷、捐赠和赠予等方式，包括为寻求技术专长的目的，以及为使此类成员适应并符合出口市场的适当卫生与植物卫生保护水平所必需的卫生与植物卫生措施而提供的培训和设备。"WTO 秘书处开展培训，确保发展中成员充分了解在《SPS 协定》项下的义务，以及知道如何应用协定增加出口和改善卫生状况。应成员要求，也可以开展成员或区域层面的培训。区域培训由 CAC、OIE 和 IPPC 合作开展，确保成员充分知晓这些国际组织在援助其达到《SPS 协定》要求方面所起的作用，并且充分享受协定带来的益处。包括 FAO、WHO、OIE 和世界银行在内的许多国际组织制定了与食品安全和动植物健康有关的发展中成员援助计划。2001 年，这些组织同意共同促进 SPS 领域的技术援助，并创建了标准与贸易发展基金（Standards and Trade Development Facility，STDF）。该项目旨在提高对符合 SPS 领域国际标准的重要性的认识，并协调《SPS 协定》与技术援助有关的规定。

三、《SPS 协定》的执行进展

1. SPS 委员会的职能及运作

根据《SPS 协定》第 12.1 条，应成立 SPS 委员会，为讨论、交流和解决有关卫生与植物卫生措施的问题及确保《SPS 协定》实施提供磋商场所。SPS 委员会通常每年召开 3 次例行会议，根据需要安排非正式会议或特殊会议。与 WTO 其他委员会一样，SPS 委员会对所有成员开放。那些在更高级别的 WTO 机构（如货物理事会）中具有观察员身份的政府，在 SPS 委员会中也具有观察员资格。委员会还邀请几个国际政府间组织的代表作为观察员，包括 CAC、OIE、IPPC、WHO、联合国贸易和发展会议（United Nations Conference on Trade and Development，UNCTAD）和 ISO。一些与 SPS 问题相关的区域政府机构也是 SPS 委员会的观察员。WTO 成员可以委派其认为合适的代表参加 SPS 委员会会议，许多成员派出的是食品安全、兽医或植物卫生方面的官员。

SPS 委员会的工作主要涉及两方面：一是审查具体的 SPS 措施；二是加强《SPS 协定》的执行。在 SPS 委员会，WTO 成员可以针对其他成员实施的 SPS 措施提出 STCs。如果一成员实施的措施给其他成员出口造成困难，STCs 可以为其他成员提供一个要求该成员对其措施进行解释或证明的机会。SPS 委员会的 STCs 可以通过 SPS IMS 系统进行查询。同时，为强化《SPS 协定》的执行，协定规定应在《WTO 协定》生效之日后 3 年，并在此后有需要时对《SPS 协定》的运用和实施情况进行审议。1999 年 3 月委员会完成了对《SPS 协定》的第 1 次审议。之后根据第 4 次部长会议的建议，委员会应至少每 4 年审查 1 次《SPS 协定》的运作和执行情况。委员会分别于 2005 年 7 月、2010 年 5 月、2017 年 7 月和 2020 年

7月完成了对《SPS协定》的第2次～第5次审议。第5次审议讨论的议题包括适当的保护水平、风险评估和科学性，附件C控制、检查和批准程序，等效，秋粘虫，成员SPS协调机制，通报程序和透明度，农药最大残留限量，区域化，CAC、OIE和IPPC在STCs中的作用等。SPS委员会还就委员会活动、透明度、STCs、区域化等具体领域每年的执行和运作情况进行审查并发布年度报告。

2. SPS措施的通报

1995—2019年WTO成员共发出SPS常规通报23014项、紧急措施通报2905项。尽管不同年份间SPS通报数量有所波动，但总体呈现上升趋势（见图1-5）。2019年SPS通报数达到历年最高，常规通报和紧急通报合计达到1727项。自1995年WTO成立以来，至少向秘书处提交过一项SPS通报的成员有128位，占WTO成员总数的78%。没有提交过通报的成员包括12个发展中成员和15个最不发达成员。此外，由于欧盟代表其成员提交了大多数SPS通报，一些欧盟成员国未单独提交过SPS通报。发展中成员发出的通报所占比例显著增长，发达成员发出的通报所占的比例则在下降，目前发展中成员发出的通报数量已超过发达成员。从通报成员所属区域来看，大多数通报来自下列区域，通报数量从多到少依次为北美洲、亚洲、南美洲、中美洲和加勒比海地区。发布常规通报最多的成员为美国、加拿大和巴西，发布紧急措施通报最多的成员是菲律宾、沙特阿拉伯和阿尔巴尼亚。多数通报涉及一项以上的实施理由，其中常规通报实施理由以食品安全为主，紧急通报实施理由以动物健康为主。2019年1月—9月15日相关通报统计数据显示，仅有约1/2的措施在发出通报时大致确定了措施预计批准日期，说明成员在通报时并不总是能够预见批准一项措施的确切日期。同期数据表明仅有77%的常规通报明确了评议期，评议期平均仅有55天，发达成员发出的常规通报中62%明确了评议期，发展中成员发出的常规通报中84%明确了评议期。但应注意到对促进贸易的措施和实质上与国际标准一致的措施不是必须提供评议期。上述统计的通报中有28%为促进贸易的措施，这些促进贸易的通报中也有58%提供了评议期，并且38%的通报提供了60天评议期。

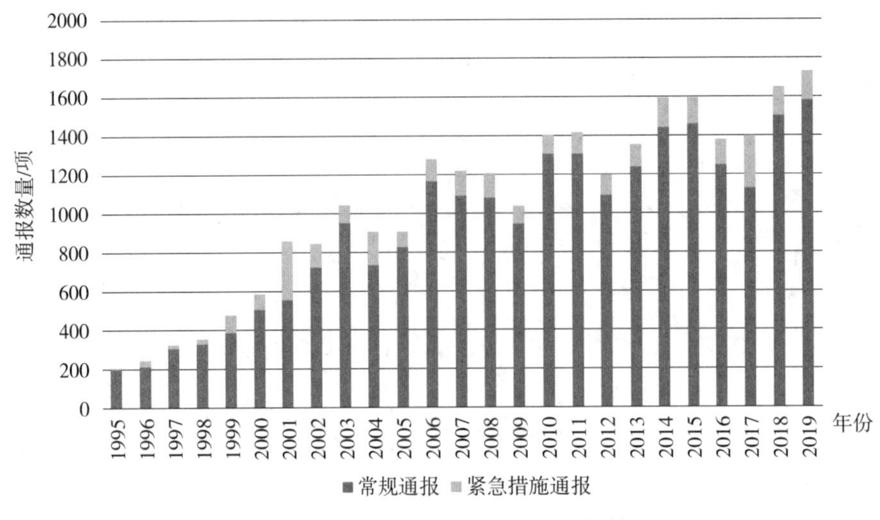

图 1-5　1995—2019 年 SPS 通报数量

3. SPS 相关 STCs

截至 2019 年，WTO 成员共提出 469 项 SPS 相关的 STCs，其中 17 项为 2019 年新提出的，平均每次委员会会议提出新 STCs 6.2 项，继续提起之前提出的 STCs 11.8 项。尽管 WTO 成立以来 SPS 通报数量整体呈现不断上升趋势且增长幅度较大，但与 SPS 措施相关的新 STCs 数量却没有表现出类似的增长趋势（见图 1-6）。在 SPS 相关 STCs 中，36% 涉及动物卫生和人畜共患病，33% 涉及食品安全，24% 涉及植物卫生，7% 涉及认证要求、控制或检查程序等措施。近年来，植物卫生作为新 STCs 关键词的频率有所下降，食品安全和动物卫生是新 STCs 最常见的主要关键词，二者交替出现。有 65 位成员至少提出过一项 STC，有 62 位成员被提出过 STCs，提出 STCs 最多的成员是美国和欧盟，被关注最多的成员是欧盟和美国。61% 的 STCs 仅被提出 1 ~ 2 次，27% 的 STCs 被提出 3 ~ 5 次，被提出 5 次以上的 STCs 占 12%。发展中成员参与 SPS 相关 STCs 的讨论越来越积极，自 2008 年以来，发展中成员提出新 STCs 的数量一直高于发达成员。成员向 WTO 报告得到解决和部分得到解决的 STCs 比例分别为 36% 和 7%，57% 的 STCs 未报告解决状态。不过未报告解决状态的 STCs 中，80% 在过去两年均未被再次提出，可能说明这些问题在某种程度上得到解决但没有向委员会报告。

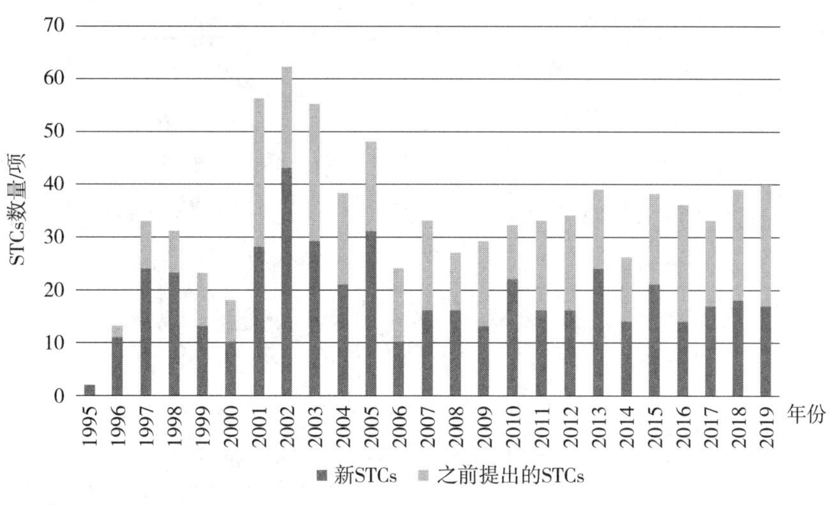

图 1-6　1995—2019 年与 SPS 相关 STCs 数量

4. SPS 在线工具

为便利提交和获取 SPS 信息，WTO 秘书处开发了两个在线工具，分别是 SPS 通报提交系统（SPS NSS，https：//nss.wto.org）和 SPS 信息管理系统（SPS IMS，http：//spsims.wto.org）。

SPS NSS 是各成员通报机构在线填写和提交 SPS 通报的信息系统，该系统自 2011 年 6 月 1 日开始启用，有助于成员更准确地填写通报内容，并大大减少 WTO 处理和分发通报所需的时间，提高了通报处理效率。目前，已经有 91 位成员申请使用该系统，49 位成员通过该系统提交了通报。SPS NSS 系统使用率的提高将进一步改善成员提交各种类型通报的数量和质量。

SPS IMS 是以 WTO 的 3 种官方语言提供的公开数据库，2007 年 10 月 15 日对公众开放。数据库包含有关成员已向 WTO 通报的 SPS 措施、SPS 委员会的文件、STCs、成员咨询点和国家通报机构的联系信息。SPS IMS 提供了若干搜索项，可以通过限定检索条件查询所需的文件信息，如可以通过通报成员、日期和产品以及措施类型和用户自定义关键词等查询 SPS 通报。

此外，WTO 还基于 TBT 和 SPS 通报信息开发了一个可定制的自动提醒系统 ePing（www.epingalert.org），该系统于 2016 年 11 月正式向公众开放，有助于帮助公共和私营利益攸关方，特别是中小型企业，跟踪、咨询和评论处于拟定过程中的通报措施，以提升适应不断变化的监管要求的能力。

5. SPS 相关争端解决

根据 WTO 规则，提出磋商请求是贸易争端解决机制的第一个环节。如果磋商未能达成满意的结果，提起诉讼方可提请 WTO 争端解决机构成立专家组进行审理。WTO 成立以来，有 50 起 WTO 争端在磋商请求中引用《SPS 协定》，但其中许多关于违反《SPS 协定》的请求没有进入专家组报告或上诉阶段。专家组裁决中涉及《SPS 协定》相关条款的争端解决案有 15 个（见表 1-8）。

表 1-8 《SPS 协定》相关的争端解决案

争端名称	相关 SPS 条款	案件号
新西兰诉澳大利亚苹果限制措施案	风险评估（第 2.2 条、5.1 条和 5.2 条） 非歧视和不合理的贸易限制（第 2.3 条和 5.5 条） 适当保护水平和替代措施（第 5.6 条） SPS 措施定义（附件 A.1） 控制、检查和批准程序［第 8 条、附件 C.1（a）］	DS367
美国、加拿大、阿根廷诉欧共体生物技术产品案	风险评估（第 5.1 条） 充分科学证据（第 2.2 条） 控制、检查和批准程序［第 8 条、附件 C.1（a）］ 临时措施（第 2.2 条、5.1 条、5.7 条）	DS291，DS292，DS293
美国诉印度农产品进口措施案	与国际标准协调一致（第 3.1 条、3.2 条） 风险评估（第 5.1 条、5.2 条） 充分科学证据（第 2.2 条） 非歧视（第 2.3 条） 适当保护水平和替代措施（第 5.6 条） 适应地区条件（第 6.1 条和 6.2 条）	DS430
美国诉日本农产品进口限制措施案Ⅱ	充分科学证据（第 2.2 条） 风险评估（第 5.1 条） 适当保护水平和替代措施（第 5.6 条） 临时措施（第 5.7 条）	DS76
美国诉日本苹果进口措施案	充分科学证据（第 2.2 条） 风险评估（第 5.1 条） 临时措施（第 5.7 条）	DS245

表 1-8（续）

争端名称	相关 SPS 条款	案件号
美国诉日本苹果进口措施案第 21.5 条款程序	充分科学证据（第 2.2 条） 风险评估（第 5.1 条） 适当保护水平和替代措施（第 5.6 条）	DS245
欧盟诉俄罗斯生猪及猪肉制品进口限制措施案	协调（第 3 条） 风险评估（第 5.1 条、5.2 条、5.3 条和 2.2 条） 适应地区条件（第 6 条） 适当保护水平、非歧视、不合理的贸易限制（第 5.6 条和 2.3 条）	DS475
阿根廷诉美国动物制品进口措施案	与国际标准协调一致（第 3.1 条） 控制、检查和批准程序（第 8 条） 风险评估（第 5 条） 确定适当保护水平时的贸易影响最小化目标（第 5.4 条） 贸易限制不超过必要限度（第 5.6 条） 非歧视（第 2.3 条） 适应地区条件（第 6.1 条） 特殊和差别待遇（第 10.1 条）	DS447
美国、加拿大诉欧共体荷尔蒙案	国际标准（第 3.1 条） 协调（第 3.1 条、3.2 条、3.3 条） 风险评估（第 5.1 条） 非歧视和不合理的贸易限制（第 5.5 条）	DS26，DS48
加拿大诉澳大利亚鲑鱼进口措施案	风险评估（第 5.1 条） 非歧视和不合理的贸易限制（第 5.5 条） 适当保护水平（第 5.6 条）	DS18
澳大利亚鲑鱼进口措施案第 21.5 条程序	风险评估（第 5.1 条） 非歧视和不合理的贸易限制（第 5.5 条） 适当保护水平（第 5.6 条）	DS18
欧共体诉美国、加拿大继续终止在欧盟荷尔蒙争端中的减让义务案	风险评估（第 5.1 条） 临时措施（第 5.7 条）	DS320，DS321
巴西诉印度尼西亚鸡肉和鸡肉产品进口措施案	控制、检查和批准程序［第 8 条和附件 C.1（a）］	DS484

第二章 CAC国际食品法典标准进展与热点

CAC是FAO和WHO于1963年共同建立的制定国际食品标准的政府间组织，以保障消费者健康和确保食品贸易公平为宗旨。由于CAC标准在制定过程中坚持充分的科学依据，并经成员一致同意，其越来越得到各成员和世界各国的认可、接受和采用。特别是CAC制定的农药和兽药最大残留限量标准，作为重要的食品安全标准，被世界很多国家采用，已经成为全球食品贸易的仲裁标准之一。

第一节 CAC概况与战略计划

一、CAC概况

20世纪中叶，随着新型食品科学技术的迅速发展，食品的质量问题以及相关的健康危险和环境危害也在迅速增加，各国政府面临的保护国民免受劣质和有害食品的危害的压力也在不断增加。同时，不同贸易国独立制定的本国食品法规和标准之间的差异也不可避免地导致了对国际食品贸易的阻碍。越来越多的食品管理者、贸易商和消费者期望FAO和WHO能够引领食品法规标准的建设，减少由于缺失标准或标准冲突带来的健康和贸易问题。1961年，在WHO、联合国欧洲经济委员会（the United Nations Economic Commission for Europe，UNECE），经济合作与发展组织（Organization for Economic Co-operation and Development，OECD）、《欧洲食品法典》理事会的支持下，FAO大会建立了《食品法典》并决议开展国际食品标准计划。同年，FAO第11届大会通过了建立CAC的决议，并要求WHO尽早通过FAO/WHO联合食品标准计划。1963年，第16届WHO大会批准建立FAO/WHO联合食品标准计划，并通过了《食品法典委员会章程》，标志着 CAC 正式成立。

创建至今，CAC 已有 188 个成员、1 个成员组织（欧盟）、237 个观察员（包括 58 个政府间组织、163 个非政府间组织、16 个联合国组织），覆盖全球 99% 的人口。我国于 1984 年正式成为 CAC 成员。

CAC 日常事务由设在意大利罗马的 FAO 总部的秘书处完成。CAC 每年召开一次全体成员大会，在罗马（FAO 总部所在地）和日内瓦（WHO 总部所在地）轮流举行，大会审议并通过国际食品标准和其他有关事项。CAC 下设秘书处（Secretariat）、执行委员会（Executive Committee）、6 个地区协调委员会（Coordinating Committees）、10 个综合主题委员会（General Subject Committees）、17 个商品委员会（Commodity Committees）和 7 个政府间特别工作组（Ad hoc Intergovernmental Task Forces）。其中，有 10 个商品委员会和 6 个政府间特别工作组目前已完成工作或者暂停工作。

《食品法典》是 CAC 工作的重要产出成果。简而言之，《食品法典》就是一套标准、操作规范、准则及其他相关食品安全标准建议的汇集。其中，《食品法典》标准通常是涉及某种食品或某类食品的具体要求，这些要求可能是对商品所有方面的规定，例如《食品法典》中数量最大的“商品标准”，也可能是对商品某一方面的具体标准，例如食品中农药最大残留限量标准。《食品法典》规范则是指那些对保障消费者食品安全至关重要的食品生产、加工、制作、运输和储存方法，例如卫生操作规范、食品卫生一般原则等。《食品法典》准则一般分为两类，一类是规定某些关键领域的政策原则，例如食品进出口检查及验证、食品微生物标准的制定和应用等；另一类是《食品法典》通用标准或准则的解释，例如营养和卫生要求准则、有机食品生产、销售和标签的条件等。

二、CAC 战略计划

从成立到现在，CAC 所开展的标准制定活动已经发生了翻天覆地的变化。CAC 成员数量显著增多，成员也更加积极地参与国际食品标准制定进程，尤其是发展中成员。

CAC 开展工作的环境也在不断发生变化。全球饲料和食品供应链系统的变化、资源优化行动、粮食安全和食品安全关切、食品科学技术的创新、气候变化、水资源短缺以及有关食品质量安全的消费者关切都会促生变革，带来新的机遇和挑战。CAC 必须始终关注其职责，有充足的能力主动、灵活、及时地应对影响食品安全和质量的新问题，以保护消费者健康，确保公平食品贸易。

为更好应对上述新形势和新挑战，CAC 制定了《2020—2025 年战略计划》(简称《战略计划》)，旨在推进 2020—2025 年 CAC 的职责。根据 CAC《程序手册》(*Procedural Manual*) 的相关规定，《战略计划》及辅助工作计划由 CAC 在 2020 年审查，随后在 6 年的时限内每两年审查一次。《战略计划》中新增了一项重点工作，即倡导法典标准的相关性，推动政府和其他各方使用法典标准，以保护消费者健康，同时承认法典标准在贸易便利化方面的根本作用，将法典标准用作确保公平食品贸易的参考标准。

《战略计划》凸显了 FAO、WHO 对食品安全和质量的持续重视，更加明确了 CAC 履行保护消费者健康和确保公平食品贸易的职责及独特使命。《战略计划》指出，法典愿景是"全球齐心协力制定食品安全与质量标准，保护所有地点的所有人"，法典使命是"通过制定基于科学的国际食品安全和质量标准，保护消费者健康，推动公平食品贸易"。该计划提出五大目标，旨在让各成员、政府间组织、国际非政府组织及其他利益相关方了解 CAC 在 2020—2025 年期间如何履行职责、满足成员需求（包括解决新兴问题）和期望。

目标 1：及时应对当前、新出现的和重要的问题。CAC 成员的关注点和需要不断发生变化，CAC 所处工作环境亦如此，CAC 需要积极主动、及时灵活地应对由此带来的机遇和挑战。具体目标、成果及衡量指标见表 2-1。

目标 2：根据科学和法典风险分析原则制定标准。成员和采用法典标准的食品贸易参与方重视法典坚实的科学基础，而目前这个基础正受到不可持续供资的威胁。法典必须优先保障提供独立、及时、高质量的科学建议，明确各行动方（成员、FAO 和 WHO）可以采取的措施，以便确保、支持并倡导通过一项持续充分的供资计划为法典提供及时的科学建议。另外，还需要具有全球代表性的数据，才能支撑提供全面综合的科学建议，确保法典标准对全球食品供应的相关性。这需要加强发展中成员在生成严谨数据以及科学分析方面的能力，也要提升开展此类工作的整体能力。具体目标、成果及衡量指标见表 2-2。

表 2–1 《2020—2025 年战略计划》目标 1 及衡量指标

<table>
<tr><th>具体目标</th><th>成果</th><th>指标</th></tr>
<tr><td>1.1 了解各项需求和出现的问题</td><td>CAC 根据成员需求制定标准的能力得到加强</td><td>附属机构确定的新出现问题的数量（会议报告）</td></tr>
<tr><td rowspan="4">1.2 对各项需要和新出现的问题进行优先排序</td><td rowspan="4">CAC 及时应对各成员的需求和新出现问题</td><td>形成新工作建议的重点新出现问题在已确定新出现问题中所占比例（会议报告）</td></tr>
<tr><td>从发现新问题到向执行委员会提交拟议新工作建议所需的时间（会议报告）</td></tr>
<tr><td>在修订后或新的法典文本中从重点新出现问题到取得结果所需时间（会议报告）</td></tr>
<tr><td>各委员会记录其根据《程序手册》中关于设定工作优先重点的标准进行工作优先排序的做法</td></tr>
</table>

表 2–2 《2020—2025 年战略计划》目标 2 及衡量指标

<table>
<tr><th>具体目标</th><th>成果</th><th>指标</th></tr>
<tr><td>2.1 根据法典风险分析原则持续运用科学建议</td><td>各相关委员会在标准制定进程中始终考虑科学建议，遵循法典的风险分析原则</td><td>执行委员年会作为其检测标准制定进展工作的一部分审议的文本所占比例，就此，附属机构主席报告指出如何运用科学建议以及在编制法典文本过程中考虑的任何其他合理因素（附属机构主席提交执行委员会的报告）</td></tr>
<tr><td>2.2 在制定和审议法典标准时推动提交和使用具有全球代表性的数据</td><td>参考具有全球代表性的数据制定法典标准</td><td>各工作组数据征集工作以及 FAO/WHO 联合专家委员会会议的法典成员所占比例和区域分配（电子工作组论坛，实体工作组报告，以及专家委员会秘书处提供的数据）</td></tr>
<tr><td rowspan="2">2.3 推动提供科学建议的专家机构获得充足、可持续的供资</td><td rowspan="2">FAO 和 WHO 专家机构在各委员会与 FAO/WHO 商定的时间框架内提供科学建议，此类时间框架能够保证标准制定的及时性</td><td>FAO 和 WHO 充足内部核心供资对科学建议的支持程度及相关变化（FAO 和 WHO 预算报告）</td></tr>
<tr><td>既定时间框架内提供的科学建议所占比例（FAO/WHO 科学建议论文及会议报告）</td></tr>
</table>

目标 3：通过认可并使用法典标准增强影响。与成员进行沟通，加强成员对协调一致的现有标准的认识、了解和认可，这对于法典工作取得实效非常重要。即便法典标准并未纳入国家立法，食品贸易和其他行动方更多地运用法典标准，可能有助于保护消费者健康，确保公平食品贸易。具体目标、成果及衡量指标见表 2-3。

表 2-3 《2020—2025 年战略计划》目标 3 及衡量指标

具体目标	成果	指标
3.1 提升对法典标准的认识	法典成员积极推动法典标准的使用	各成员为法典区域及观察员网页提供素材的数量，反映出提高对法典标准认识的事件 / 活动（法典区域及观察员网页）
		法典宣传工作计划中明确解决法典标准能见度和落实情况相关问题的活动数量（提交执委会的年度报告）
3.2 为旨在认识和实施 / 应用法典标准的各项举措提供支持	在制定国家食品标准和规范时更多地采用法典标准	参与成员或区域能力发展举措，鼓励并推动具体使用法典标准的成员所占比例（区域协调委员会的通函或报告）
	食品贸易中更多地将法典标准用作非法律性基准标准	法典成员采纳或使用的具体法典标准所占比例（两年一度的具体法典文本使用情况区域调查）
		相关法典观察员采纳或使用的具体法典标准所占比例（对观察员的调查）
3.3 承认和促进法典标准的使用和影响	具备机制 / 工具，用以衡量所制定和试行法典标准的影响	建立机制以衡量法典标准影响的进展情况（年度进展报告）

目标 4 ：支持所有法典成员全程参与标准制定进程。各成员积极参与法典文本编制的能力仍差异显著且取决于国家法典系统的能力和可持续性。尽管系统建设是各成员的责任，但法典仍可提供支持，在《战略计划》实施期内尽可能缩小各成员的能力差距。供资来源以及各类正式和非正式的能力建设、伙伴关系和技术知识分享活动都将发挥重要作用，加强成员可持续和积极参与法典活动的能力，支持各成员维护国家系统，拓展各成员共同主持委员会工作的潜力，符合 CAC 的包容性价值观。具体目

标、成果及衡量指标见表 2-4。

表 2-4 《2020—2025 年战略计划》目标 4 及衡量指标

具体目标	成果	指标
4.1 支持所有法典成员建立可持续的国家法典架构	所有法典成员参与法典各委员会和各工作组工作	具备以下各方面有效能力的国家所占比例： （1）法典联络点、架构和进程 （2）磋商架构（如国家法典委员会） （3）法典工作管理 （各成员应用法典诊断工具的结果）
		为上述各项工作配置可持续资源，可反映在国家立法和组织架构之中（成员提交的报告）
		面向法典信托基金受援国的额外指标，法典信托基金二期受援国在项目结束后继续保持国家法典系统并开展相关活动的国家所占比例（电子工作组论坛和在线评议系统）
4.2 加强所有法典成员积极可持续的参与	持续和积极参与法典各委员会和各工作组的工作	以下方面得以保持或加强的国家所占比例：对电子工作组的贡献，主持电子工作组，对通函予以回应（电子工作组论坛和在线评议系统）
4.3 减少阻碍发展中成员积极参与法典工作的障碍	能力建设、伙伴关系和知识分享活动可有效推动发展中成员的积极参与	区域协调委员会或相关会议针对发展中成员参与面临障碍和潜在解决方案的讨论情况记录（区域协调会及相关会议报告）
		各成员之间围绕法典问题提供指导或分享经验的案例报告数量增加（成员提交报告或区域协调委报告）

目标 5：提升工作管理系统和改进做法，支持高效和有效地实现《战略计划》各项目标。持续审查与改进法典工作管理系统和做法有助于推动实现各项战略计划目标。工作流程的改进、提案的先后排序以及意见 / 建议的管理均有助于支持资源吃紧的成员参与工作，增强标准制定进程的包容性。法典文本的有效开发在很大程度上依赖于附属机构及其工作组的东道国提供的资源，特别是主席和秘书处。提高并保持能力对于有效管理法典工作非常重要。具体目标、成果及衡量指标见表 2-5。

表 2-5 《2020—2025 年战略计划》目标 5 及衡量指标

具体目标	成果	指标
5.1 建立并保持有效的工作管理方法和系统	法典工作流程和程序保障法典标准制定机构的有效运行	CAC 通过的法典工作管理定期审查的建议中，落实建议的比例（提交执委会的年度报告）
	有效设计食品法典委员会、执行委员会及附属机构会议的议程，有效运用这些会议的时间，有助于节省出更多的时间编写法典文本	按照法典程序手册要求或按照执委会确定的时间框架及时分发的会议文件所占比例
		所有议题均在委员会会议给定时间内完成且在项目截止日期之前完成的会议所占比例（议程和会议报告）
5.2 提高各委员会和工作组主席、区域协调员及东道主秘书处支持法典工作的能力	附属机构会议和工作组得到有效的主持与组织	参与培训和制定工具及指南的附属机构和工作组主席及东道国所占比例（可用指南和研讨会报告）
		对会议效率，以及对主席、东道国和法典秘书处的满意度评价（会后调查）

第二节 农药残留国际标准进展与热点

一、国际食品法典农药残留委员会与农药残留联席会议

1. 国际食品法典农药残留委员会

国际食品法典农药残留委员会（Codex Committee on Pesticide Residues，CCPR）是 CAC 下属的 10 个综合主题委员会之一，也是 CAC 重点关注的委员会。CCPR 制定的农药残留限量法典标准几乎涉及所有种植、养殖农产品及其加工制品，这些标准经 CAC 审议通过后成为被 WTO 认可的涉及农药残留问题的国际农产品及食品贸易的仲裁依据，对全球农产品及食品贸易有着重要影响。

CCPR 原主席国为荷兰，自 1966 年 CCPR 第一次会议以来，荷兰组织召开了 38 届会议。2006 年 7 月，CAC 第 29 届大会确定中国成为 CCPR 新任主席国，承办第 39 届会议及以后每年一度的委员会会议。经中编办和

农业农村部批准，CCPR 秘书处设在农业农村部农药检定所。

CCPR 的主要职责包括：1）制定特定食品或食品组中农药最大残留限量；2）以保护人类健康为目的，制定国际贸易中涉及的部分动物饲料中农药最大残留限量；3）为 FAO/WHO 农药残留联席会议编制农药评价优先列表；4）审议检测食品和饲料中农药残留的采样和分析方法；5）审议与含农药残留食品和饲料安全性相关的其他事项；6）制定特定食品或食品组中与农药具有化学或其他方面相似性的环境污染物和工业污染物的最大限量。

截至 2019 年 7 月，CCPR 共制定了 208 种农药在农产品和食品中的 4785 项农药最大残留限量（Maximum Residue Limits，MRLs）和再残留限量（Extraneous Maximum Residue Limits，EMRLs），同时制定了风险分析原则、作物分类、农药残留分析方法性能评估指标、小宗作物农残标准制定原则、残留数据选择比例类推原则、OECD 评估计算器等一系列农药残留限量评估所应用的程序和技术文件。

2. FAO/WHO 农药残留联席会议

FAO/WHO 农药残留联席会议（Joint Meeting on Pesticide Residues，JMPR）是 FAO/WHO 共同组建的专家委员会，是 FAO/WHO 联合食品标准计划框架下的科学咨询机构，负责开展具体食品或一组食品中农药残留风险评估，提出最大残留限量建议，提供给 CCPR 审议。JMPR 独立于 CAC 及其附属机构。JMPR 秘书处，由 FAO 秘书处和 WHO 秘书处两部分组成，分别负责组织 FAO 专家组和 WHO 专家组的专家，同步独立开展评估工作。正常情况下，JMPR 每年召开一次专家会议，讨论并推荐 MRLs 草案。近年来，由于国际社会迫切希望更快地制定更多的国际农药最大残留限量标准，JMPR 根据需要也召开特别会议（extra meeting），讨论推荐 MRLs 或有关风险评估的突出问题。JMPR 的年度报告以及更加详尽的残留和毒理学专论可以在 FAO、WHO 网站获取。JMPR 的专家来自政府和科研领域，他们是独立的国际认可的专家，凭个人专业能力而非代表政府参会。为保证专家选择过程的公开、透明，并确保更多的候选人进入名单，JMPR 秘书处会在需要时通过 FAO、WHO 信息平台发出征召通告。专家的任命除了考虑具备卓越科学和技术能力外，还需要考虑科学背景的多样性和互补性，以及代表不同地理区域，包括发达和发展中成员。

2019年，参加JMPR专家联席会议的专家共40人，FAO专家组和WHO专家组各20人，其中，农业农村部农药检定所的叶贵标研究员是唯一一位来自中国的JMPR专家。

总之，在农药残留国际标准制定过程中，JMPR和CCPR的功能是不一样的，同时也是密切联系的。根据CAC《程序手册》和风险分析原则的规定，JMPR是风险评估组织，负责科学评估残留风险和推荐MRLs，而CCPR是风险管理机构，负责审议JMPR提出的MRLs建议，经各成员协商一致同意后，提交CAC大会批准。CAC大会批准后正式成为国际食品法典农药最大残留限量标准。

二、CAC农药残留国际标准主要进展

自从中国担任CCPR主席国以来，CAC农药最大残留限量标准制定速度明显加快，标准更新淘汰的速度也较快，更好地适应了国际上对食品法典标准的期望。2019年CAC农药最大残留限量标准涉及229种农药、5437项MRLs和63个EMRLs。CCPR是制定食品法典标准最多的主题委员会，2007年以来CAC农药最大残留限量标准制定进展见表2-6。

表2-6　2007年以来CAC农药最大残留限量标准制定进展

CCPR年会/届	时间/年份	审议/项	通过/项	废除/项	较上年增加/项
39	2007	511	214	130	84
40	2008	515	279	93	186
41	2009	534	294	115	179
42	2010	445	217	95	122
43	2011	600	350	132	218
44	2012	450	279	59	220
45	2013	554	396	146	250
46	2014	600	344	104	240
47	2015	500	351	80	271
48	2016	623	392	155	237
49	2017	621	488	103	385
50	2018	590	386	127	259
51	2019	539	326	150	176

除标准制定速度加快以外，CAC 在制定农药最大残留限量国际标准技术指南方面也取得了非常可喜的进展，先后完成了 20 多项技术指南的制定工作，为制定残留标准提供了坚实的技术支撑。CAC 完成的主要技术指南见表 2-7。

表 2-7　CAC 完成的主要技术指南

指南中文名称	指南英文名称	CCPR 年会 / 届
食品和饲料分类修订	Draft revision of the Codex Classification of Foods and Animal Feeds	39 ~ 48
MRLs 外推到产品组的代表性产品选择准则和原则	Principles and Guidance on the Selection of Representative Commodities for the Extrapolation of MRLs to Commodity Groups	41 ~ 44
农药残留检测结果不确定度评估导则	Guidance on the Estimation of Uncertainty of Results for the Determination of Pesticide Residues	39 ~ 43
全牛奶与乳脂中脂溶性农药分析方法讨论报告	Methods of Analysis for Fat-Soluble Pesticides in Whole Milk and Milk Fat	39
从全脂奶中分离乳脂的程序	Procedures for Separation of Milk Fat from Whole Milk	40
Kow（辛醇水分配系数）在初级加工食品加工因子评估中作用	Use of Kow for the Estimation of Processing Factors in Primary Processed Foods	42
农药残留分析方法适宜性评价的性能指标	Performance criteria for suitability assessment of methods of analysis for pesticide residues	45 ~ 48
小作物和特殊作物农药 MRLs 评估导则（讨论稿）	Guidance to facilitate the Establishment of Codex MRLs for Minor Usese and Specialty Crops	41 ~ 47
由 OECD 开发的用于评估农药 MRLs 的计算方法	Calculation Method for the Estimation of Maximum Residue Limits for Pesticides being developed through the OECD	42
加工与即食食品农药最大残留限量的制定	Establishment of MRLs for Processed and Ready-to-Eat Foods	39

表 2-7（续）

指南中文名称	指南英文名称	CCPR 年会 / 届
关于将柑橘类水果组限量应用于金桔的讨论稿	Applicability of Codex Maximum Residue Limits for Citrus Fruits to Kumquats	46
茶叶中农药 MRLs 的评估	Assessment of MRLs for Pesticides in Tea	43
农药法典最大残留量执行的讨论报告	Discussion Paper about Enforcement of Codex MRLs	39
在综合考虑持久性有机污染物斯德哥尔摩公约（POPs）与 CCPR 职权范围的基础上的法典农药再残留限量问题	Extraneous Maximum Residue Limits for Persistent Organic Pollutants（POPs）falling within the Stockholm Convention and the Terms of Reference of the Codex Committee on Pesticides Residues	42
全球联合评估试验项目，即在各成员国（或者地区）农药管理机构登记前为 JMPR 推荐限量提供数据	Pilot Project for JMPR Recommendation of MRLs before National Governments or Other Regional Registration Authorities for a Global Joint Review Chemical	44
CCPR 应用的风险分析原则的修订	Revision of the Risk Analysis Principles Applied by the Codex Committee on Pesticide Residues	41 ~ 46
使用比例类推原则估算农药最大残留限量	Application of Proportionatily in Selecting data for MRL estimation	43 ~ 45

三、新农药国际联合评审

1. 议题的提出

世界各国在制定农药最大残留限量标准时会根据本国国情采用不同的方法，有些国家主要以法典标准作为依据，在这种情况下，及时制定农药的法典标准就非常有必要。但是，目前国际食品法典标准制定流程长，从化合物提名到最终批准大约至少需要两年时间。CAC 不能及时制定新农药的法典标准，对于一些依靠法典标准作为本国标准的国家来说，面临着标准缺乏的问题。此外，根据现行的法典手册，至少需要取得该农药的国家登记后，CAC 才会考虑制定相关的限量标准，这会限制新农药的使用。

为了解决这一问题，早在 2002 年就有代表团提出“让 JMPR 与国家同时开展农药评审”的议题，建议 JMPR 参与新农药的国际联合评审，以加快新农药的法典标准制定。

在 2018 年 CCPR 第 50 届年会上，加拿大提出了“JMPR 参与国际联合评审面临的机遇和挑战”议题，提议就 JMPR 参与国际联合评审新化合物所面临的机遇、挑战和可能的解决方法进行研究，建议创建一个电子工作组（Electronic Working Group，EWG）开展相关工作，并在 2019 年 CCPR 年会上提供一个文件进行进一步的讨论。

2. 2018 年 CCPR 年会的讨论结果

CCPR 赞同加拿大的提议，同意建立一个 EWG，由加拿大作为主席国，哥斯达黎加和肯尼亚作为副主席国，进行以下工作：1）基于之前的国内和国际经验，比如氟啶虫胺腈试点项目的结果，鉴定和评估 JMPR 参与新化合物联合评审所面临的利益、挑战、可能的方法；2）利益、挑战和解决方法的评估将包括但不限于以下考虑：比如资源效率、时间表、加强机构之间沟通、JMPR 秘书处和科学政策问题的合作；3）基于以上考虑，建立一个讨论文本供 CCPR 第 51 届年会讨论。CCPR 鼓励所有的代表和 JMPR 秘书处积极参与电子工作组，就以上问题进行开放、透明的讨论。

3. 2018 年 EWG 的进展

EWG 成立于 2018 年 6 月 29 日，成员包括 27 个国家 / 组织，4 个国际组织。7 月 3 日 EWG 提出了第一轮问题，10 月 5 日发布了第二轮征求意见，12 月 7 日发布了第三轮征求意见，截止日期为 2019 年 1 月 11 日。阿根廷、澳大利亚、加拿大、智利、德国、欧盟、伊朗、日本、美国、植保国际协会等提出了书面意见。考虑到本项目的重要性和关联性，食品法典的兽药残留委员会也同意在兽药评估方面开展一个类似的工作。在 EWG 征求意见阶段，重点对联合评审的定义、JMPR 参与该项工作的意义进行讨论。最终采用 OECD 关于联合评审的定义，所谓联合评审是指通过两个或两个以上国家之间的工作共享对农药登记资料进行评估。参与该项工作的管理机构审查每个特定研究领域初级评估的工作，最终评估结果（最好是一本完整的专著或专著的关键组成部分）被所有参与国（和其他国家）用作监管决策的基础。

作为一个正式的流程，联合评审要求：1）登记资料需要同时提交给参与联合评审的各方；2）需要提前协商工作表和任务分工；3）数据审查和同行评审；4）就拟编制的文件和决策目标日期达成协议。考虑到联合评审的时间表和任务分工，以及 JMPR 的独立性，EWG 建议 JMPR 参与联合评审，但是与其他国家参与的方式有一定差别，JMPR 参与方式为与联合评审同时进行的平行评审（parallel review）。

JMPR 参与国际联合评审的益处主要体现在：1）可以让更多国家尽快地使用上新农药；2）促进贸易，降低由于新农药法典标准缺乏导致的贸易壁垒；3）优化资源管理；4）提高登记数据的利用率，有助于最大残留限量标准的一致性。

JMPR 参与联合评审也面临很多问题，表现在流程和管理两个方面。流程方面面临的问题主要是登记标签、评审时间表和数据包要求。1）在没有登记标签的条件下进行 JMPR 评估：在没有国家登记的情况下进行 JMPR 评估，意味着没有正式的登记标签，这不符合 JMPR 的登记评审要求。如果国家评审机构对良好农业规范（Good Agricultural Practice，GAP）信息进行修订，将会对 JMPR 的评估产生影响，可能会改变 JMPR 初期评估的结果，导致前期的评估无效。针对这个问题，EWG 推荐了两种方法，方法 1：建立参数解决可能的 GAP 信息修改；方法 2：针对联合评审的新化合物提名，创建一个单独的数据要求。2）评审时间表不一致的问题：JMPR 评审有严格的时间表，一般需要 18 个月，在 1 月份提交数据包，9 月份 JMPR 召开联席会议审查，CCPR 年会审定时间为次年 4 月份，次年 7 月份 CAC 大会采纳通过。国际联合评审也有时间表，需要参与国家提前进行协商确定具体的时间表。EWG 建议与 JMPR 秘书处共同建立标准用于支持跨年度的 JMPR 联合评审。3）由于不同的数据要求造成的解释差异问题：各国和 JMRP 对数据要求、评估方法有一定的差异性，比如作物分组、残留物定义、对独立试验的解释等。针对这个问题，EWG 建议提供一个完整的、相同的数据包。

此外，JMPR 参与联合评审还面临管理方面的挑战，即在如何保持 JMPR 的独立性、资源的管理等方面。为解决联合评审中面临的问题，保持 JMPR 的独立性，EWG 在征求各方意见后提议在 CCPR 年会上讨论：一是明确 JMPR 在参与联合评审中的职责范围；二是明确 JMPR 参与评审中的关键步骤。

4. 2019 年 CCPR 年会讨论结果

针对本议题，2019 年 4 月 7 日加拿大主持召开了一次边会，总结了 EWG 取得的进展。在 2019 年 CCPR 第 51 届年会上加拿大介绍了目前联合评审面临的机遇、挑战和需要进一步解决的问题。会上各个代表团充分提出了各自的观点，认为平行评审是非常好的办法，但是不应该继续加大 JMPR 的负担，优先列表中有很多的化合物等待评审，专家的数量有限，参与联合评审的国家也有限。这项工作有必要继续开展下去，需要充分评估其对目前的 CCPR 和 JMPR 程序的影响。代表团认可文本文件中提出的挑战以及解决方法。CCPR 注意到，不会重新讨论“CCPR 风险评估原则”，如果有必要会在“CCPR 风险评估原则”中增加一些关于联合评审方面的内容，但需要 CCPR 讨论通过。将相关评审内容增加到 CCPR 和 JMPR 文件之前，需要先进行一个联合评审的试点项目。

在本次年会上，CCPR 决定，同意成立一个电子工作组，由加拿大担任主席国，哥斯达黎加和肯尼亚担任副主席国，EWG 主要进行以下三方面的工作：1）就如何加快 JMPR 参与评审新化合物的原则和步骤起草一个文本，这个文本需要解决本次年会讨论文件中提出的问题；2）起草的文件至少考虑以下内容：目前 CCPR 和 JMPR 的工作原理，比如化合物提名和排序流程、要求、评审时间表、评估方法、JMPR 和参加试点的政府的职责等；3）EWG 在起草时需要咨询 JMPR 秘书处，提交这些内容供 CCPR 第 52 届年会讨论。

5. 2019 年 EWG 的进展

为解决 CCPR 第 51 届年会对 EWG 的要求，EWG 于 2019 年 9 月 12 日成立，在 9 月份和 11 月份征集了两次意见，于 2020 年 1 月完成起草“JMPR 平行评审新化合物的原则和步骤”文件。该文件借鉴了最近的 JECFA 平行评审的经验，文件内容主要包括以下方面。

（1）JMPR 评估农药选择

提名的过程：联合评审农药的选择和现行的 JMPR 农药选择时间、流程基本一致，在农药提名时（9 月—11 月），需要明确是否计划让 JMPR 参与联合评审，哪些国家统一参与此项工作、全套资料提交的时间。具体时间节点为，1 月份农药优先列表电子工作组就列表计划征求意见；4 月份 CCPR 评审优先列表；7 月份 CAC 大会最终批准优先列表。

提名的要求：提名的农药需要同时满足现行的 JMPR 新农药评审要求和联合评审的要求（即至少超过 1 个国家同意开展联合评审）。被提名进行平行评审的农药可免于国家登记要求，但必须在 CCPR 年会上或之后不久提供 JMPR 要求的完整数据包，以允许 JMPR 在 CAC 批准后开展新农药的评审工作。

（2）JMPR 对数据的征集

JMPR 秘书处一般在每年 11 月份征集数据，截止日期一般为 12 月底，建议 JMPR 秘书处在征集数据时，对于联合评审化合物尽早安排。

（3）平行审查过程

项目管理：建议任命一名全球项目管理者监管平行审查，与 JMPR 秘书处 /JMPR 评审人、国家联络点保持密切联系，项目管理者还将与其他各方保持联系，确保在整个审查过程中，能够按照时间点完成。

国家和 JMPR 审查员之间的交流：平行审查意味着 JMPR 评审和国家评审将会同时开展，评审员之间必须进行交流。JMPR 秘书处在挑选评审员时，需要确保该评审员不会参与该化合物本国的登记评审过程。JMPR 评审员的联系方式需要提交给全球项目管理者。平行审查要求提交同样的数据包，包括毒理学、产品化学、残留化学（包括代谢和环境行为）等资料同时提交给国家管理机构和 JMPR。如果补充的毒理学或者残留化学资料提交给某一个国家管理机构，这些资料也要同时提交给其他参与各方，包括 JMPR，以保证资料的完整性。

（4）平行评审的关键时间点

平行审查大约需要 2 次 JMPR 会议，在这种情形下，对于参与平行评审的 JMPR 专家来说，将有机会和国家评审员进行代谢物、残留定义方面的沟通，沟通的时间点应该在 JMPR 第 1 次联席会议时。

（5）标签改变的情形

如果国家最终批准的标签（比如施药剂量、施药次数等信息）与最初提交的 GAP 信息不一致，JMPR 专家可以应用 FAO 25% 的变异原则、比例原则或者其他方法来决定推荐的最大残留限量是否需要重新计算。如果标签的改变发生在 JMPR 年度会议之后，JMPR 专家需要及时更新评估报告，与参与各方进行讨论，并征求 JMPR 专家的意见。更新的评估报告需要在 JMPR 正式出版年度报告之前完成（每年的 2 月份），如果不能及时完成，则需要等到下一个 JMPR 年度会议讨论。

参与平行评审的 JMPR 专家将会根据 FAO 的相关指南、手册对资料进行评估、审查。为了得到一致性的评估结果，建议 JMPR 专家可以参考 OECD 的残留物定义指南。各参与方得到一致的评估意见是可以实现的，但是需要对结果的差异性进行讨论。

（6）正式标签的提交

JMPR 一般在每年的 2 月份向 CCPR 提交建议的最大残留限量标准，此时，参与联合评审的化合物应该至少在一个国家取得正式登记，必须将取得正式登记的标签证明提交给 JMPR 秘书处，如果还没有取得正式登记，JMPR 可以将该化合物的推荐推迟到下一年度。

（7）本年度 EWG 的最终建议

EWG 建议通过开展试点项目的方法来检验平行评审的概念，以确定是否具有可行性。EWG 工作组建议 CCPR 成员同意本方案的下一步工作计划。

6. 小结

由于受到疫情的影响，本议题的会议讨论文件（CRD）一直未完成，最终的 CRD 文件和 EWG 第二轮最终稿差别不会太大。预计在 CCPR 第 52 届会议上，本议题将会继续深入讨论，可能会提出试点项目，JMPR 以平行评审的方式参与国际联合评审。

四、农药残留分析方法性能指南

1. 议题的提出

农药残留分析方法是国际食品法典标准的重要组成部分，是评估食品中农药残留是否超标的主要工具。CCPR 不仅负责制定食品中农药的最大残留限量标准，分析方法标准也是 CCPR 的职责范围。法典标准 CODEX STAN 229-1993《农药残留分析：推荐方法》是法典推荐的农药残留分析方法列表，整理收集了世界各国的残留分析方法。该标准收集的分析方法源自各国家 / 组织的监测分析方法和公开发表的学术论文、手册、书籍等，该标准很长时间没有更新，仅在 2003 年更新了一次。一些过时的分析方法已不适用，同时，一些新农药缺乏相应的分析方法，导致该标准无法满足执行法典标准的实际需求。

2011 年 CCPR 第 43 届年会上，CCPR 建议撤销 CODEX STAN 229-1993。但在该年度的 CAC 第 34 届会议上，CAC 却没有同意撤销 CODEX STAN 229-1993 的申请，原因是如果撤销分析方法标准数据库，将没有法典方法用于执行法典最大残留限量标准。但是考虑到实际操作中的困难，CAC 要求 CCPR 考虑建立分析方法性能评价标准的可行性，以供各国根据实际情况利用该标准来验证方法。

2012 年 CCPR 第 44 届年会上再次对 CODEX STAN 229 标准进行了讨论，会议认为该标准所列举的方法已经不能满足目前法典标准的要求，该标准的很多方法是过时的方法，但是对 CODEX STAN 229 进行修订需要付出巨大的人力和物力。CCPR 提议撤销 CODEX STAN 229，相关数据库的维护或更新由国际原子能机构（IAEA）负责。随后在该年度的第 35 届 CAC 会议上正式撤销和废止了 CODEX STAN 229，同时 CAC 要求 CCPR 继续就分析方法面临的问题进行研究。

2013 年 CCPR 第 45 届年会上，成立了由澳大利亚和中国主持的会间工作组，起草了“农药残留分析方法适用性评价的标准”的讨论文件，并提交了关于制定“农药残留分析方法性能标准指南”的项目申报文件。CCPR 讨论并同意了会间工作组的申请，决定就分析方法性能评估建立一个标准，并向 CAC 提交项目申报书，以供 2013 年 CAC 第 36 届大会讨论。2013 年的 CAC 大会批准了该标准的项目申请。该申请中拟定的关键时间点有：CCPR 第 46 届年会讨论初稿，预计在 2015 年的 CAC 大会上推进到第 5 步，预计在 2016 年被 CAC 采纳。在 2013 年 CCPR 年会中，成立了电子工作组，由美国担任主席国，中国为副主席国。本项目的目的是为成员制定一个可以用于评估分析方法的标准。由于国际食品法典没有制定相关的标准，该项目对于完善法典分析方法标准具有重要意义。

2. 制定阶段（2013—2017 年）的主要工作

2013 年 8 月，按照项目书建议，成立了由美国、中国共同主持，40 多个国家参与的 EWG，负责制定“农药残留分析方法性能标准指南”。2014 年 1 月提出了一个经澳大利亚、比利时、加拿大、中国、芬兰、法国、德国、印度、意大利、日本、荷兰、瑞士、泰国、美国、乌拉圭等国讨论后的初稿。2014 年 4 月，在中国南京举行的 CCPR 第 46 届年会上，

EWG向大会介绍了标准制定的进展。CCPR认为标准文本的结构基本符合要求，建议考虑文本中的一些排序和表述。同时，CCPR委员认为，该草案中存在的问题比较多，会间工作组时间短，不能解决所有的问题，建议将该文件退回到第3步。并鼓励各成员积极参与该项目。

2014年8月，重新成立了以美国为主席国、中国和印度为副主席国的EWG，并对指南文件进行了两轮会间讨论和文本更新。在2015年的CCPR第47届年会上成立了一个会间工作组，举行了两次会间会议，工作组的部分成员认为该文件仍然需要在国家层面上进一步修改。在本次CCPR年会上，工作组介绍了EWG和会间工作组的进展，提出了6点建议：1）重新成立EWG完善该文本；2）继续修改文本结构，以使文本更为流畅通顺；3）文本中的定义、引用参考文献要保持格式的一致性，避免重复；4）鼓励具有不同技术背景的成员和观察员积极参与该项目；5）准确地将文本翻译为法语和西班牙语；6）就文本文件的修订提供一个时间表。CCPR同意了会间工作组的建议，建议该项目退回到食品法典程序的第3步，并重新成立EWG，要求形成更新后的标准草案的时间不得晚于2016年2月。

2015年8月，各成员按照CCPR第47届年会达成的共识，成立了以美国为主席国、中国和印度为副主席国的农药残留分析方法EWG，并对该工作组承担的指南文件修改进行了两轮讨论和更新。在2016年CCPR第48届年会上，再次召开了会间工作组。美国代表团作为会议间工作组的主席，介绍了这一议题进展，并指出该指南的制定考虑到了提交给大会的书面意见、以及由CCPR成员和观察员提交的意见。CCPR审议了该标准草案，提出了一些文字性修改建议以提高该文件的准确性和清晰性，并删除了一些已由CAC采用或国际组织引用的参考文献。委员会还建议这些参考文献可作为脚注收入正文。与会代表们总体上支持该修订文本，并对整个文档修订中取得的良好进展表示支持。然而，一些代表团要求更多的时间以便咨询他们国内的专家和其他利益相关者，以及充分评估准则的技术要求。会议还指出，对于发展中成员来说这是一个特别敏感的问题，该标准不应使这些成员的农药残留实验室检测能力受到影响。会议总体上同意该指南的修订。然而，考虑到目前对文档所作的修改情况，委员会建议该指南草案继续在下届CCPR年会上进行讨论，以便提交给第40届

CAC 会议讨论采用。本次年会将该项目推进到第 5 步。

在 CCPR 第 49 届年会上，成立了会间工作组，讨论了各国的书面意见。年会上，工作组介绍了标准制定的进展，CCPR 基本同意了工作组的意见，建议将标准覆盖范围从食品扩大到食品和饲料。该指南标准在 CAC 第 40 届会议上批准通过，标准名称为“食品和饲料中农药残留分析方法性能指南”，标准编号为 CODEX CXG 90-2017。该标准从立项到最终完成共历时 4 年。

3. 性能指南标准的主要内容

CODEX CXG 90-2017《食品和饲料中农药残留分析方法性能 指南》规定了农药残留分析方法性能评估时需要评估的参数及相关参数的要求，该指南适用于扫描筛查、定量、鉴定和确证方法，并针对这 4 种分析方法给出了具体的方法性能评价标准。分析方法需要评估的性能参数包括选择性、标准曲线、线性、基质效应、准确度和回收率、精密度、检出限、分析范围、稳健性、不确定度等指标。

对于筛查方法（包括定性、半定量方法）主要目的是鉴别那些不高于阈值的残留样品（“阴性”）以及含有高于阈值的残留样品（“阳性”）。因此，对筛查方法的确认重点是建立一个高于潜在阳性结果的阈值浓度，为“假阳性”和“假阴性”结果判定提供一个统计学上的基本比例。筛查方法的确认主要是检测力（Screening Detection Limit，SDL）即样品最低添加水平下的检出率。筛查方法的 SDL 是一个最低的浓度水平，在该水平下，应该能检测到 95% 样品中的分析物（假阴性率＜ 5%）。

定量方法的确认标准包括选择性、定量结果（正确度、精密度等）、灵敏度等参数，CODEX GXG 90-2017 认为选择性对于定量方法非常重要，除了选择性，定量指标回收率和精密度也需要重点考察，至少两个添加浓度，浓度范围要覆盖定量限（LOQ）和 MRL，每个浓度至少 5 个重复。回收率在 70% ~ 120%，RSD≤20%。在一定情况下，回收率超出该范围也是可以接受的。

鉴定和确证方法的性能要求：鉴于质谱的种类、操作方式多，指南没有给出统一的标准，CODEX CXG 90-2017 重点针对基于质谱的鉴定方法做了介绍。需要考虑的指标有：分析物的保留时间、离子比率（提取离子色谱图的一致性）、信噪比（$S/N > 3$）、离子对的选择原则、空白对照等。

如果最初的分析方法不能提供明确的鉴定或者不能满足定量分析的要求，需要进行确证分析。可以通过对样品或者提取液再分析的方法进行，如果残留量超过了限量标准，则需要进行确证分析。如果最初的方法不是基于质谱的方法，CODEX CXG 90-2017 建议采用基于质谱的方法进行确证。

五、可以豁免限量标准的低公共健康风险化合物指南

1. 议题的提出

随着对生态环境的重视，化学农药的用量逐渐减少，而生物农药的使用逐年增加。低风险农药尤其是生物农药是目前研究的热点。针对这类农药的管理，各国采取了不同的方法，有些方法可能会导致国际贸易壁垒。在国际食品法典中，尚未有关于低风险农药的管理指南。在 CCPR 第 50 届年会上，智利代表团就生物农药的管理问题向 CCPR 提交了一份会议文件。该文件认为该议题属于 CCPR 的职责范围，提议 CCPR 考虑制定一个生物农药管理相关的指南，以解决各国生物农药管理不一致的问题，此外，该指南还可以帮助解决依靠法典标准的国家面临的标准缺乏问题。智利提议 CCPR 建立一个 EWG 进行前期的研究工作。

2. CCPR 第 50 届年会讨论结果

在 CCPR 第 50 届年会上，CCPR 对该议题进行了讨论，基本同意了智利代表团的提议。与会各方注意到生物农药在全球的使用量逐年增加，但是缺乏一个国际标准，值得进一步研究。有代表认为前缀“bio”在某些地区和有机生产密切相关的，建议将议题题目修改为“可以豁免限量标准的低公共健康风险化合物指南”。在本次年会上，CCPR 支持智利的提案，建立一个 EWG，主席国是智利，副主席国是印度和美国，工作语言是英语和西班牙语，工作职责有以下 5 点：1）根据 CCPR 的要求为该议题研究提供背景介绍，比如贸易问题以及对消费者可能的风险；2）撰写该指南项目的申报书，该指南可以识别低风险的生物农药、无机农药等；3）对这些化合物提供一个分类以及可能的列表或者标准等；4）提供一个项目范围的修改版本；5）基于以上工作，提供一个供 CCPR 第 51 届年会讨论的草案。

3. 2018—2019 年 EWG 讨论进展

EWG 于 2018 年 10 月 17 日成立，共发出了两轮评议，中国、美国、印度等 30 个国家、欧盟以及 3 个观察员参加了 EWG。在 EWG 讨论阶段，各国提交了相关的低风险化合物的管理规定、指南。从各国提交的反馈意见看，欧美发达成员已经制定了相关的指南、标准。比如欧盟在法规（EC）No. 396/2005 的附件 IV 中，规定了没有必要建立最大残留限量的有效成分列表。在法规（EC）No. 396/2005 第 5 款介绍了将有效成分列入附件 IV 的基本原则。美国管理农药最大残留限量标准的法律主要是《联邦杀虫剂、杀菌剂和灭鼠剂法》（FIFRA）、《联邦食品、药品和化妆品法》（FFDCA）。《食品质量保护法》（FQPA）是对 FFDCA 的补充。FFDCA 授权美国环境保护署（EPA）制定限量标准，在农药残留的确不会产生膳食摄入风险时，可以豁免限量标准。而广大发展中成员，尤其是南美成员，针对豁免限量标准的管理并没有相关的指南。

EWG 在整理了现阶段各国的管理经验后，认为该指南应该包括以下 3 部分内容：1）定义；2）建立可豁免限量标准的低风险化合物鉴定指南；3）可豁免 MRL 的农药清单。最终 EWG 根据 CCPR 第 50 届年会的要求，准备了供 CCPR 第 51 届年会讨论的会议文件，对 EWG 的工作进行了总结，完成了项目申报书、指南的草案。建议将该项目提交到 2019 年第 42 届 CAC 大会讨论，并成立 EWG 进行下一步的工作。

4. 2019 年 CCPR 讨论结果

在 CCPR 第 51 届年会上，智利代表团介绍了 EWG 的工作进展，各代表团对 EWG 提议的下一步工作普遍表示支持。本次年会中，各代表团就定义、化合物列表、各国现有的生物农药标准等内容进行了深入讨论。最终，CCPR 认为本项目的目的在于制定标准，而不是提供满足这些标准的化合物列表，采用协调一致的标准，会得到相似的列表。CCPR 还注意到，对 CCPR 来讲更新这个列表将会很困难，建议列表只是作为解释这些标准的参考使用。在将来，可以将这些列表从标准中去掉，如果有必要也可以将这些列表作为信息文件保存到法典网站。

在本次年会上对 EWG 的工作提出了更为具体的 4 点要求：1）就可以豁免限量标准的低风险化合物的识别提供一个通用标准；2）提供协调一致的法典定义；3）针对这些标准，提供相应的化合物列表，以供参考；

4）在以上 3 项工作的基础上，制定一个标准草案供 CCPR 第 52 届年会讨论。

在 2019 年第 42 届 CAC 大会上，CAC 批准了 CCPR 提出的这项工作计划，制定豁免限量标准指南工作正式启动。

5. 2019—2020 年 EWG 讨论进展

EWG 的主席国为智利，副主席国为美国和印度，31 个成员和 5 个观察员组织。工作议程包含两轮内部讨论，共有包括中国在内的 9 个成员和 3 个观察员组织发表了评论。在第一轮讨论中，评论意见主要集中在相关的定义和判断低风险的标准上。在第二轮讨论中，各成员提供了相应的化合物实例。经过两轮讨论和完善，EWG 制定了“可以豁免制定法典限量标准的低公共健康风险化合物的指南”标准草案供 CCPR 第 52 届年会讨论。

6. 指南标准草案的主要内容

该指南包括前言、正文和附录，正文包括适用范围、定义和判断标准，附录是化合物实例。

前言（1 ~ 8 段）主要对农药、生物农药、法典限量标准等内容进行了背景介绍。

正文第一部分为范围（9 ~ 12 段），主要对该指南的适用范围进行介绍。该指南的应用不影响 CAC 对食品中农药最大残留限量的任何规定，旨在利用一些国家和国际组织现有的一些豁免 MRL 标准方法，规定作为农药使用时被认为是低风险或对公共健康影响较小，无需制定最大残留限量的物质。提出这些标准的目的是为了提供一个统一的方法，规范在何种情况下物质能够被确认为无需制定最大残留限量。如果某种化合物不满足本指南中的任何一种标准，则可能会根据具体情况进行进一步考虑。

第二部分为定义（13 ~ 29 段），共有 17 个定义，包括每日允许摄入量（ADI）、急性参考剂量（ARfD）、活性物质、授权使用、基本物质、生物农药、植物农药、食物 / 作物组、GAP、JMPR、MRL、微生物农药、天然物质、有害生物、农药、农药残留、化学信息素等。

第三部分为该指南的重点，为识别对公共健康影响较小，无需制定食品法典最大残留限量的化合物的判定标准（30 ~ 37 段）。根据该指南提出的 4 条标准，可以判定出通过饮用水和食物摄入，或经过生物积累作用但是对人类或动物健康无直接或延迟伤害的物质。4 条标准具体内容如下。

标准 1：鉴定表明无危险性质的活性物质（很少或无毒理学风险）。包括：1）没有必要建立 ADI/ARfD 的物质及其相关代谢物。2）在环境相关浓度下不具有生物积累作用或不会引起明显毒性作用（腐蚀性，致敏性，神经毒性，免疫毒性，致癌性，诱变性，生殖、发育或内分泌干扰作用等）的物质及其相关代谢产物。3）此准则可以包括基础物质，以及那些本身就为食物成分之一的物质。但是对于那些虽然属于食物成分，但使用浓度较高，或具有潜在致敏性的物质，应当谨慎考虑。

标准 2：无法区分该物质的暴露是来自农药用途还是食物链。包括：1）当食物的自然暴露与农药使用暴露无法进行区分，并决定使用此条标准时，应该谨慎评估并考虑可检测的背景值。2）此准则可能包括植物性农药和天然化学物质（矿物质等），但要谨慎考虑已知为过敏原的食物或饲料原料。

标准 3：通过作用机理可以预测到该物质对消费者无暴露风险。适用于本条标准的物质包括信息素和其他的通过分散剂分散的用于干扰交配的信息化合物。

标准 4：无致病性且不会产生具有哺乳动物毒性或对人类健康具有潜在风险的次生代谢物的微生物。本标准适用于微生物农药，但不包括作为哺乳动物主要病原物或与此类病原物分类学相近的微生物。对于那些与对人类有害的病原物相近的微生物农药，必须证明最终的农药制剂中不存在相关毒素，并且在之后也不会由于微生物的使用而产生超过自然本底水平的毒素，进而对公共健康造成潜在风险。

附录为化合物实例（见表 2-8）。但此附录有可能不会出现在最终的标准中。

表 2-8　可以豁免限量标准的低公共健康风险化合物实例

适用标准	化合物实例
标准 1. 鉴定表明无危险性质的活性物质（很少或无毒理学风险）	1. 氢氧化钙
	2. 果糖
	3. 过氧化氢
	4. 氯化钠

表 2-8（续）

适用标准	化合物实例
标准 1. 鉴定表明无危险性质的活性物质（很少或无毒理学风险）	5. 碳酸氢钠
	6. 蔗糖
	7. 食醋
	8. L- 抗坏血酸（维生素 C）
标准 2. 无法区分该物质的暴露是来自农药用途还是食物链	9. 植物油 / 蔬菜油 菜籽油，蓖麻油，玉米油，米糠油，棉籽油，芝麻油，亚麻子油，橄榄油，花生油，茶树油，苦楝油，卡那其油，*Mahua*（*Madhuca*）油
	10. 植物精油 丁香油，香茅油，橙油，留兰香油，柑橘油，茴香油，雪松油，柠檬草以及迷迭香油，姜黄油，百里香油，香根草油，猫薄荷油。桉树叶油及其提取物
	11. 精油成分 香叶醇丁香酚，芳樟醇，柠檬烯，香茅醛，百里酚，香芹酮，1,8- 桉树脑，对伞花烃，黄花酮，芳姜酮，松油帖，萜品醇
	12. 番荔枝属（番荔枝宁，多鳞番荔枝辛）
	13. 印楝（印楝树叶与种仁油）
	14. 印楝素（印楝果实）
	15. 油菜素内酯
	16. 土荆芥油及其提取物
	17. 大蒜提取物
	18. 赤霉酸（GA3）
	19. 水黄皮次素
	20. 除虫菊（除虫菊酯）
	21. 雷雅尼雅属（罗纳丹）
	22. 大虎杖提取物
	23. 苯并呋喃（米仔兰属）
	24. 皂类（脂肪酸盐）
	25. 苦参（苦参碱，氧化苦参碱）
	26. 硫磺
	27. 蜂花醇

表 2-8（续）

适用标准	化合物实例
标准 3. 通过作用机理可以预测到该物质对消费者无暴露风险	28. 信息素
	29. 顺 -8- 十二烯基乙酸酯
	30. 反 -8- 十二碳烯醇乙酸酯
	31. 顺 -8- 十二烯 -1- 醇
	32. 顺 / 反 -8- 十二碳烯醇乙酸酯
	33. 反，反 -8,10- 十二二烯 -1- 醇
	34. 十二醇
	35. 反 -11- 十四碳烯 -1- 醇
	36. 红铃虫性诱素
	37.9- 十六碳烯醛，11- 十六碳烯醛和十六碳烯醛
	38. *Hexadecadienyl acetate*
	39.3- 甲基 -6- 异丙烯基 -9- 癸烯 -1- 醇乙酸酯
	40.（E）-11-*Tetradecen-1-yl-ol acetate*
标准 4. 无致病性且不会产生具有哺乳动物毒性或对人类健康具有潜在风险的次生代谢物的微生物	41. 棘孢木霉（以前称为哈茨木霉）菌株 ICC012，T25 和 TV1
	42. 深绿木霉（以前称为哈茨木霉）菌株 IMI 206040 和 T11
	43. *Trichoderma gamsii*（以前称为 *T. viride*）菌株 ICC080
	44. 哈茨木霉菌株 T-22 和 ITEM 908
	45. 多孢木霉菌株 IMI-206039
	46. 链霉菌 K61（以前称为灰链霉菌）
	47. 解淀粉芽孢杆菌菌株 FZB24
	48. 解淀粉芽孢杆菌菌株 MBI600
	49. 解淀粉芽孢杆菌亚种 D747
	50. 坚定芽孢杆菌 1582-1582
	51. 苏云金芽孢杆菌亚种 QST713
	52. 苏云金芽孢杆菌
	53. 球孢白僵菌菌株 ATCC 74040
	54. 球孢白僵菌菌株 GHA

表 2-8（续）

适用标准	化合物实例
标准 4. 无致病性且不会产生具有哺乳动物毒性或对人类健康具有潜在风险的次生代谢物的微生物	55. 棉铃虫核多角体病毒
	56. 球形芽孢杆菌
	57. 球壳拟杆菌
	58. 昆虫病原线虫（EPNs）
	59. 尖孢镰刀菌
	60. 金龟子绿僵菌
	61. 淡紫色疟原虫
	62. 荧光假单胞菌
	63. 绿色木霉
	64. 里氏木霉
	65. 斜纹夜蛾核多角体病毒（NPV）
	66. 蜡蚧轮枝菌

7. 我国关于豁免制定食品中农药最大残留限量标准的规定

根据原农业部第 2308 号公告中《食品中农药最大残留限量制定指南》的规定，当存在以下情形时，可以豁免制定残留限量：

1）当农药毒性很低，按照标签规定使用后，食品中农药残留不会对健康产生不可接受风险时；

2）当农药的使用仅带来微小的膳食摄入风险时。豁免制定食品中最大残留限量标准的农药名单见 GB 2763《食品安全国家标准 食品中农药最大残留限量》的附录 B。截至 2019 年，我国已经对苏云金杆菌等 44 种农药进行了豁免，农药种类主要为微生物农药，还有一些生物化学农药。我国豁免种类制定食品中最大残留限量标准的农药远远落后于欧美等国家和地区，需要加快制定豁免制定残留限量标准的农药清单。此外，第 2308 号公告没有给出具体的豁免标准，所以相关标准需要进一步被完善。

8. 小结

由于该指南涉及的低风险化合物主要是符合农业可持续发展需求的生物农药，各方对该指南的意见分歧较小，容易达成一致意见。目前该指南已经进行到第 4 步，计划在 2021 年的 CCPR 第 52 届年会上再次被讨论，预计在2021年或2022年被CAC最终采纳。

六、食品和饲料商品分类体系修订

1. 议题的提出

CAC食品和饲料商品分类体系最早在1989年第18次CAC大会上通过，1993年进行了修订。2003年CCPR第35届年会首次提出修订分类体系，即进行小范围修订（limited revision），仅增加少量新的商品种类，补充和修改部分商品的编码、称谓、学名、同义词等，调整部分商品组和亚组的划分方式。2004年CCPR第36届年会，EWG成立，负责在国际食品法典食品和饲料商品分类体系（1993年版）的基础上进行修订。

随着消费需求的增长，许多“小”商品种类越来越多，在国际贸易中也越来越重要。这就需要一种统一的农产品分类系统。因此，对食品和饲料商品分类体系进行扩大修订显得尤为重要和必要。2006年CCPR第38届年会确定对食品和饲料商品分类体系进行深入修订（extended revision），并发布了《作物分类体系（2006）》，这也是后续进行修订的基础文件。这次修订的目的尽可能地将在贸易中出现的商品均包含进来，之后基于农药残留的相似性将其进行分组；确保使用统一的命名法，对商品进行分类分组和/或建立群体组，以便将具有类似特征的最大残留限量的商品分到一起；促进术语用法的统一。

深入修订主要包括以下方面：增加新的商品；设立新的组和亚组；更新科学学名和通用名称；核对MRL标准适用的商品部位；为新的食品法典MRL标准制定提出参考；在协调一致的优化的商品分类系统中考虑残留量外推；适时修订编码系统；考虑食品法典MRL数据库的影响；与FAO膳食平衡表一致性等。

修订遵循的原则：1）商品具有相近的农药残留量；2）形态学上相似；3）相似的耕作形式和生长习惯等；4）可食部位相同或类似；5）农药使用上有相近的良好农药规范；6）相近的残留行为；7）提供一定的宽松度以容许设置亚组。

最开始的设想是5年～6年内完成修订，但具体开展起来之后才发现，修订不可能短期内完成。一直到2018年，才完成了植物源初级商品的分类修订，对于其他大类的讨论，才刚刚开始。

2. 代表性商品的选择原则

2007 年 CCPR 第 39 届年会决定将代表性商品选择的指导原则与具体商品组的代表性商品分开进行，代表性商品的确定与商品分类的修订同步进行。代表性商品选择的指导文件历经几年的讨论，终于在 2012 年 CCPR 第 44 届年会上达成一致（第 8 步）。

代表性商品的选择要遵循以下原则：1）代表性商品可能含有最高残留量；2）代表性商品在生产量和 / 或消费量较大；3）代表性商品形态、生长习性、害虫问题和可食用部分方面，最有可能与同组或子组内相关商品相似。如果一种代表性商品不能同时满足上述所有三个原则的要求，则至少应满足前两个要求（最有可能含有最高的残留量且生产量和 / 或消费量较大）。

为了推动商品组 MRL 在全球的应用，代表性商品的选择应有一定的灵活性，以供不同国家和地区采用，原因是不同国家和地区在饮食消费和某些商品的生产方面存在地区差异。因此，基于当地具体情况，某国家可能会提出另外的代表性商品。例如，鳞茎类商品组嫩洋葱亚组中的代表性商品是嫩洋葱，它可以用韭菜来替代。

通常条件下，选择的代表性商品与被代表的商品来自同一组或同一亚组。然而，在某一组或亚组当中，生长习性或者虫害的形态等方面不一定总是完全符合。在这种情况下，可使用扩大外推法，即使用该组之外的商品进行外推。例如在商品（有相似的 GAP）有相似的大小、形状和表面积时可以使用。应用扩大外推法的例子包括：1）用某些核果或梨果的 MRL 外推到热带水果；2）使用芽前除草剂时，残留量都小于 LOQ；3）非内吸性农药的种子处理。

3. 国际食品法典食品和饲料商品分类概述

CAC 为农药残留限量标准制定设计了完整的食品和饲料商品分类体系，依据商品特性，CAC 食品和饲料商品分类体系分为 5 个大类（Class）、24 类（Type），分别是：A 植物源初级商品（6 类）；B 动物源初级商品（6 类）；C 初级饲料商品（2 类）；D 植物源加工商品（5 类）；E 动物源加工商品（5 类）。

其中 A 类植物源初级商品包括水果（Type 01）、蔬菜（Type 02）、谷物（Type 03）、坚果和植物的汁液（Type 04）、香草和香料（Type 05）、其他（Type 06）6 类。每类中再细分为组（Group）、亚组（Subgroup），亚组下才是具体的产品。每组和亚组都对该组商品的特征进行了简要说明，并指出商品暴露于农药的部位、消费部位和 MRL 制定时的适用部位。每个产品信息包括产品代码（由组代码 +4 位数序号组成）、英文名称、产品相关作物的拉丁学名以及必要的解释。产品代码具有唯一性。

对这些商品进行分组，可以利用组代表性商品的数据建立组限量（Group-MRL），或将代表性商品的 MRL 直接外推至同组内的其他商品，其目的就是为了解决小宗农作物或特色作物上农药登记短缺而无法有效防治有害生物、农药残留标准缺失而不能开展市场监管的问题。小宗农作物或特色作物由于种植面积较小或较为分散、膳食消费量不大且农药销售回报率较低等原因，多数农药生产企业缺乏在这些农产品上进行农药登记的积极性，这就造成农民无药可用或乱用药，从而给农产品质量安全带来巨大隐患。

这里以 A 类植物源初级商品的具体信息为例，介绍其具体框架。表 2-9 给出的是目前 CAC 达成一致的植物源初级商品分组信息。

表 2-9　CAC 植物源初级商品分组及亚组

类	组编号	组代码	组名	亚组
水果	001	FC	柑橘类水果	001A 柠檬与青柠类水果；001B 柑橘类水果；001C 酸甜橙子类水果；001D 柚类水果
	002	FP	仁果类水果	无
	003	FS	核果类水果	003A 樱桃类水果；003B 李子类水果；003C 桃类水果
	004	FB	浆果和其他小型水果	004A 藤蔓类浆果；004B 灌木类浆果；004C 大型灌木 / 木本类浆果；004D 小型攀援藤本类浆果；004E 矮生浆果
	005	FT	皮可食热带及亚热带水果	005A 小型皮可食热带及亚热带水果；005B 中型、大型皮可食热带及亚热带水果；005C 棕榈类皮可食热带及亚热带水果

表2-9（续）

类	组编号	组代码	组名	亚组
水果	006	FI	皮不可食热带及亚热带水果	006A 小型皮不可食热带及亚热带水果；006B 大型皮不可食热带及亚热带水果；006C 大型粗糙或毛状皮不可食热带及亚热带水果；006D 仙人掌类皮不可食热带及亚热带水果；006E 藤本类皮不可食热带及亚热带水果；006F 棕榈类皮不可食热带及亚热带水果
蔬菜	009	VA	鳞茎蔬菜	009A 鳞茎洋葱类蔬菜；009B 青葱类蔬菜
	010	VB	芸薹蔬菜（叶类芸薹蔬菜除外）	010A 头状花序芸薹蔬菜；010B 结球芸薹蔬菜；010C 茎类芸薹蔬菜
	011	VC	葫芦科瓜类蔬菜	011A 黄瓜和西葫芦瓜类蔬菜；011B 甜瓜、南瓜和笋瓜类蔬菜
	012	VO	茄果类蔬菜	012A 番茄类蔬菜；012B 辣椒类蔬菜；012C 茄子类蔬菜
	013	VL	叶菜类蔬菜	013A 绿叶菜蔬菜；013B 叶类芸薹蔬菜；013C 根和块茎类蔬菜叶；013D 树、灌木、藤本植物叶；013E 水生叶类蔬菜；013F 菊苣类蔬菜；013G 叶类葫芦科蔬菜；013H 叶类蔬菜嫩叶；013I 芽菜
	014	VP	豆类蔬菜	014A 带嫩荚菜豆类蔬菜；014B 带嫩荚豌豆类蔬菜；014C 不带嫩荚菜豆类蔬菜；014D 不带嫩荚豌豆类蔬菜；014E 地下豆类蔬菜
	015	VD	干豆	015A 干大豆类蔬菜；015B 干豌豆类蔬菜；015C 地下干豆类蔬菜
	016	VR	根和块茎类蔬菜	016A 根类蔬菜；016B 块茎和球茎类蔬菜；016C 水生根和块茎类蔬菜
	017	VS	茎类蔬菜	017A 茎及叶柄类蔬菜；017B 嫩梢类蔬菜；017C 其他茎类蔬菜
	018	VF	食用菌	无

表 2-9（续）

类	组编号	组代码	组名	亚组
谷物	020	GC	谷物	020A 小麦类谷物；020B 大麦类谷物；020C 水稻类谷物；020D 高粱类谷物；020E 玉米类谷物；020F 甜玉米类谷物
	021	GS	产糖或糖浆草本植物	无
坚果、种子和树汁	022	TN	坚果	无
	023	SO	油料	023A 油菜籽类；023B 葵花籽类；023C 棉籽类；023D 其他油料；023E 油果类
	024	SB	饮料或糖用种子	无
	025	ST	树汁	无
香草香料	027	HH	香草	027A 草本植物香草；027B 木本植物叶类香草；027C 食用花
	028	HS	香料	028A 籽粒类香料；028B 果实和浆果类香料；028C 树皮类香料；028D 根和根茎类香料；028E 芽类香料；028F 花和柱头类香料；028G 种皮类香料；028H 陈皮；028I 干辣椒
其他	029	MU	未分类商品	无

4. 植物源初级商品不同组讨论概述及热点问题

（1）水果类

2008 年 CCPR 第 40 届年会开始，对水果组进行讨论，首先讨论的是浆果和小型水果，然后是柑橘类水果。仁果类、核果类从 2009 年开始修订。2010 年 EWG 成立，讨论热带和亚热带水果（皮可食和皮不可食）。2012 年 CCPR 第 44 届年会完成了水果的梳理（第 8 步），待其他所有商品组梳理完成后，一并予以公布。2017 年，部分文字表达形式得以调整。截至 2018 年 CCPR 第 50 届年会，A 类植物源初级商品的讨论基本完成。

柿子（Persimmon，Japanese），从植物学分类看，属于球形浆果类而不是梨果类，但 CCPR 认为柿子在形状、大小、外观上均与苹果相似，其残留水平也相似，因而将柿子从 G005 可食热带及亚热带水果转移到 G002 梨果类中；因枣（Jujube，Chinese）与李子等农产品在形态、栽培环境、用药规律等方面相似，将枣从 G005 皮可食热带和亚热带水果中转移到 G003 核果类中的 003B 亚组（含枣及李子类水果）；金橘（Kumquats）从分类学上属于柑橘类，且其在亚洲作为柑橘类流通，从 G005 皮可食热带及亚热带水果中转移到 G001 柑橘类水果中的 001B（柠檬和青柠亚组）。但金橘带皮食用，很多柑橘类水果的皮并不食用，需对现有柑橘类限量是否适用于金橘进行评估。

（2）蔬菜类

蔬菜类的讨论于 2007 年从鳞茎类蔬菜、葫芦科除外的果类蔬菜开始。2008 年开始进行食用菌的修订。2010 年开始讨论叶菜类及芸薹属蔬菜。由于蔬菜涉及的组很多，该讨论持续的时间较长，一直到 2017 年 CCPR 第 49 届年会才完成所有 10 个蔬菜商品组（G09 鳞茎类蔬菜 /G012 果菜类蔬菜（葫芦科除外）/G018 食用菌 /G010 芸薹蔬菜（芸薹科叶菜除外）/G013 叶菜类蔬菜（包括芸薹科叶菜）/G017 茎类蔬菜 /G016 根和块茎类蔬菜 /G015 干豆类 /G011 葫芦科瓜类蔬菜 /G014 豆类蔬菜）的讨论（第 8 步）。

CCPR 第 42 届年会讨论了 Okra（黄秋葵）和 Roselle（洛神葵）和 Pepino（人参果），将黄秋葵和洛神葵放到 12B 辣椒亚组，原因在于其形态相似、农药使用方式和残留水平相近；将人参果放到了 12C 茄子亚组。

2012 年 CCPR 第 44 届年会将大白菜从 G013 叶菜类蔬菜中转移到 G010 芸薹蔬菜（叶类芸薹蔬菜除外）中，同时增加了芽菜亚组。

2016 年 CCPR 第 48 届年会针对 015 干豆类商品组和 014 豆类蔬菜商品组达成一致意见，认为可以采用菜豆 Phaseolus spp. 的食品法典限量标准（Codex Maximum Limit，CXL）外推到豇豆 Vigna spp. 作物。两种作物仍分别给出编码。大会针对地下豆类作物设立了亚组（14E 地下豆类蔬菜和 15C 地下干豆类蔬菜）。对于 011 葫芦科瓜类蔬菜商品组，CCPR 将其分为两个亚组（11A 黄瓜和西葫芦，11B 南瓜冬瓜类），在代表性商品的选择上，CCPR 没有采纳选择代表性商品时考虑生吃和非生吃因素，可以根据各国或地区实际情况，选择不同于 CCPR 推荐的代表性商品。

（3）谷物类

对谷物类的讨论从 2015 年 CCPR 第 47 届年会开始，CCPR 首先对 G020 谷物亚组的划分进行了讨论：1）根据商品状态去壳与否，假谷类商品（如荞麦等）应分别归属到小麦亚组和大麦亚组中。2）因高粱具有更高的残留水平和 MRL 值，玉米与高粱应属于不同组。同时，甜玉米应单独作为一个亚组，与玉米分开。3）莜麦与燕麦相似，将其放到 20B 大麦类谷物中，燕麦具有更高的残留水平，因此，燕麦残留可以涵盖莜麦残留。4）将藨草从 20D 高粱类谷物移到了 20B 大麦类谷物。

2016 年 CCPR 第 47 届年会开始讨论 021 糖料组，在“一种商品只能出现在一个组中”的原则下，CCPR 认为已包含在其他组中的商品，没有必要再列入 021 糖料组。

2017 年 CCPR 第 49 届年会完成了谷物类商品的讨论（第 8 步）。

（4）坚果、种子和树汁类

2010 年 CCPR 第 42 届年会对 G023 油料（第 8 步）、2011 年 CCPR 第 43 届年会对 G022 坚果（第 7 步）的讨论取得一致意见。2016 年 CCPR 第 48 届年会开始讨论 G024 饮料或糖用种子组，在讨论中，同样遵循了“一种商品只能出现在一个组中”的原则，对于部分已包含在其他组中的商品，大会认为没有必要再列入该组。2017 年 CCPR 第 49 届年会决定增加 G025 树汁商品组（Tree Saps），放在 type 04（名称修订为 nuts，seeds and saps）中。

2018 年 CCPR 第 50 届年会完成了该组的具体作物讨论，同时对 type04 的代表性作物的选择也达成了一致，于是 CCPR 完成了坚果、油料、饮料或甜品种子、树汁 4 个商品组的讨论，将其整体提交 CAC 大会通过。

（5）香草香料类

香草香料类具体包括 G027、G028，以及各组代表性作物。香草香料类的讨论从 2010 年 CCPR 第 42 届年会开始。2011 年 CCPR 第 43 届年会基本完成了讨论，并保留在第 7 步。2018 年 CCPR 第 50 届年会对香草组中食用花卉进行了补充，同时指出很多品种尽管未列入，但默认也包含到了该亚组。还讨论了香料组中 28H 柑橘皮和 28I 干辣椒的位置，建议两个亚组仍保留在香料组，而不是转移到加工品大类中。2018 年，CCPR 完成了香草和香料作物的讨论（第 8 步或第 5/8 步）。

（6）待分组作物

有些植物源商品，无法纳入某具体商品组中，如菱角、莲子、芡实、干啤酒花等商品。因此，在 2018 年 CCPR 第 50 届年会上提出建议，在各类型（Type）中均增加一个待分类商品组。这个提议于 2019 年获得通过，从而也结束了植物源商品的讨论。

5. 其他商品的讨论

（1）饲料

饲料主要包括豆类作物饲料组、禾本科作物饲料组和其他作物饲料组。讨论从 2018 年 CCPR 第 50 届年会开始。CCPR 第 51 届年会同意在每个组中，根据含水量分为高含水量亚组、低含水量亚组以及加工品亚组。会议同意，尽管青贮饲料也经过了一定的加工过程，但由于含水量较高，应从加工亚组转移到高含水亚组；讨论了“fodder”与“hay or straw”的表述问题，主要争议在于“fodder”等表述是否会对现有 CXL 造成影响；会议认可将禾本科饲料和牧草分开的建议，但不建议对冷暖季牧草再进行细分；对于饲料代表性商品的选择问题，将根据饲料组的讨论继续推进，同时特别指出，苜蓿应该作为代表性商品的一个选项。目前该议题仍在进行讨论。

（2）植物源加工商品

从 2019 年 CCPR 第 51 届年会开始，对植物源加工商品进行讨论，包括初级加工品、深加工农副产品和多成分加工品。主要讨论内容在于增加了部分具体商品，例如在 G055 水果干中增加了山楂干、香蕉干、椰子干、菠萝干、榴莲干，在 G056 蔬菜干增加了秋葵干、黄花菜，在 G066 茶中增加了金钱柳叶茶、石斛茶、菊花茶，在多成分加工产品中增加了馒头、面条等。同时，明确了即便主要用于饲料但如果仍有少量食用的商品，则仍然留在加工品中，只有完全用于饲料的加工品才转移到饲料组。由于商品间差异较大，对于该类商品，很难给出代表性商品以制定组限量，同时也指出，其代表性商品的选择可以参照植物源初级商品中的代表性商品。目前该议题仍在进行讨论。

（3）动物源初级商品、动物源加工商品

2019 年 CCPR 第 51 届年会开始涉及动物商品的讨论，争议的焦点在于 CCPR 和食品中兽药残留法典委员会对动物商品的定义有分歧，如肉类（muscle、meat）的英文表达、可食内脏（edible offal）的内涵等，这些术语应与实际应用以及国际贸易相关联，表述用词很重要，其定义更应该弄清楚。此次会议还涉及下列内容：脂溶性农药的 MRL 是基于脂肪制定的，非脂溶性农药的 MRL 是基于肌肉制定的，应予以关注；讨论了分类体系、外推原则等；同意将蜂蜜放入分类体系中的动物源初级商品中，但 CCPR 并未对蜂蜜的风险进行评价，而是由 CCRVDF 和 FAO/WHO 食品添加剂联合专家委员会（Joint FAO/WHO Expert Committee on Food Additives，JECFA）来进行评估。该议题需要进一步与 CCRVDF 进行协调。目前，相关讨论还在进行中，并未达成共识。

第三节　兽药残留国际标准进展与热点

一、食品中兽药残留法典委员会和食品添加剂联合专家委员会

1. 食品中兽药残留法典委员会

食品中兽药残留法典委员会（Codex Committee on Residues of Veterinary Drugs in Foods，CCRVDF）是 CAC 下属的 10 个综合主题委员会之一，也是 CAC 重点关注的委员会。CCRVDF 主要职责包括：1）确定食品中兽药残留审议的重点；2）推荐这类物质的最高限量；3）根据需要制定操作规范；4）审议测定食品中兽药残留的采样和分析方法。自 1986 年成立以来，CCRVDF 已推荐 75 种兽药的最大残留限量，其中包括 16 个种类动物的 7 种不同组织。此外，近年来 CCRVDF 还研究制定了包括卡巴氧、孔雀石绿、喹乙醇在内的 13 种可能对人类健康存在风险的兽药的风险管理建议。

2. 食品添加剂联合专家委员会

食品添加剂联合专家委员会（JECFA）是由 FAO 和 WHO 总干事按照两个组织的规则设立的一个独立科学专家机构，负责对食品中的添加剂、兽药残留开展化学、毒理学等方面的评估和分析，制定最大残留限量，就食品中兽药残留问题提供科学咨询。JECFA 是 CAC 授权的制定兽药最大残留限量标准的技术机构，也是国际公认的开展兽药食品安全性风险评估的权威机构，已完成上百种兽药的食品安全性风险评估。

JECFA 并非固定的实体组织，而是以会议的形式存在的。JECFA 由

FAO 和 WHO 专家委员会共同召集，WHO 专家涉及毒理学、药理学、代谢学、病理学、传染病学和分子生物学等领域，负责审查毒理学相关资料，估计 ADI 值。FAO 专家涉及药理学、代谢学、分析化学和兽医学等领域，负责化合物鉴定和纯度确定，并在良好的兽药使用规范下推荐兽药在某种（类）动物性食品中使用的最大残留限量。JECFA 通常一年召开两次会议，评估内容包括食品添加剂、污染物、天然毒素或兽药残留。

CCRVDF 和 JECFA 在制定兽药残留限量标准方面保持着密切合作。JECFA 组织专家对兽药残留的安全性进行评估，CCRVDF 审议 JECFA 提出的动物源性食品中兽药最大残留限量评估报告，并依据 JECFA 的风险评估结果向 CAC 推荐兽药最大残留限量标准，由 CAC 大会审议通过兽药最大残留限量国际标准。

二、CAC 兽药残留国际标准主要进展

1. 兽药 MRLs 国际标准制定进展

CCRVDF 通过召开会议与其成员代表团商榷食品中兽药 MRLs，为临床生产中兽药的合理使用提供指导，为制定具体兽药产品休药期提供理论依据，从而为动物源性食品的安全和人类的健康提供保障。

CCRVDF 在 2010—2020 年近 10 年间（见表 2-10）共制定了包括甲基盐霉素、替米考星、阿莫西林、莫能菌素、莫奈泰尔、安普霉素等 16 个兽药品种在动物性食品中的残留标志物及其 MRLs。其中，药物种类包括抗生素、抗寄生虫药、促生长剂等；动物性食品包括常见陆生动物（猪、牛、羊、禽类、蜜蜂）的产品（肉、蛋、奶、蜂蜜）及水生动物（三文鱼、鳟鱼、长须鲸）的产品（肉、皮脂）等。在此期间，CCRVDF 还终止了莫奈泰尔、得曲恩特、伊维菌素 3 种药物的标准制定。

表 2-10　2010 年以来 CCRVDF 兽药 MRLs 制定进展

CCRVDF 会议 / 次	化合物	残留标志物	动物种属	进展状态
19	甲基盐霉素	甲基盐霉素 A	猪	第 8 步
	替米考星	替米考星	鸡、火鸡	第 8 步
	甲基盐霉素	甲基盐霉素 A	牛	第 7 步

表 2-10（续）

CCRVDF 会议 / 次	化合物	残留标志物	动物种属	进展状态
20	甲基盐霉素	甲基盐霉素 A	牛	第 8 步
	阿莫西林	阿莫西林	牛、绵羊、猪	第 5/8 步
	莫能菌素	莫能菌素 A	牛	第 5/8 步
	莫奈泰尔	莫奈泰尔砜	绵羊	第 5 步
	安普霉素	安普霉素	牛、鸡	第 4 步
	得曲恩特	得曲恩特	绵羊	第 4 步
21	莫奈泰尔	莫奈泰尔砜	绵羊	第 7 步
	得曲恩特	得曲恩特	绵羊	第 4 步
22	得曲恩特	得曲恩特	绵羊	第 5/8 步
	苯甲酸阿维菌素	阿维菌素 B1a	三文鱼、鳟鱼	第 5/8 步
	莫奈泰尔	莫奈泰尔砜	绵羊	第 5/8 步
	伊维菌素	伊维菌素 B1a	牛	第 3 步
	拉沙酸钠	拉沙酸 A	鸡、火鸡、鹌鹑、野鸡	第 4 步
	莫奈泰尔	莫奈泰尔砜	绵羊	终止
	得曲恩特	得曲恩特	绵羊	终止
23	伊维菌素	伊维菌素 B1a	牛	终止
	伊维菌素	伊维菌素 B1a	牛	第 5/8 步
	拉沙酸钠	拉沙酸 A	鸡、火鸡、鹌鹑、野鸡	第 5/8 步
	氟苯脲	氟苯脲	三文鱼	第 5/8 步
	盐酸齐帕特罗	齐帕特罗游离酸	牛	第 4 步
24	盐酸齐帕特罗	盐酸齐帕特罗	牛	第 4 步
	阿莫西林	阿莫西林	长须鲸	第 5/8 步
	氨苄西林	氨苄西林	长须鲸	第 5/8 步
	氟虫脲	氟虫脲	三文鱼、鳟鱼	第 5/8 步
	莫奈泰尔	莫奈泰尔砜	牛	第 5/8 步
	氟甲菊酯	反式 -Z1 反式 -Z2	蜂蜜	第 5 步

2. 兽药残留评价优先列表进展

CCRVDF 需根据 JECFA 评估结果制定待评价和需再评价的兽药品种优先列表，提交 CCRVDF 审核后经 CAC 大会批准，即对列入优先列表中的兽药品种优先制定 MRLs。列入优先列表的品种需具备以下条件：1）有一名法典委员会成员提供该化合物的评价资料，按 CCRVDF 确定优先清单所需信息模板提交待评价药物相关材料，并提供给 CCRVDF 委员会；2）成员已就该化合物制定了良好的兽医使用规范；3）该化合物有可能造成公共卫生或 / 和国际贸易问题；该化合物可作为商品并承诺可提供药物档案。CCRVDF 确定优先列表所需信息模板包括以下内容：1）药物信息：包括提出优先列表的成员、兽药名称、商品名、化学名及 CAS 号、生产商名称及地址；2）药物使用目的、范围；3）风险因素：使用该药物的理由、药物使用模式、批准使用的信息、需要制定 MRLs 的组织和产品；对风险评估人员的特殊要求；批准使用的国家及在其他国家 / 地区 MRLs 制定情况；可用的数据，包括药物的药理学、毒理学、代谢、残留消除和分析方法制定情况（以及该药物是否注册为农药，并在适当情况下，是否通过 JMPR 评估或计划评估或重新评估），以及数据提交给 JECFA 的日期。

CCRVDF 于 2010—2020 年提出的优先级列表见表 2-11。2010—2020 年，莫奈泰尔、莫能菌素、得曲恩特、安普霉素、阿莫西林、甲基盐霉素等约 30 种兽药被列入优先级，其种类包括抗菌药物、抗寄生虫药物和促生长药物等常用兽药种类。其中，盐酸齐帕特罗在 6 次会议中有 4 次被列入优先列表（CCRVDF20，CCRVDF22，CCRVDF23，CCRVDF24）进行商榷。由于阿莫西林、氨苄西林在人医临床上被列为重要抗生素，WHO 推荐阿莫西林、氨苄西林在兽医临床中谨慎使用。优先级列表中的化合物由各与会成员提出，在各成员中由美国提出的化合物数量最多（12 个），中国在历年会议中提出了莱克多巴胺和乙氧基喹啉 2 个兽药。

表 2-11　CCRVDF 历年会议的优先级列表

CCRVDF 会议 / 次	化合物	进展状态	提出成员	专家组建议
19	莫奈泰尔	在新西兰注册	澳大利亚	建立 ADI 及其在绵羊的 MRL
	莫能菌素	牛的 MRL 已建立	美国	重新评价在牛肝脏的 MRL
	得曲恩特	在新西兰注册	美国	建立 ADI 及其在绵羊的 MRL
	安普霉素	已在 43 个国家注册	澳大利亚	建立 ADI 及其在猪、牛、鸡和兔的 MRL
	阿莫西林	在多数国家注册	美国	建立 ADI 及其在猪、牛、羊组织及奶中的 MRL
	甲基盐霉素	牛的 MRL 在第 7 步	美国	建立在牛组织中的检测方法
	莱克多巴胺	在多数国家注册	中国	建立在猪肺组织中的 MRL
	三氯苯达唑	注册用于绵羊、牛	CCRVDF	利用绵羊和牛的数据外推山羊的 MRL
	伊维菌素	已有牛、猪的 MRLs	美国	重新评估 ADI
20	安普霉素		CCRVDF	完善 75th JECFA 提出的问题
	得曲恩特		CCRVDF	重新评估 ADI 和 MRL
	甲维盐		智利	建立在三文鱼和鳟鱼的 MRLs
	结晶紫		加拿大	建立 ADI
	拉沙酸		美国	建立 ADI 并建立在禽的 MRLs
	莫奈泰尔		CCRVDF	审查暴露评估数据，MRLs 与 JECFA 是否冲突
	苯基吡唑		美国	建立 ADI 并建立在牛的 MRLs

表 2-11（续）

CCRVDF 会议 / 次	化合物	进展状态	提出成员	专家组建议
20	盐酸齐帕特罗		美国	建立 ADI 并建立在牛的 MRLs
	氟甲喹		智利	建立在三文鱼和鲟鱼的 MRLs
	恶喹酸		智利	建立在三文鱼和鲟鱼的 MRLs
	伊维菌素		巴西	修改 ADI，核对 MRLs 并建立在牛的 MRLs
21	苯吡唑		美国	建立 ADI 并建立在牛的 MRLs
	乙氧基喹啉	待 CCRVDF 进行评审	菲律宾	建立在对虾肌肉的 MRL
	伊维菌素		CCRVDF	建立在牛肌肉的 MRL
	氯丙嗪	JECFA 已提交建议	CCRVDF	更新毒理和暴露评估数据
	地美硝唑	JECFA 已提交建议	CCRVDF	更新毒理和暴露评估数据
22	阿莫西林	WHO 建议慎用	韩国	建立在长须鲸的 MRL
	氨苄西林	WHO 建议慎用	韩国	建立 ADI 并建立在鱼的 MRLs
	除虫脲	JMPR 已建立 ADI	挪威	建立在鱼的 MRL
	伊维菌素	JECFA 已建立 ADI	美国	重新评价 ADI 和 MRLs
	氯芬奴隆	建立长须鲸的 MRL	挪威	建立在三文鱼的 MRL
	伏虫脲	JMPR 已建立 ADI	美国	建立在三文鱼的 MRL
	苯吡唑	RVDF21 会议讨论	智利	建立 ADI 并建立在牛组织的 MRLs

表 2-11（续）

CCRVDF 会议 / 次	化合物	进展状态	提出成员	专家组建议
22	乙氧基喹啉	JMPR 已建立 ADI	中国	建立在对虾的 MRL
	盐酸齐帕特罗	RVDF22/CRD26		考虑在肺部及其他组织的残留风险
	拉沙酸钠			
23	阿莫西林	WHO 建议慎用	韩国	建立在鱼肉及皮脂中的 MRLs
	氨苄西林	WHO 建议慎用	韩国	建立 ADI 并建立在鱼肉和皮脂中的 MRLs
	亚硝酸铋		新西兰	建立 ADI 并建立在牛奶的 MRLs
	乙硫磷	JMPR 建立过 ADI	阿根廷	建立 ADI 并建立在牛的 MRLs
	氟甲菊酯	JMPR 建立过 ADI	欧盟	建立 ADI 并建立在蜂蜜的 MRL
	对苯二酚		美国	建立 ADI 并建立在猪组织的 MRL
	氯芬奴隆	JMPR 建立过 ADI	挪威	建立 ADI 并建立在猪组织的 MRL
	莫奈泰尔		新西兰	建立 ADI 并建立在三文鱼和鳟鱼组织的 MRL
	乙氧基喹	JMPR 建立过 ADI	智利	建立在对虾肌肉的 MRL
	磷霉素	无毒性数据	阿根廷	建立 ADI 并建立在猪和鸡组织的 MRLs
	曲安奈德		阿根廷	建立 ADI 并建立在猪、牛和羊组织的 MRLs
	除虫脲			要求提供 4- 氯苯胺毒性数据
	苯吡唑			提供 ADI 数据
	盐酸齐帕特罗			提供相关生物利用度的数据

表 2-11（续）

CCRVDF 会议 / 次	化合物	进展状态	提出成员	专家组建议
24	氟甲菊酯	JECFA 已建立 ADI	欧盟	建立在牛的 MRLs
	磷霉素	WHO 建议慎用	阿根廷	建立在猪和鸡的 MRLs
	伊维菌素	JECFA 已建立 ADI	阿根廷	建立在猪和羊的 MRLs
	乙氧基喹	JMPR 建立过 ADI	智利	建立在对虾肌肉的 MRL
	除虫脲			要求提供 4- 氯苯胺毒性数据
	乙硫磷			提供 ADI 的数据
	对苯二酚			提供 ADI 的数据
	苯吡唑			提供 ADI 的数据

3. CCRVDF 相关其他标准制定情况

为便于相关人员之间交流沟通、给制定兽药在食品中的残留量提供标准，CCRVDF 于 2003—2018 年间共制定过 4 个相关标准（见表 2-12）。

表 2-12　CCRVDF 制定的相关标准

索引	文件名	修订时间 / 年份
CXA 5-1993	食品中兽药残留领域的术语和定义	2003
CXC 61-2005	减少和控制抗菌耐药性的实施规程	2005
CXG 71-2009	国际食品法典标准与食用动物的兽药使用有关的国家食品安全保障监管方案的设计与执行指南	2014
CXM 2	食品中兽药残留的最大残留限量和风险管理建议	2018

在《食品中兽药残留领域的术语和定义》文件中详细描述并统一了兽药残留领域相关术语与定义，为加强不同成员相关人员之间的交流提供了便利。在《国际食品法典标准 与食用动物的兽药使用有关的国家食品安全保障监管方案的设计与执行指南》文件中，详细介绍了兽药主管部门的职责、经营者的责任、兽药销售和使用原则、兽药入境海关抽样检测原则、动物性食品抽样取样数量指南以及多残留检测原则。其规定涵盖了兽药生产销售、使用及在动物性食品中残留监控的各个环节，为规范兽药的使用、抽样、检测提供了标准化的指导。在《食品中兽药残留的最大残留限量和风险管理建议》文件中制定了用于可食性动物的所有兽药品种的 MRLs 标准，为兽药产品的规范使用提供了可靠的保障。同时该文件就卡巴氧、氯霉素、氯丙嗪、地美硝唑、呋喃唑酮、甲紫、异丙硝唑、孔雀石绿、甲硝唑、呋喃西林、喹乙醇、罗硝唑、二苯乙烯等 13 种兽药在动物上的使用提出了风险建议。

（1）卡巴氧：鉴于 JECFA 根据现有科学信息得出的结论，无法确定食品中卡巴氧或其代谢物残留的安全水平，即其有可能给消费者带来潜在的风险。因此，主管部门应防止食品中残留卡巴氧。

（2）氯霉素：鉴于 JECFA 根据现有科学信息得出的结论，无法确定食品中氯霉素或其代谢物残留的安全水平，即其有可能给消费者带来潜在的风险。因此，主管部门应防止食品中残留氯霉素。

（3）氯丙嗪：鉴于 JECFA 得出的结论，尽管没有足够数据或缺少相关数据来确定食品中氯丙嗪或其代谢物残留安全水平，但是相关健康问题已成为严重关注的问题。因此，主管部门应防止食品中残留氯丙嗪。

（4）地美硝唑：鉴于 JECFA 得出的结论，尽管没有足够数据或缺少相关数据来确定食品中地美硝唑或其代谢物残留安全水平，但是相关健康问题已成为严重关注的问题。因此，主管部门应防止食品中残留地美硝唑。

（5）呋喃唑酮：鉴于 JECFA 根据现有科学信息得出的结论，无法确定食品中呋喃唑酮或其代谢物残留的安全水平，即其有可能给消费者带来潜在的风险。因此，主管部门应防止食品中残留呋喃唑酮。

（6）甲紫：鉴于 JECFA 根据现有科学信息得出的结论，无法确定食品中甲紫或其代谢物残留的安全水平，即其有可能给消费者带来潜在的风险。因此，主管部门应防止食品中残留甲紫。

（7）异丙硝唑：鉴于 JECFA 得出的结论，尽管没有足够数据或缺少相关数据来确定食品中异丙硝唑或其代谢物残留安全水平，但是相关健康问题已成为严重关注的问题。因此，主管部门应防止食品中残留异丙硝唑。

（8）孔雀石绿：鉴于 JECFA 根据现有科学信息得出的结论，无法确定食品中孔雀石绿或其代谢物残留的安全水平，即其有可能给消费者带来潜在的风险。因此，主管部门应防止食品中残留孔雀石绿。

（9）甲硝唑：由于 JECFA 得出的结论，尽管没有足够数据或缺少相关数据来确定食品中甲硝唑或其代谢物残留安全水平，但是相关健康问题已成为严重关注的问题。因此，主管部门应防止食品中残留甲硝唑。

（10）呋喃西林：由于 JECFA 得出的结论，尽管没有足够数据或缺少相关数据来确定食品中呋喃西林或其代谢物残留安全水平，但是相关健康问题已成为严重关注的问题。因此，主管部门应防止食品中残留呋喃西林。

（11）喹乙醇：由于 JECFA 得出的结论，尽管没有足够数据或缺少相关数据来确定食品中喹乙醇或其代谢物残留安全水平，但是相关健康问题已成为严重关注的问题。因此，主管部门应防止食品中残留喹乙醇。

（12）罗硝唑：由于 JECFA 得出的结论，尽管没有足够数据或缺少相关数据来确定食品中罗硝唑或其代谢物残留安全水平，但是相关健康问题已成为严重关注的问题。因此，主管部门应防止食品中残留罗硝唑。

（13）二苯乙烯：鉴于 JECFA 根据现有科学信息得出的结论，无法确定食品中二苯乙烯或其代谢物残留的安全水平，即其有可能给消费者带来潜在的风险。因此，主管部门应防止食品中残留二苯乙烯。

三、CCRVDF 电子工作组的工作进展

CCRVDF 除历年的会议外，其成员也主持电子工作组会议就某些议题进行商榷。近 10 年间 CCRVDF 一共召开过 5 次电子工作组会议（见表 2-13），相关工作涉及养殖、国际贸易等各个方面，为缩小动物性食品在成员之间的贸易壁垒做出了突出贡献。

表 2-13　CCRVDF 电子工作组的议题

议题	CCRVDF 会议 / 次	主办方
确定优先兽药列表并确定兽药信息差距以便 JECFA 的成功和全面评估	23	美国
关于 JECFA/CCRVDF 考虑为兽药在鱼群建立 MRLs 的可行性的讨论文件	23	挪威
关于可食用内脏组织的可能定义及指定国际贸易中感兴趣的可食用内脏组织文件	23	肯尼亚
关于定义动物组织以便于制定两用化合物（即杀虫剂和兽药）的 MRLs 文件	24	肯尼亚
将兽药最大残留限量外推至一个或多个物种（包括将最大残留限量外推至某些物种的试点）文件	24	欧盟

在 CCRVDF 第 24 次会议中，电子工作组提出了兽药残留种属外推的相关议题，初步提出制定外推限量需满足以下 3 个条件：1）只能是相同组织之间的外推，如肌肉到肌肉、脂肪到脂肪。2）药物在参考动物与被推动物的给药途径、给药剂量和残留标志物方面相同。3）药物在参考动物体内的 $M:T$（残留标示物与总残留的比例）与外推动物一致。具体指至少在两种动物中建立了相同的 MRLs，这些药物 MRLs 可以外推到其他动物，如已经制定牛、羊的 MRLs，且 MRLs 一致，可以外推到所有反刍动物；或满足 JECFA 已得出该药在单一动物的所有组织中的 $M:T$ 为 1，

则表明该药物在体内没有代谢，认为在其他动物中也没有代谢，可以将药物在一种动物的限量外推到另一种动物。

上述外推标准适用于所有情况，但对于鱼、牛奶和鸡蛋的外推，需要注意以下两点：1）对于鱼，如果 JECFA 推荐肌肉 / 鱼片的 MRL 是基于方法定量限建立的（例如，MRLs 是 LOQ 的 2 倍），那么可以外推到所有的硬骨鱼。2）对于牛奶和鸡蛋，参考动物牛奶和鸡蛋中的 $M:T$ 为 1，可以将牛奶的限量外推到所有反刍动物奶，鸡蛋 MRL 可以外推到所有禽蛋。如果人们担心不同动物的奶或蛋的脂肪含量可能不同，JECFA 认为，参考物种中的 $M:T$ 为 1，则表明 $M:T$ 不受脂肪含量的显著影响，不影响外推。如果 CCRVDF 同意外推 MRLs，应明确这些 MRLs 是通过外推建立的，而不是基于药物在外推动物的 JECFA 评估建立的，并在限量标准中给予标识。如果有外推 MRLs 被修订或有新研究数据，则应考虑重新修订外推 MRLs。

四、CCRVDF 第 25 次会议的工作展望

CCRVDF 第 25 次会议将于 2021 年 7 月以线上会议的形式开展，将要讨论的主要议题包括：1）起草氟甲菊酯在蜂蜜中的 MRL 标准；2）对处于第 6 步的化合物进行评价；3）起草除虫脲在三文鱼、对苯二酚在猪以及伊维菌素在猪和羊中的 MRLs；4）讨论 MRLs 种属外推的事宜；5）制定动物源性可食用组织（包括可食用内脏）统一定义的文件；6）提出需评价和重新评价的兽药优先列表等。

CCRVDF 第 25 次会议讨论 MRLs 种属外推的事宜主要为从已建立限量的动物（参考动物）组织限量外推到另一种外推动物组织的限量。重点将讨论将阿莫西林、青霉素、四环素、三氟氯氰菊酯、氯氰菊酯、溴氰菊酯、莫昔克丁、大观霉素、左旋咪唑和替米考星已有限量外推到所有反刍动物；并将讨论把溴氰菊酯、氟甲喹、氟苯脲的限量从一种鱼的限量外推到所有硬骨鱼。

五、抗微生物药物耐药性政府间特设工作组（TFAMR）主要进展

抗微生物药物耐药性继药物残留之后成为又一个热点问题，WHO、

FAO、OIE 及各发达成员，如美国、加拿大、丹麦、欧盟等都在各自领域中进行了大量耐药性情况的调查、耐药性监测方法的建立和抗微生物药物合理使用的管理。在 one health 理念指引下，WHO、FAO、OIE 等多方协作，形成一个国际统一的、贯通动物 / 植物—食品—环境—人的食物链各环节的耐药性监测和管理系统，促进国际政府间有效合作，进行系统的研究和调查。

TFAMR 于 2007 年成立，主持国为韩国。建立 TFAMR 的目的是解决目前管理分散、标准不统一的问题，有效地进行食物链环节的耐药性调查，建立统一的国际合作机制和评判机制。

2017 年 TFAMR 成立两个电子工作组，其中一个电子工作组负责组织起草《最大限度减少和控制食源性抗微生物药物耐药性操作规范》（简称 COP 标准）。该电子工作组牵头主持国是美国，智利、中国、英国和肯尼亚与美国共同主持。每年该电子工作组对起草的 COP 标准开展两轮修订，汇总所有成员、观察员和国际组织等的意见后，再提交至 TFAMR 会议讨论，经过多轮讨论，在 2020 年 CAC 第 43 届大会上，该操作规范在第 5 步通过。

另一个电子工作组负责组织起草《食源性抗微生物药物耐药性综合监测指南》（简称 GLIS 标准）。该电子工作组牵头主持国是荷兰，智利、中国、加拿大和新西兰与荷兰共同主持。GLIS 标准在 2019 年的 TFAMR 第 7 次会议上没有足够时间推进，仍然停留在第 3 步，继续由该电子工作组组织进一步修订。

第三章　IPPC 国际植物检疫进展与热点

随着全球经济一体化进程加速，贸易自由化迅速发展，世界消费结构升级，农产品国际贸易需求旺盛，危险性植物、有害生物随之远距离传播扩散的风险也日益增加。为确保全球植物保护界采取共同而有效的行动来防止植物有害生物的扩散和传入，FAO 倡导了一项多边植物保护合作条约，即国际植物保护公约（International Plant Protection Convention，IPPC）。《SPS 协定》认可 IPPC 为国际植物检疫措施标准的唯一制定机构，并鼓励成员将植物检疫措施建立在 IPPC 标准、指南和建议之上，削减非关税贸易壁垒，最大程度促进全球植物检疫措施的一致性和农产品国际贸易便利化。

第一节　IPPC 概况

1881 年，法国、德国等 5 个国家为防止从美国引进的葡萄枝条所携带的葡萄根瘤蚜再次传入，签订了《葡萄根瘤蚜公约》，这是国际上多边协议解决植物检疫性有害生物问题的初步尝试。公约随后几经变化，国际植物保护事业也历经波折。1952 年成立的 IPPC，是全球最广泛的植物保护多边协议组织和协调机制。1997 年修订的 IPPC 文本第Ⅰ条第 1 款更明确了其宗旨和责任："为确保采取共同而有效的行动来防止植物及植物产品有害生物的扩散和传入，并促进采取防治有害生物的适当措施，各缔约方保证采取本公约及按第ⅩⅥ条签订的补充协定规定的法律、技术和行政措施。"这表明 IPPC 从立意伊始就旨在加强植物保护领域的国际合作，确保通过采取各种有效措施防止植物及植物产品中的有害生物在国际上扩散和传入。截至 2020 年 8 月，IPPC 共有 184 个缔约方，遍布 FAO 涉及的 7 个区域，其中欧洲 45 个、拉丁美洲和加勒比地区 33 个、非洲 50 个、亚洲 26 个、近东地区 15 个、西南太平洋地区 13 个、北美洲 2 个。我国于

2005 年加入 IPPC，是公约的第 141 个缔约方。

随着全球化进程加快，IPPC 将工作聚焦于通过有科学依据的方式来保护植物资源免受有害生物的侵害，在世界范围内获得了广泛的关注、认可与重视。我国是世界上最大的发展中国家和金砖国家成员，也是农业大国、植保大国和农产品贸易大国。随着我国农产品进出口贸易的快速发展，特别是国家“一带一路”和农业“走出去”战略的实施，我国受公约的影响将会越来越大，深度参与公约的愿望和要求也越来越迫切。

一、管理机构

IPPC 管理机构是植物检疫措施委员会（The Commission on Phytosanitary Measures，英文简称 CPM，以下简称植检委）。植检委具有较为成熟的运作机制，最高权力机关是年度召开的植物检疫措施委员会全体代表大会。每一缔约方可派出 1 名代表出席委员会会议，该代表可由 1 名副代表、若干专家和顾问陪同。副代表、专家和顾问可参加委员会的讨论，但无表决权，副代表获得正式授权代替代表的情况除外。

植检委设有主席团、财务委员会和策略规划组等组织。植检委主席团由 FAO 的 7 个区域分别推选本区域代表组成，设主席 1 名，副主席不超过 2 名，主席团每年至少召开 2 次会议，为 IPPC 提供战略、合作、财务和管理方面的决策建议。植检委财务委员会为 IPPC 提供财务、资源筹措方面的建议。植检委策略规划组为 IPPC 提供整体战略和业务规划方面的建议。

植检委下设多个附属机构，其中有两个最为重要的技术管理委员会：一是协调推进制定国际植物检疫措施标准（International Standards for Phytosanitary Measures，ISPMs）的标准委员会（Standards Committee of CPM，英文简称 SC，以下简称标准委）；二是协调推进标准实施与缔约方履约能力提升的实施与能力发展委员会（Implementation and Capacity Development Committee of CPM，英文简称 IC，以下简称实施委）。IPPC 秘书处为公约常务机构（以下简称秘书处），挂靠 FAO，为植检委及其附属机构提供基础支撑。

1. 标准委员会

标准委是国际植物检疫措施标准制定方面最核心的管理机构。考虑到地区差异和区域平衡等因素，委员由 FAO 的 7 个区域的 25 名代表组成，人员构成为非洲 4 人、亚洲 4 人、欧洲 4 人、拉丁美洲和加勒比海 4 人、近东 4 人、北美 2 人和西南太平洋 3 人，并由委员选举产生主席和副主席各 1 名。委员任期 3 年，可连任 1 次，即最长任期 6 年。标准委接受成员政府、国家植物保护机构、区域植物保护组织提名，选拔专家工作组，负责撰写标准。标准委还设有病虫害诊断规程组、术语组、检疫处理组、实蝇组、森林检疫组 5 个专门的技术专家组。

2. 实施与能力发展委员会

实施委在植检委的指导下，对履约实施活动进行技术监督，以增强缔约方执行 IPPC 和实现植检委制定的战略目标的能力。实施委工作范畴和基本职责包括：1）确定并审查缔约方实施公约所需的基准能力；2）分析制约有效实施公约的问题，并发掘解决障碍的创新方式方法；3）制定并促进支持计划的实施，以使缔约方能够达到并超过基准能力；4）监测和评估实施活动的效力和影响，并报告进展情况，以明确世界植物保护状况；5）监督避免纠纷和解决流程；6）监督国家报告义务流程；7）与秘书处、潜在的捐助者和植检委合作，为公约活动争取可持续的资金。此外，明确秘书处负责保障协调实施委的工作，提供行政后勤、编辑运作和技术支持，并向实施委就财务和人力资源提供建议。

实施委由 14 名代表组成，其中有 7 名区域代表，分别来自 FAO 的 7 大区域，由国家植物保护机构和区域植物保护组织提名，最终提名需要经过区域主席团成员认可；5 名代表为专家代表，由国家植物保护组织和区域植物保护组织提名，经主席团遴选产生；另外 2 名代表，1 名来自标准委推荐，1 名来自区域植物保护组织推荐。

二、常务机构

IPPC 秘书处作为 IPPC 的常务机构，由 FAO 管理，主要负责组织开展国际植物检疫措施标准的制定并推进其实施，强化国家义务报告等多边交流，以及加强缔约方履约能力建设等。现任秘书长为来自中国的夏敬源，也是第一任来自发展中成员的秘书长。秘书处主要有 3 个工作组：标准制定组主要服务于标准委，是秘书处人员最多、最为核心的工作组；履约实施组主要服务于实施委，通过培训、实施项目等活动，致力于提升缔约方的履约能力；综合支持组主要服务于国家报告义务，负责公约门户网站的维护、国家报告义务等相关工作。秘书处的工作与植检委及其分支附属机构对接，提供最直接的支撑服务，对公约整体工作均有很大的影响力。

三、组成机构

1. 区域植物保护组织

根据 IPPC 第Ⅸ条，区域植物保护组织应在所包括地区发挥协调机构的作用，参加为实现公约的宗旨而开展的各种活动，并酌情收集和传播信息；应与秘书处合作以实现公约的宗旨，并在制定标准方面酌情与秘书处和委员会合作；秘书处将召集区域植物保护组织代表定期举行技术磋商会。目前，IPPC 已经建立了覆盖 FAO 的 7 个区域的 10 个区域植物保护组织，分别是：1）亚洲及太平洋区域植物保护委员会（Asia and Pacific Plant Protection Commission，APPPC）；2）卡塔赫拉协定委员会（Comunidad Andina，CAN）；3）南锥体区域植物保护组织（Comitede Sanidad Vegetaldel Cono Sur，COSAVE）；4）欧洲和地中海区域植物保护委员会（European and Mediterranean Plant Protection Organization，EPPO）；5）泛非植物检疫理事会（Inter-African Phytosanitary Council，IAPSC）；6）近东植物保护组织（Near East Plant Protection Organization，NEPPO）；7）北美植物保护组织（North American Plant Protection Organization，NAPPO）；8）国际农牧保健区域组织（Organismo Internacional Regionalde Sanidad Agropecuaria，OIRSA）；9）太平洋植物保护组织（Pacific Plant Protection Organization，PPPO）；10）加勒比农业卫生和食品安全署（Caribbean Agricultural Health and Food Safety Agency，CAHFSA）。其中，FAO 的 7 个区域中的拉丁美洲和加勒比海地区因为历史沿革、语言文化等原因，存在着卡塔赫拉协定委员会等 4 个区域植物保护组织，其他区域基本是按照 FAO 的区域划分而建立起对应的区域植物保护组织。

2. 国家植物保护机构

根据 IPPC 第Ⅳ条，每一缔约方应尽力成立一个官方国家植物保护机构（National Plant Protection Orgnizations，NPPOs）。责任包括：颁发植物检疫证书，监测植物疫情，检查植物及植物产品，检疫处理植物及植物产品，保护受威胁地区，进行有害生物风险分析，确保输出货物的检疫安全，培训专业人员。虽然IPPC有184个缔约方，但并非每个缔约方都建立起了国家植物保护机构。即使建立起国家植物保护机构，部分缔约方还因发展程度和能力的限制，不能很好地履行公约义务。从整个公约近年参与履行情况来看，越是发达成员（如欧洲和北美），越注重建立完备的国家植物保护机构；而欠发达成员（如非洲的部分国家）几乎没有能力建立基本的国家植物保护机构开展履约工作。再以亚洲地区为例，根据国家报告义务咨询小组2014年第1次会议报告，2011—2014年亚洲地区27个缔约方中有一国尚未建立官方联络点（国家植物保护组织的官方联络机构），另有两国提供的电子邮箱地址错误，故亚洲地区共有3个国家不能正常接收IPPC的邮件，也就无法正常开展IPPC相关业务（IPPC与缔约方官方联络点的联系方式基本为电子邮件）。再从国家报告义务方面看，亚洲地区仅7个缔约方提交了有害生物报告，12个缔约方提交了检疫处理要求的报告，11个缔约方提交了植物及植物产品的禁止进境点，8个缔约方提交了限制性有害生物名单，所有类别报告的提交方均不足整个亚洲地区缔约方的半数。

第二节 IPPC国际植物检疫主要进展

IPPC成立60多年来，取得了一系列成就。IPPC的缔约方从1952年的12个增长到目前的184个，建立了9个区域植物保护组织，基本覆盖了全球农业区域，奠定了公约实现的基础。1993—2017年，共计通过了95项植物检疫标准，包括41项国际植物检疫措施标准、22项诊断规程和32项检疫处理规程，构建了符合WTO要求的国际农业植物健康标准体系，为使用有科学依据的国际植物检疫措施标准解决国际植物保护问题打下了坚实的基础。1999—2016年，在114个国家和地区开展了植物检疫能力评估（Phytosanitary Capacity Evaluation，PCE）项目，组织来自153个国家和地区的2097名专家召开了84个IPPC区域研讨会，呼吁来自119个国家和地区的111个缔约方在ISPM15（国际贸易中木质包装材料的管理）中进行了注册登记，系统提升了缔约方的履约能力，有效地宣传、贯彻和促进了 IPPC 和国际植物检疫措施标准的实施。国家报告由 2005 年的 140 份增长到 2016 年的 244 份，保障了缔约方之间有效的官方植物保护交流和信息互通共享。与 38 个国际或区域组织建立了伙伴关系，包括 16 个技术组织、14 个贸易组织、5 个环境组织和 3 个其他组织，切实提升了 IPPC 在国际事务中的参与度和影响力。近年来，IPPC 开展的活动日益增多，作用更加突出，体现出重视规划引领、标准制定、风险管理、贸易促进、能力建设、沟通宣传的发展态势。

一、制定《IPPC 战略框架（2020—2030）》

为系统谋划公约领域的发展，应对全球面临的挑战，2014 年以来公约管理机构植检委着手制定了公约 2020—2030 年战略框架草案，旨在让所有国家都有能力实施协调有效的措施，减少有害生物扩散，最大程度减轻有害生物对食品安全、经济增长和环境的影响，实现促进安全贸易、保障全球粮食安全和提高农业生产力、保护环境免受植物、有害生物影响的战略目标。公约具体将从电子数据交换系统（电子证书交换系统）建设、针对商品的国际植物检疫措施标准制定、电子商务和快递邮寄途径管理、规范第三方实体的使用、有害生物暴发的响应、全球有害生物预警系统构建、新的植物检疫处理方法应用、鉴定实验室网络建设等 8 个重点方面系统推进战略框架的实施。战略框架的核心领域包括标准制定、实施及能力发展、宣传及国际合作等 3 个方面。该框架草案已经过反复讨论和多轮成员磋商，原计划在 2020 年植检委第 15 届会议期间召开的部长级会议上审议通过后发布实施，由于新冠疫情影响，植检委第 15 届会议已顺延至 2021 年。

IPPC 战略框架 2020—2030 年明确了三大战略目标，每一项目标都包含若干关键的成果领域，概述了 IPPC 与缔约各方、区域植物保护组织和伙伴组织共同努力以实现该战略框架时预期将产生的影响。这些影响将通过 IPPC 的核心工作和发展议程逐步实现。战略目标 A：加强全球粮食安全，提高可持续农业生产率。这样做的目的是减少有害生物在国际上的传播，因为一种新有害生物传播到新地区或新作物上所造成的损失可能比某一地区的地方性有害生物造成的损失大得多。植物有害生物可对粮食安全产生严重影响，在植物卫生监管能力不足的发展中成员中尤其明显。如果能减少有害生物的蔓延并改善相关管理，就能提高作物生产率，降低生产成本。战略目标 B：保护环境免受植物有害生物的影响。植物检疫性有害生物通常是入侵的外来物种，可对陆地、海洋和淡水环境、农业和森林产生重大的破坏性影响。因此，战略目标 B 涉及与植物生物多样性有关的环境问题、外来入侵物种有关的新兴问题，以及气候变化的影响。战略目标 C：促进安全贸易、发展和经济增长。植物和植物产品贸易是大多数国家经济的重要组成部分，这种贸易带来的收入可刺激经济增长，并给农村社区和农业部门带来福利和繁荣。植物检疫性有害生物主要通过国际贸易在全球传播，因此 IPPC 的目标是通过实施统一的植物卫生标准，使各国能够减少害虫在国际上传播的风险，从而使贸易的利益最大化。

在全球面临有害生物的威胁日益严峻，成员对 IPPC 期待不断增加的情况下，发布具有前瞻性的战略框架，系统谋划今后 10 年的工作重点，宣示 IPPC 将在与有害生物的斗争中发挥更加重要的作用，强调将采取多方面综合措施提升全球应对能力，表明公约对成员的引领作用进一步增强，必将对全球今后的植物保护和检疫工作产生深远的影响。

二、发布植检委建议

截至 2019 年年底，植检委（包括先前的临时植检委）先后发布了 8 个建议，内容涉及当前全球植物检疫工作面临的各方面挑战。已经发布的建议包括以下方面。

1）转基因生物、生物安全和外来入侵物种（2001）。该建议为缔约方管理转基因生物和外来入侵生物提供准则，并为公约和生物多样性公约（CBD）的交流合作提供指导。

2）外来入侵生物对生物多样性的威胁：IPPC 框架下的应对（2005）。该建议要求缔约方通过法律法规和国际标准的制定和实施、有害生物风险分析、有害生物预警系统等措施，加强对危害野生植物和生物多样性的外来入侵生物管理。

3）溴甲烷在植物检疫措施中的替代或减少使用（2008）。该建议为国家植保机构在植物检疫中替代或减少使用溴甲烷提供指导，以减少溴甲烷的释放。

4）国际植保公约涵盖水生植物（2014）。该建议要求缔约方注意水生植物的风险、开展有害生物风险分析、采取措施防止有害水生植物随贸易传播。

5）植物和其他限定物的国际贸易（电子商务）（2014）。该建议要求缔约方建立电子商务中贸易各方的识别机制、管理风险植物及其产品的机制，促进相关方遵守进口国家的规定，加强合作，提高公众守法意识。

6）海运集装箱（2015）。提请各缔约方注意海运集装箱的风险，收集沟通交流集装箱有关风险信息，支持实施有关的规程，开展风险分析并提出可行的措施。

7）有害生物鉴定的重要性（2016）。要求缔约方具备必要的鉴定设施和专家，与其他缔约方分享鉴定手册等资源，鼓励专家参与公约标准制定，加强鉴定能力建设等。

8）高通量测序技术用于植物检疫的准备（2019）。呼吁采取全球协作，推进制定国际标准，在管控中使用下一代测序技术。

当前 IPPC 还有一项植检委建议正在制定过程中，为紧急情况下安全提供食品和其他援助以防止传入植物有害生物。该主题 2019 年 3 月由太平洋植保组织提出，原计划制定标准，2019 年 4 月植检委第 14 次会议决定制定植检委建议。为帮助那些由于战争和冲突、作物歉收以及包括风暴、地震、海啸和火山爆发在内的自然灾害而面临食品和经济不安全风险的地区或国家，提供食品和其他援助是国际通行做法。这些援助可以是紧急和短期援助，也可以是长期援助。然而，在提供援助时，捐助者通常没有考虑到受援国的植物检疫要求，从而出现提供援助物资本身对受援国造成长期损害。在援助下传入的有害生物对受援国经济、环境和社区造成长期影响的例子有很多。例如，作为食品援助提供的农作物和谷物可能会感染检疫性有害生物。国家植物保护机构承认并感谢其他国家和国际组织的援助。然而，为了帮助最大限度地减少此类援助的任何意外植物检疫后果，植检委建议，无论是受援国还是援助国的国家植物保护机构在受到这些紧急情况的影响时，仍应有效管理与此类灾害后收到的救济物资进口相关的有害生物所构成的风险。虽然无法预见自然灾害，但委员会鼓励缔约方和区域植物保护组织（视情况而定）：制定和维持应急计划，并开展备灾活动，以减少在紧急情况或灾难发生时在向受援国提供的食品和其他人道主义援助情况下可能传入限定有害生物的风险；确定利益相关者（如援助机构、出口商、进口商、监管机构）并与之接触，以提高对与食品和其他援助物资相关的有害生物风险的认识，这些援助物资是为帮助各国应对自然灾害或其他紧急情况并进行恢复而提供的，并提高对有效管理这种有害生物风险的必要性的认识；利用已通过的国际植物检疫措施标准中的指导意见（如 ISPM 32《按有害生物风险对商品进行分类》以及附录 1、附录 2 和附录 3 中的一般指导意见），确定可适用于食品和其他援助的措施，以防止可能与其相关的有害生物的国际传播；鼓励运送前处理、转运期间的处理或食品、其他援助和人员的预清关，以加快清关速度；建立向潜在捐助者、援助机构、进口商和出口商提供信息的机制，以便在紧急情况下减少构成有害生物风险的货物的流动。植检委的这一建议旨在为捐助国和受援国有效管理与提供的食品和其他供应品相关的有害生物风险方面提供明确的指导。

国际植物检疫领域面临的问题很多，需要加强的工作也很多，有些通过标准制定得到很好的解决，有些通过实施项目等方式在逐步推进，但有些问题目前通过采取全球一致措施（比如制定标准）的条件还不成熟，植检委通过发布建议的形式，引起国际社会和缔约方关注，希望成员根据自身的情况采取相应的措施来应对，并逐步积累管理经验，为将来制定共同有效的检疫措施奠定基础。植检委建议已经成为除标准以外的、对各成员有重要影响的系列指导性文件，成为公约发挥指导作用的一个重要方面。成员应该按照植检委的建议，共同承担起应尽的责任，加大工作力度，大胆探索，积极寻求问题的解决办法。

三、开展国际标准的制定

国际植物检疫标准直接关系到植物检疫安全和农产品国际贸易，因而标准的制定一直是公约领域的重点工作，各缔约方对标准制定也非常关注。截至 2020 年年底已经制定基础概念标准 43 个，处理方法标准 32 个，鉴定标准 29 个。根据缔约成员意见，2017 年以来，公约在继续开展相关标准制定的基础上，特别加强了商品类标准制定工作。目前已经制定标准的内容涉及植物检疫的许多方面，有些是概念性的（如术语类标准），有些是程序性的（如有害生物风险分析标准），有些是方法类的（如鉴定方法标准）。按照对成员检疫措施影响程度、特别是对农产品贸易影响的程度，标准的敏感性是不一样的。有些标准是比较敏感的（如木包装标准、处理方法标准），有些标准敏感性相对较低（如术语标准、鉴定方法标准）。总体来说措施越具体的标准对各成员的实际影响越大，因而也越敏感。目前正在大力推进的商品类标准，其敏感性将超过以往已经制定的许多标准，各缔约方围绕其制定的先后顺序、宽严程度等方面的讨论将是关注的重点。如何妥善处理好缔约方主权与国际标准要求之间、检疫安全与贸易便利之间的关系值得密切关注。可以预计，商品类标准制定将成为今后公约的热点领域之一。关于商品类标准的具体内容见后续章节。

四、制定贸易便利化行动计划

2017 年 2 月 22 日 WTO《贸易便利化协定》正式生效。该协定规定了成员方协调边境行动促进货物流通的权利和义务。鉴于《贸易便利化协定》内容包括 IPPC 已经开展的工作，如基于风险的干预活动、第三方授权、电子商务、电子植检证书以及系统性措施等，国家植保机构在履行 IPPC 框架下义务时，与其他边境管理机构的工作有交叉重叠，尤其是在货物、旅客、邮件及快递包裹检查和清关方面。为此，公约专门制定了《贸易便利化行动计划》，旨在就电子商务、电子植检证书、海运集装箱、商品类标准、《国际植保公约 – 世界海关组织合作协定》及能力建设等方面开展合作，在公约战略框架下，指导《贸易便利化协定》的实施。《贸易便利化行动计划》整合了公约领域促进安全贸易的系列活动，包括电子植检证书、电子商务、海运集装箱、商品类标准以及基于风险的检查等。公约将在 2021 年召开国际安全贸易促进会议，专门研究计划的实施工作，评估电子植检证书、电子商务、商品类标准及海运集装箱等计划的现状和未来发展方向。

在促进贸易便利化过程中 IPPC 的任务是，通过防止害虫的引入和传播，使 IPPC 的缔约方能够保护陆生和水生植物资源。这是通过采用技术上合理和透明的植物检疫措施来实现的，这些措施不会造成任意或不合理的歧视或变相限制国际贸易。IPPC 通过以下方式促进安全贸易：为制定国际植物检疫措施标准和实施协调植物检疫措施提供平台和框架；倡导国际认可的植物保护原则在国际贸易中得到一致应用；协助缔约方执行公约、国际植物检疫措施标准和植物检疫措施委员会建议；建立缔约方的植物检疫能力；促进国际合作和伙伴关系，以实现 IPPC 的目标等。IPPC 秘书处和 IPPC 团体构建了广泛的合作伙伴关系以促进安全的贸易，这些合作伙伴包括：国际海事组织（International Maritime Organization，IMO），重点领域为虫害风险管理工作；世界海关组织（World Customs Organization，WCO），重点领域为电子商务相关工作；东非和南部非洲海运集装箱和植物共同市场（Common Market for Eastern and Southern Africa，COMESA），重点领域为在其成员之间发展电子证书。IPPC 成立了一系列与贸易便利化有关的工作队和工作组，在相关工作的促进方面发挥了重要作用，包括电子证书指导小组、电子证书行业资讯小组、海运集装箱特别工作组和非正式的 IPPC 电子商务网络等。

贸易便利化是世界各国的共同呼声，植物检疫措施必须适应这方面的要求。如何在确保安全的前提下，尽可能简化植物检疫程序，服务农产品的国内外贸易是迫切需要解决的问题。目前普遍认为，实现贸易便利化，需要从提升检疫管理手段、技术能力、加强部门间合作等多方面入手。公约希望通过实施《贸易便利化行动计划》，推动各缔约方改进检疫管理，更好地服务农产品贸易，减少有害生物传播风险。预计随着这方面工作的推进，植物检疫管理的水平会不断提高，检疫与贸易之间的关系会更加协调。

五、突发有害生物的紧急应对

近年来，很多发展中成员提出需要加强对突发有害生物的应对。第 13 届植检委会议围绕草地贪夜蛾问题的讨论，进一步引起了各缔约方对该问题的关切，普遍认为应该充分认识 FAO 在新发有害生物方面的角色和活动，厘清并支持 IPPC 与 FAO 互为补充的作用；在 IPPC 框架下，各缔约方有义务相互协调与合作，共同防范有害生物扩散，并就此分享信息；植检委主席团提出了关于新发有害生物新信息的共享安排，即由区域植物保护组织在秘书处的协调下每季度召开会议，讨论新发有害生物，决定此类情况是全球性还是区域性的，确定可以采取的行动，并为缔约方提出建议。2018 年区域植物保护组织技术磋商会认为：新发有害生物工作重点应当放在预防上面；相互协作是必要的，需要区域植物保护组织与科研等机构协力推进；公约秘书处与区域植物保护组织应各自发挥有所区别、互为补充的作用；区域植物保护组织应继续分享新发有害生物的信息。界定“新发有害生物”定义现已纳入了术语表技术小组的工作计划。

该项工作将与目前开展的有害生物调查监测、鉴定网络、应急反应等一并考虑，一起研究部署。应急行动属于能力建设方面的内容，目前由植检委附属机构实施委管理。欧盟已经对该项工作提供资金支持，2020 年植物健康年期间还积极争取资金，大力推进突发有害生物行动计划，特别是新发现有害生物的应对工作。

突发有害生物的应对工作，在很多发展中成员是短板，物资、信息和经验都明显不足，国际社会应该给予帮助。但是，在公约资源有限的情况下，如何兼顾各成员的需求是一个需要考虑的问题。发达成员关注点在标准制定等方面，发展中成员则更关注技术援助。公约明确成员间有义务开展合作，为发展中成员提供技术援助，但问题是需要明确公约援助的边界，以及如何让援助更加有效。为呼应成员的请求，目前公约已经将突发有害生物的应对，作为植检委会议的一个常设议题进行研究跟踪，秘书处、区域植物保护组织和成员方共同参与，从制度建设、信息和经验共享等方面入手，帮助发展中成员提高应对能力。突发有害生物应对是发展中成员能力建设的一个方面，提高综合检疫能力将是发展中成员长期的任务，公约及各成员都有义务加强合作。

为加强发展中缔约成员的植物检疫能力，搭建“一带一路”区域信息共享平台，IPPC 秘书处联合国粮农组织 - 中国南南合作项目框架下实施了一项全球项目，并分别于 2018 年和 2019 年在广西南宁和陕西西安举办了两届“一带一路”国家植物检疫措施合作高级别研讨会，对相关成员出现的新问题和可能的合作机会进行了研讨。根据与会国家会议报告，部分“一带一路”沿线国家新兴有害生物的情况见表 3-1。

表 3-1　部分“一带一路”沿线国家新兴有害生物的情况

国家	新兴有害生物 学名	新兴有害生物 中文名
孟加拉国	*Magnaporthe oryzae*	麦瘟病
	Parthenium hyterophorus	银胶菊
	Tuta absoluta	番茄潜麦蛾
柬埔寨	*Cassava Mosaic Virus*（CMV）	木薯花叶病毒

表 3-1（续）

国家	新兴有害生物 学名	新兴有害生物 中文名
埃及	*Bactrocera zonata*	桃实蝇
冈比亚	*Aleurodicus dispersus*	螺旋粉虱
	Bactocera invadens	入侵果实蝇
	Phenacoccus manihotis	木薯绵粉蚧
	Rastrococcus invadens	芒果粉蚧
	Spodoptera frugiperda	草地贪夜蛾
加纳	*Bactrocera dorsalis*	橘小实蝇
	Bemisia tabaci	烟粉虱
	Spodoptera frugiperda	草地贪夜蛾
	Thaumatotibia leucotreta	苹果异胫小卷蛾
	Thrips palmi Karny	棕榈蓟马
印度	*Aleurodicus rugioperculatus*	盘粉虱
	Meloidogyne enterolobii	根结线虫
	Paracoccus marginatus	木瓜粉蚧
	Tuta absoluta	番茄潜麦蛾
印度尼西亚	*Aphelenchoides besseyi*	水稻干尖线虫
	Burkholderia glumae	水稻细菌性谷枯病菌
伊拉克	*Bactrocera zonata*	桃实蝇
	Rhynchophorus ferrugineus	红棕象甲
	Tuta absoluta	番茄潜麦蛾
约旦	*Solanum elaeagnifolium*	银毛龙葵
	Xylella fastidiosa	叶缘焦枯病菌
肯尼亚	*Maize chlorotic mottle virus*（*MCMV*）	玉米褪绿斑驳病毒
	Spodoptera frugiperda	草地贪夜蛾
	Tuta absoluta	番茄潜麦蛾
老挝	*Ceracris kiangsu*	黄脊竹蝗
马达加斯加	*Glycaspis brimblecombei*	赤桉木虱
	Leptocybe invasa	桉树枝瘿姬小蜂

表 3-1（续）

国家	新兴有害生物 学名	新兴有害生物 中文名
马达加斯加	*Spodoptera frugiperda*	草地贪夜蛾
	Tuta absoluta	番茄潜麦蛾
马拉维	*Tuta absoluta*	番茄潜麦蛾
马来西亚	*Ceratocystis* spp.	相思树长喙壳菌
	Rhynchophorus ferruginus	红棕象甲
	Xanthomonas oryzae pv. oryzae	水稻黄单胞杆菌
马耳他	*Citrus Tristeza Virus*（CTV）	柑橘衰退病毒
	Rhynchophorus ferruginus	红棕象甲
	Tuta absoluta	番茄潜麦蛾
蒙古	*Lasiopodomys brandtii*、*Meriones unguiculatus*, etc.	布氏田鼠、长爪沙鼠等啮齿动物
	Locustodea	蝗亚目
莫桑比克	*Bactrocera dorsalis*	桔小实蝇
	Fusarium oxysporum Schlecht. f.sp. *cubense*（E.F.Sm.）Snyd.et Hans race 4	香蕉枯萎病菌 4 号小种
缅甸	*Franklineilla sp.*	蓟马
尼泊尔	*Bactrocera minax*	柑橘大实蝇
	Hemelia vestatrix	咖啡叶锈病菌
	Mythimna separata	粘虫
	Pistia stratiotes	水葫芦
	Pyricularia oryzae	稻瘟病
	Tuta absoluta	番茄潜麦蛾
尼日利亚	*Bactrocera dorsalis*	橘小实蝇
	Banana bunchy top virus（BBTV）	香蕉束顶病毒
	Cassava Brown Streak Virus	木薯褐条病毒
	Fusarium oxysporum Schlecht. f.sp. *cubense*（E.F.Sm.）Snyd.et Hans race 4	香蕉枯萎病菌 4 号小种
	Paracoccus marginatus	木瓜粉蚧
	Spodoptera frugiperda	草地贪夜蛾

表3-1（续）

国家	新兴有害生物 学名	新兴有害生物 中文名
巴基斯坦	*Globodera rostochiensis*，*Globodera pallida*	马铃薯孢囊线虫
	Magnaporthe oryzae	稻瘟病
	Parthenium hysterophorus	银胶菊
	Pectinophora gossypiella	棉红铃虫
	Xanthomonas axonopodis	柑橘溃疡病
菲律宾	*Phytoplasma* sp.	木薯丛枝植原体
刚果共和国	*Spodoptera frugiperda*	草地贪夜蛾
塞内加尔	*Bactrocera dorsalis*	橘小实蝇
	Paracoccus marginatus	木瓜粉蚧
	Phytophtora infestans	马铃薯晚疫病
	Spodoptera frugiperda	草地贪夜蛾
塞尔维亚	*Cydalima perspectalis*	盒树蛾
	Halyomorpha halys	茶翅蝽
塞拉利昂	*Bactrocera dorsalis*	橘小实蝇
	Banana bunchy top virus（BBTV）	香蕉束顶病毒
	Paracoccus marginatus	木瓜粉蚧
	Spodoptera frugiperda	草地贪夜蛾
	Zonocerus variegatus	臭腹腺蝗
斯里兰卡	*Paracoccus marginatus*	木瓜粉蚧
泰国	*Opisina arenosella*	椰子织蛾
突尼斯	*Rhynchophorus ferruginus*	红棕象甲
土耳其	*Halymorpha halys*	茶翅蝽
乌干达	*Spodoptera frugiperda*	草地贪夜蛾
	Thaumatotibia leucotreta	苹果异胫小卷蛾
越南	*Diocalandra frumenti*	椰花二点象
	Phenacocus manihoti	木薯绵粉蚧
也门	*Rhynchophorus ferruginus*	红棕象甲
津巴布韦	*Spodoptera frugiperda*	草地贪夜蛾
	Tuta absoluta	番茄潜麦蛾

六、规范授权第三方实体开展植物检疫

IPPC 第 IV 条规定了国家植物保护机构的作用和职责。按照公约的规定，国家植保机构可以授权符合条件的第三方协助开展检疫工作。当前，许多国家植物保护机构授权实体执行具体的植物检疫行动，例如检查、监督、取样、测试、监测和处理，这已成为普遍做法。为了促进国家植物保护机构之间的信任，有必要协调对这种授权的要求，并确保这种做法符合 IPPC 的原则，且国家植物保护机构仍然对实体代表其执行的植物检疫行动负有责任。2014 年公约将制定关于授权非国家植保机构类实体执行植检行动的国际植检措施标准（2014-002）作为一项主题纳入标准制定工作计划。2018 年标准委审议并批准标准草案进入磋商程序。标准草案指出："每个国家植保机构应决定是否授权实体执行植检行动。"如国家植保机构决定授权实体，则其还应决定授权哪个实体及授权该实体执行哪些具体植检行动。授权后，由相关实体执行植检行动，但责任仍由国家植保机构承担。该标准旨在就如何确立授权提供统一指导，以便被授权机构诚信、透明地执行植检行动并对国家植保机构负责，从而确保维护植检安全并符合 IPPC 和国际植检措施标准的规定。

根据 IPPC 要求，国家植物保护机构可以授权实体执行的植物检疫行动包括监督、抽样、检验、检测、监测、处理、入境后检疫和销毁。在现场协助国家植物保护机构的人员以及在国家植物保护机构直接监督下工作的人员，无须获得授权。植物检疫行动的授权不包括国家植物保护机构的核心活动，例如签发植物检疫证书或制定和建立植物检疫措施，因为这些都不是植物检疫行动。国家植物保护机构应该拥有足够的员工，员工应该具备足够的专业知识以对获授权实体进行监督。在其植物检疫监管体系下，希望授权实体执行具体植物检疫行动的国家植物保护机构应该建立一套授权方案，并应该确保其国家法律框架允许他们授予、暂停、撤销和恢复授权。在制订授权方案时，国家植物保护机构应该设置获授权实体必须满足的要求，明确制定接收、维护和交付信息的程序。此外，国家植物保护机构还需要做的其他支持工作包括：制定培训计划，确保国家植物保护机构人员具备管理授权方案的专业知识，为实施植物检疫行动的实体制定培训要求或确定最低培训、设备、能力和技能要求；开发模板协议，使授

权具有法律约束力；确定授权协议的有效期，包括在适当时审核和延期；制定具体的绩效考核标准、准则和基于绩效考核的验证过程；制定审计或监督程序以及预防和纠正措施报告的模板；制定判定不符合事项的标准和处理不符合事项的程序，包括在适当时暂停或撤销授权；制定获授权实体自愿退出与国家植物保护机构之间的授权协议的程序；查明授权可能产生的风险和需要通过授权方案加以管理的风险；制定应急计划，以便在获授权实体的授权被暂停、撤销或从授权方案中退出时继续保持取行动的连续性。

获授权实体通常需符合下列标准：具有在授权国经营业务的法律地位，可与国家植物保护机构达成协议，并同意遵守国家植物保护机构的规定；有足够的资源（财力和人力），包括所需的专门知识、设备和基础设施，以进行具体植物检疫行动，并确保服务的连续性；对将要执行的植物检疫行动有书面化程序；声明任何可能的利益冲突，以确定如何在执行具体植物检疫行动时处理这些利益冲突；当其作为获授权实体所采取的行动引起损害时，有明确的损害赔偿责任声明；有确保获授权实体和客户之间的冲突得到有效解决的程序。

尽管一些成员对该标准草案存在疑虑，担心一旦商业实体履行国家植保机构职能，植物检疫安全将受到损害，但是 IPPC 本身明确规定国家植保机构可以对除颁发植检证书以外的任务进行授权，并体现在很多国际植检措施标准中。因此问题的关键不是能不能授权，而是如何让授权更可靠。新制定的标准通过明确拟授权第三方机构必须具备的条件，授权的国家植保机构应该采取的核查措施，增强国家植保机构对其他实体执行的具体植检措施的信心。

公约开始制定这方面的标准，说明授权第三方开展检疫工作得到了很多缔约方的关注，并将被更多缔约成员关注。公约制定第三方授权机构开展检疫工作的标准本意是规范第三方授权工作的开展，不是要求各方必须进行授权，但这不可避免地对一些原本未开展这方面授权的缔约方起暗示作用，进而审视其进行这方面工作的必要性和可行性。授权第三方机构开展有关检疫活动，让国家植保机构可以集中精力处理重要的事务，但是第三方机构的可信度如何也是确实需要考虑的方面。许多成员过去对其他缔约方的第三方授权关注不够，通过这次标准的制定讨论，引起了其对这方面工作的重视。各成员有必要掌握贸易伙伴方的授权情况，加强对重点货物的检疫检查，及时发现不合格授权机构，采取相应的对策，避免因为对第三方的使用而降低对检疫风险的管理水平。

七、举办国际植物检疫健康年

根据植检委建议，联合国大会决定2020年为植物健康年。为保证活动效果，植检委设立了“2020国际植物健康年”指导委员会。国际植物健康年预期成果包括：在全球范围内提升公众和政府决策部门的植物健康意识；促进和加强全球应对贸易增长和气候变化带来的有害生物问题的能力；植物健康知识公众培训；提升产业界在植物健康领域的参与程度；增强全球植物保护信息交流；建立全球植物健康伙伴关系。

国际植物健康年活动期间各区域植物保护组织、各成员也将举办相关活动：2019年年底在罗马举行国际植物健康年启动仪式；举办国际植物健康年展览；2020年4月第15届植检委会议期间举行部长级会议；2020年10月16日聚焦植物健康的世界粮食日，2020年11月举办国际植物健康年全球论坛；2021年1月举行国际植物健康年闭幕仪式。

部长级会议是植物健康年的核心活动之一，原计划会议期间将发表《植物健康部长宣言》，并审议通过《国际植保公约战略框架2020—2030年》，由于新冠疫情影响，该会议尚未召开。提高政府及公众的检疫安全意识是做好植物检疫工作的基础。在全球范围内，对植物检疫的重视程度远远低于对动物卫生的重视，更不用说人类的卫生防疫。这是由植物有害生物的发生危害特点决定的，但不等于植物检疫的重要性低于其他两个方面。因此植物检疫的宣传任务更重，在公约组织开展宣传的同时，更需要各成员方积极参与并长期持续地开展。希望通过国际植物健康年活动，进一步提高全球社会公众的植物健康意识，争取更多的支持，强化植物检疫措施，提高全球的植保植检水平，从而更好地保护农业生产安全、环境安全和促进贸易的发展。IPPC还计划在植物健康年的基础上，积极探索设立植物健康日的可行性，引领国际社会和成员将植物检疫宣传工作制度化经常化，努力营造更加良好的社会环境。

第三节　IPPC 国际植物检疫热点问题

一、基于商品的植物检疫措施标准

IPPC 工作的一个重要内容是保护农业，促进安全贸易，支持经济增长与发展，帮助减少世界贫困。国际植物检疫标准直接关系到植物检疫安全和农产品国际贸易，因而标准的制定一直是 IPPC 的重点工作。通过制定和批准基于商品的国际植物检疫措施标准，可以在促进安全贸易方面取得显著进展。IPPC 系统也多次讨论，需要将标准制定工作的重点更多地放在商品类和途径类国际植物检疫措施标准上，使进口成员和出口成员双双受益。

《IPPC 2020—2030 年战略框架》（以下简称战略框架）草案提出：要制定针对具体商品与途径的国际植检措施标准，同时制定相关的诊断规程、植物检疫处理措施和指南，以便简化贸易，并加快市场准入谈判。战略框架指出，截至 2030 年，将批准和实施很多新的针对具体商品与途径的植检措施标准及配套指南、标准，这些标准将为国家植物保护机构提供一个协调植物检疫措施的基础，可以用于支持其有害生物风险管理及植物检疫进口要求的制定，或建立出口导向型产品系统。制定商品标准的目的是帮助制定进口植物检疫要求，以促进贸易安全，应该是对进出口成员都有利的。商品标准可以被用于制定植物检疫进口要求的参考、促进有害生物风险分析中措施的评估以及市场准入讨论等方面。

1. 商品标准制定的背景及过程

在 2015 年的植检委第 10 届会议上正式讨论了关于商品标准的概念，此次会议上就曾对国际木材运输的国际植物检疫措施标准草案［Draft ISPM on international movement of wood（2006-029）］进行讨论，但是由于有反对意见指出该标准草案与现有的国际植物检疫措施标准不符，没有提出具体要求，应该是一份资料性文件，因此植检委决定召集一个工作组来讨论商品标准的概念，并商定其工作大纲。标准委将关于国际木材运输的国际植物检疫措施标准草案（2006-029）、关于国际种子运输的国际植物检疫措施标准草案（2009-003）、国际植物检疫措施标准第 33 号（国际贸易中的脱毒马铃薯（茄属）微繁材料和微型薯）以及规范 60（国际谷物运输）等标准作为工作组要使用的示例。工作组后续讨论了商品标准的概念、目的、内容和格式，以及制定商品标准的过程，并强调了成立商品技术小组的必要性。

2018 年 4 月，在植检委第 13 届会议上，界定了商品与途径类标准的目标、效益及成果，并要求同年 10 月召开商品和途径标准焦点小组第 1 次会议，本次焦点小组会议决定：将提供一份总体概念标准草案供 2020 年植检委第 15 届会议磋商。焦点小组还研讨了制定该类标准的一系列原则，包括：有害生物的监管要建立在科学的有害生物风险分析基础上，并取决于技术证明材料，国家主权及缔约各方在 IPPC 与《SPS 协定》中的现有国际责任不受影响；不会要求进口成员承担责任。此次小组会议后，缔约各方提供了大量参考资料，如亚太植保公约提供的芒果商品标准，为标准制定提供了重要参考。

在 2019 年植检委第 14 届会议上认为商品与传播途径类标准有利于促进安全贸易、协调缔约方检疫措施，此类标准不会改变各缔约方依据风险分析进行有害生物监管的基本权利，同意制定标准指南和模板。

2019 年 6 月，焦点小组进行了会议讨论，认为该类标准范围不宜过宽，应该聚焦于商品，总体概念标准制定后，单个商品标准应当作为概念标准的附件，建议新设立商品标准技术小组协助标准委开展该类标准制定工作，该小组成员应具备有害生物风险分析、植物检疫进口要求制定和管理、贸易中植物检疫措施的选择和实施、区域和国际标准的制定以及有害生物清单的评估等专业知识。商品标准技术小组主要负责相关标准主题审查、标准草案制定等工作，在各种类型的商品标准中应该包括与该商品相关的有害生物清单以及植物检疫措施。本次会议确定了总体概念标准的基本格式。

在 2019 年 11 月的标准委 2019 年第 2 次会议上讨论了标准的制定程序、范围、标准附件、标准技术小组、主题审查等内容，还对总体概念标准进行了讨论修改，并请主席团审议总体概念标准草案，此次征求意见稿由植检委主席团于 2019 年 12 月通过，也就是 2020 年首次征求意见的《国际植检措施标准草案：基于商品的植物检疫措施标准》（2019-008）及《规范草案：商品标准技术小组》（2019-009）。

2. 商品与途径类标准的目标和对国际贸易的战略价值

（1）促进贸易安全

通过将限定的检疫性有害生物及对常用的贸易途径有效的植物检疫措施列入国际植物检疫标准，使其成为谈判的起点，为贸易启动建立基本规则，有助于加快市场准入进度并促进贸易安全，同时加强植物检疫安全，实现 IPPC 和 FAO 的战略目标。

（2）统一协调措施

鼓励参考和使用现有的国际植物检疫措施标准，可促进各缔约方使用对等的措施，确定在贸易中有效使用的植物检疫措施，能够通过研究确定现有措施中的差距，并重点研究改进。

（3）优化资源的有效利用

这些标准可减少国家植保机构关注的冗余或重复的措施，从而把关注点放到其他更有意义的活动上，提高资源利用效率。

（4）为发展中成员提供支持帮助

商品和途径类标准为降低贸易风险提供了保证，可以提高发展中成员的贸易参与度，获得新的贸易机会。

（5）提高 IPPC 的相关性和影响力

制定此类标准并将其应用于国际贸易中，有利于提高 IPPC 的信誉度和影响力。

3. 基于商品的植物检疫措施标准草案的主要内容

基于商品的植物检疫措施标准草案［Draft ISPM：Commodity-based standards for phytosanitary measures（2019-008）］为首次征求意见稿，其主要内容涵盖了以下几个方面。

（1）商品标准的范围

本标准是一个总体概念标准，其他的商品措施标准将作为这一总体概念标准的附件，适用于在国际贸易中流通的商品。

（2）要求概要

本标准指出缔约方在制定植物检疫进口要求时应考虑商品标准。此类标准应包括有害生物清单以及在国际贸易中流通的商品的植物检疫措施的相应备选方法。有害生物清单包括已知与指定商品和预定用途有关的有害生物，还可包括已知与植物物种有关但与贸易商品不相关的有害生物的信息。本标准中列出的措施是满足最低入选标准要求的措施，并根据措施的可信度进行分类。有害生物清单和植物检疫措施备选方法并非详尽无遗，需根据具体情况进行审查和修正。

（3）对生物多样性和环境的影响

根据本标准制定的商品标准为植物检疫措施的备选方法提供指导。通过管理国际流通的商品带来的有害生物风险有助于保护生物多样性。

（4）涉及商品标准的 IPPC 原则

IPPC 有很多国际权利和义务。在这些权利和义务中，对商品标准特别重要且相关的基本原则有：缔约方的主权不受商品标准影响；缔约方在 IPPC 和 WTO 下现有的国际卫生和植物检疫义务不受影响；商品标准不会对进口成员施加比 IPPC 已明确义务更多的义务；若商品偏离预期用途，则不适用商品标准；有害生物清单列在商品标准中，但是，对有害生物的管理仍然要根据技术判断，通过合理的 PRA（有害生物风险分析）或者其他的有效检验和评估；商品标准为缔约方提供了植物检疫措施的选择项，但这些措施不是面面俱到的，如果技术上合理，缔约方也可采用其他措施，并且可以建议列入商品标准。

（5）商品标准的基本要求

本标准中列出了几项不能作为此标准附件的情况：一是没有有效的植物检疫措施，二是现有的国际植物检疫措施标准已经满足使用要求，三是所列商品不在 IPPC 管理范围内。

（6）作为附件的商品标准的基本格式

作为附件的商品标准应包含以下 5 个方面。

①适用范围。

②商品说明及其预期用途：在本章节中要明确商品及其预期用途，旨在提供足够的信息，以便确定重点有害生物清单和相关的检疫措施的备选方法。

③涉及的有害生物：本章节包括已知与所述商品有关的有害生物清单。列入清单的有害生物需要有有害生物风险分析报告或其他技术理由，以及至少一个缔约方的管理规定。有害生物清单以表格形式列出，并提供相应的植物检疫措施选项。需要注意的是，将某种有害生物列入商品标准不能成为管制的技术理由，进口成员根据技术理由自行决定是否对这些

有害生物进行管制，进行适当的有害生物风险分析，或在适用情况下对现有信息进行额外的审查和评估。本章节还可以包括已知与该植物种类相关的，但根据现有的科学信息，与所述贸易商品无关的有害生物信息（例如：与印度芒果繁殖有关的有害生物与贸易商品“芒果”不相关）。有害生物的清单可能无法面面俱到，应及时更新。

④植物检疫措施选项：本章节应介绍植物检疫措施的备选方法，包括在国际植物检疫措施标准中采纳的措施或目前在贸易中使用的措施。对每一种有害生物均可提供单独或组合措施，并可涉及进口前国际贸易的任何阶段。虽然商品标准只提供适用于进口时的措施，但缔约方也可根据 ISPM20 号标准《植物检疫进口监管制度准则》考虑进口后的措施。措施清单也不是面面俱到、详尽无遗的，各成员可根据情况考虑选择其他措施。相关措施应该列在上述有害生物清单表格中，与之一一对应。标准中需要提供每种措施的详细描述，使得该措施具有可操作性。必要时，可以将有关措施补充资料列入附录。

⑤参考文献。

（7）列入商品标准的植物检疫措施的要求

商品标准规定了能够列入标准的植物检疫措施的基本要求，即某一措施已经被至少一个缔约方确立为植物检疫措施要求（也就是至少在两个缔约方之间执行）或被列入至少一个双边协议中。除此之外，满足下列一个或多个要求的措施也可被列入标准。

①贸易中的使用经验中：截获数据表明该措施是有效的；该措施已经或正在被广泛使用；该措施成功用于管理不合规货物。

②国内使用经验表明该措施是有效的：该措施被广泛用于国内商品调运；该措施已成功应用于疫情管控；根除疫情的结果表明该措施有效；来自植物健康认证计划的信息表明该措施是有效的；或具有该措施的最佳管理实践。

③实验结果表明该措施是有效的：私人或公共部门的研究结果表明该措施是有效的。

④有害生物风险分析或其他科学验证和评估表明该措施有效。

⑤有已采纳的与有害生物或商品相关的国际植物检疫措施标准。

⑥已有与有害生物或商品相关的区域标准。

除了以上内容外，该标准中还提到了措施的可信度由商品标准技术小组来评估，共分为高、中、低 3 类，评估的依据包括是否被国际植物检疫措施标准或者区域标准采纳等。商品技术小组还负责标准信息的更新，根据缔约方提出的新信息，进行评估，在必要时更正相关列表。

4. 商品标准技术小组规范

商品标准技术小组规范草案［Draft Specification for：Technical Panel for Commodity Standards（TPCS）（2019-009）］，详细描述了商品标准技术小组成立的原因、任务、专业技术要求等信息。

（1）商品标准技术小组的成立原因

以科学的方法和证据为基础制定的商品标准将有利于缔约方安全和顺畅的贸易，为了保证标准制定足够严谨，成立了商品标准技术小组。

（2）商品标准技术小组的主要任务

①直接起草由植物检疫措施委员会优先确定的商品标准，或在受邀专家的支持下或通过标准委设立的专家起草小组起草标准。

②在起草标准时，重点关注特定商品及其预期用途，以保证标准切实可行；考虑现有的有害生物风险分析、植物检疫措施以及有助于标准制定的相关信息；按照商品概念标准（ISPM2019-008）的要求制定标准。

③确保商品标准草案与概念标准中的要求和标准一致。

④确保在概念标准下制定和采用的商品标准之间保持一致。

⑤审查通过的商品标准，确定所需进行的修订，并向标准委提交修订建议。

⑥就制定商品标准的主题和优先顺序向标准委提供意见。

⑦根据需要与标准委下的其他技术小组（如：植物检疫处理技术小组，诊断规程技术小组，森林检疫技术小组）以及实施和能力发展委员会保持联络。

⑧建议标准委根据需要召集专门的商品标准专家起草小组。

⑨支持商品标准草案的协商与采纳，例如，针对商品标准草案的有关协商意见向管理员、标准委、IPPC 秘书处提出协商意见。

⑩考虑如何对商品标准和其他标准中所包含的植物检疫措施进行分类和编目，以便在交叉搜索相关信息来源的目标有害生物、商品和措施的在线搜索工具中使用。

⑪ 在评估将植物检疫措施纳入商品标准时，考虑是否有足够的信息来支持将其作为特定国际植检措施标准。

⑫ 考虑商品标准是否会对保护生物多样性和环境产生好的或坏的影响，如果有，需要在标准草案中明确、强调和说明。

⑬ 考虑标准使用的潜在障碍，向标准委提供建议。

除此之外，本草案还规定了商品标准技术小组成员人数为 6 ~ 10 人，一届任期 5 年，由标准委指定 1 名管理员。

二、IPPC 实施与能力发展现状

IPPC 的实施与能力发展工作主要是指提升缔约方能力的相关活动和工作，以支持其履行 IPPC 及其制定的国际植物检疫措施标准，这些工作主要由公约秘书处协调专家组承担，而这些工作最主要的监督管理机构是实施与能力发展委员会。目前来看，国际植保公约标准体系逐渐建立完善起来，无论是从来自公约内部自己的调查来看，还是从公约外部的评估来看，缔约方的能力不足是公约发展的掣肘，越来越成为在全球范围内采取协调一致的植物检疫措施标准的制约因素。因此，公约在实施与能力发展方面开展了全球植物健康监测等项目，也收集整理了相关资源，开发了植物检疫能力评估等工具。

1. 全球植物健康监测项目

全球植物健康监测项目（2015—2018 年）开展的工作包括两个方面，一是由公约秘书处牵头，如修订《植物有害生物监测指南》（2017-049）、重新设计监测网页、召开非疫区和监测国际研讨会；二是由澳大利亚国家植物保护组织牵头，开发监测电子学习材料、建立全球植物健康专家注册系统并维护等。植检委第 14 届会议（2019 年）讨论了该项目，认为未达到预期目的，主要原因是缺乏财务和人力资源。

2. 海运集装箱项目

为降低海运集装箱传带有害生物风险，提高缔约方及相关行业对海运集装箱有害生物风险的认识，提升全球对海运集装箱植物检疫监督管理能力，评估制定国际植物检疫措施标准的必要性，植检委第 12 届会议（2017 年）决定成立海运集装箱工作小组。2018 年后该工作小组作为实施委的隶属小组，通过实施委向植检委报告年度工作情况。工作小组主要在两方面开展活动，一是收集来自行业和国家的数据，衡量 IMO、国际劳工组织（International Labour Organization，ILO）、联合国欧洲经济委员会（the United Nations Economic Commission for Europe，UNECE）制定的《货物运输单位包装实务守则》（CTU 装运代码）的影响；二是通过编制宣传材料，提升对海运集装箱带来的有害生物传播风险的认识。根据成员提名，工作组由 9 名相关成员和国际组织代表组成，包括中国专家顾光昊。2017 年以来已经召开 3 次会议。

当前，该工作组积极推动的相关工作包括：1）提供海运集装箱有害生物风险及其管理的信息；2）协调缔约方、区域植物保护组织、产业界及其他国际组织；3）建立相关机制，鼓励缔约方就其取得的进展向植检委报告；4）就有关管理规则的修改完善提供建议；5）通过实施委，每年向植检委报告工作进展。

海运集装箱工作组计划的实施在多个领域与 WCO、IMO、世界银行集团及产业界有关联，包括享用 WCO 维护的集装箱数据库（该数据库记录了集装箱维护和安全信息）；整合相关计划，更好地在海运港口管理集装箱安全；共享信息，促进安全有保障的海运集装箱运输；将货运单元整洁度纳入集装箱检查计划，要求运输商和包装商遵守货运单元业务守则整洁度方面的要求。通过小组成员努力推动，各方对集装箱传带有害生物风险的认识有很大提高，小组将在前期工作的基础上继续收集分析信息并推进相关工作。

海运集装箱的检疫管理是迄今为止公约面临的难度较大的工作。集装箱数量巨大，涉及的检疫风险复杂，以往的检疫管理经验少，还涉及有关部门和行业间、管理方和被管理方权利义务的平衡等问题。尽管工作推进难度大，但是也取得了可喜进展。公约将继续大力推进这方面的工作，在逐步统一思想认识的基础上，充分考虑各方面的意见，提出适合集装箱特点的检疫措施，有效管理集装箱的风险。这些措施将是集装箱检疫管理方面的重要变革，将对各缔约方的集装箱检疫管理产生重要影响。

3. 电子商务项目

电子商务正在改变传统贸易方式，将贸易从传统的企业对企业（B2B）向企业对消费者（B2C）和消费者对消费者（C2C）转变，消费者作为出口商对于植物检疫的要求还不是很了解，同时还大大增加了小包装数量，这种贸易方式的转变增加了有害生物随之传播扩散的风险。由于并没有专门的资金支持，这项工作基本由加拿大支持的专家开展。在 2014 年发布的指导电子商务管理的建议基础上，植检委第 12 届会议（2017 年）又商定了若干行动，旨在推动落实上述建议，减少电子商务的风险。很多国家植保机构都非常关注此项工作，在日常业务中积极就此与业界和消费者开展合作。2018 年 6 月，WCO 推出了《跨境电子商务标准框架》。2019 年，与 WCO 签署了三年期联合工作计划（2019—2021 年），也与包括万国邮政联盟（Universal Postal Union，UPU）和生物多样性性公约（Convention on Biological Diversity，CBD）等组织取得联系，建立非正式工作组。

IPPC 战略框架草案将电子商务和快递邮件路径的管理纳入了工作重点，计划开展的活动包括：针对电子商务有关的公司和消费者开展宣传；建立 IPPC 与《国际野生动植物濒危物种贸易公约》、WCO 之间的合作网络，共同制定关于电子商务和快递、邮递的联合政策建议；开发机构间联合工具包用于电子商务和快递、邮递的监管和排查。通过实施项目工作计划，帮助甄别电子商务的风险，向相关方通报此类风险，提出相应的管理措施，让公众和电子商务者认识到在线交易的风险，提高在保护农业、环境和贸易方面的责任意识，加强部门间联系，逐渐形成跨领域、一体化的实施方法，促进电子商务的安全交易。

公约近期计划开展的工作包括：与机构和利益相关方开展合作；编写电子商务手册，汇编电子商务利益相关者名单；提供电子商务主要商品清单；与海关组织合作编写联合出版物；开发电子商务视频和辅导材料网页；与利益相关方组建一个特设工作组；与相关国际组织协调风险评估工作。

电子商务检疫风险管理是各方面临的一个迫切问题，随着电子商务的迅速发展，问题日益突出。从目前的情况看，还没有一个很有效的彻底解决问题的办法，需要从多个方面采取措施来逐步解决，包括完善管理制度、开展宣传提高公众意识、改善管理手段、加强基于风险的管理措施等。预计国际社会和各国将陆续加大这方面的力度，电子商务检疫管理将会逐步规范，积累的经验不断丰富，措施也会越来越有针对性，部门间乃至国家间的合作也会更加密切。

4. 国家报告义务项目

在国家报告义务方面，缔约方已经累计提交 2375 份国家报告（https：//www.ippc.int/en/countries/statistics/totalnrobyyear/），秘书处也连续多年针对不同区域组织开展国家报告义务培训，2019 年发布国家报告义务网络课程（https：//www.ippc.int/en/e-learning/）。2020 年 4 月，秘书处发布有害生物报告公报，实时更新有害生物情况，并进行月度汇总。

5. 实施评估和支持系统

实施评估和支持系统（Implementation Review and Support System，IRSS）是为了评估 IPPC、国际植物检疫措施标准和植检委建议的实施情况，通过特定主题的评估、调查、研究，对需要加强或者指导的方面提供支持。实施委同意秘书处着手将 IRSS 从一个简单的项目升级为一个供公约大家庭使用的系统，将规划一个长期的工作方案，并希望能有多个捐助方持续支持。IRSS 在 2019 年开展的活动有：2012 年和 2016 年 IPPC 综合调查分析报告、授权第三方开展国家植物保护组织相关任务研究、非疫区和监测研讨会调查报告。实施委第 5 次会议（2019 年）通过了 IRSS 的工作主题清单，确定了重点工作。

6. 实施和能力发展内容清单调整

实施和能力发展内容清单列出了实施委针对国家、区域植物保护组织提出工作主题的调整修正内容（表 3-2），调整的主要原因及内容有：1）增加，为做好应急计划指导、响应机制储备，增加应急计划指南并将优先级调整至最高级别 1 级；2）优先级调整，根据缔约方要求、事件轻重缓急、资金资源情况，调整工作优先级，如应对电子商务迅猛发展所带来的病虫害跨境传播风险，将电子商务指南优先级调整至最高；3）删除，因为专家、资金等资源的欠缺，删除部分已无法开展的具体工作主题内容。

表 3-2　实施和能力发展内容清单

序号	名　称	操　作	优先级
1	应急计划指南（2019-012）	添加	1
2	电子商务指南（2017-039）	优先级 3 变为 1	1
3	植物病虫害监测指南（2017-049）	优先级 3 变为 1	1
4	植物健康监控门户网站（2015-015）	优先级 3 变为 1	1

表 3-2（续）

序号	名 称	操 作	优先级
5	加强虫害暴发预警和响应系统（2017-051）	优先级待定变为 1	1
6	实蝇标准信息图（2017-042）	优先级 3 变为 2	2
7	避免和解决争端指南（2004-034）	优先级 1 变为 3	3
8	病虫害风险管理指南（2017-047）	优先级 2 变为 3	3
9	避免和解决争端（2001-005）	删除	
10	电子商务（2017-050）	删除	
11	监测实蝇案例研究（2016-017）	删除	
12	监测入侵性蚂蚁案例研究（2016-018）	删除	
13	监测叶缘焦枯病菌 *Xylella fastidiosa* 案例研究（2016-019）	删除	
14	非疫区与监测专题研讨会（2017-053）	删除	
15	一带一路高级别专题讨论会（2016-020）	删除	

7. 指南和培训材料

截至 2020 年 4 月，IPPC 秘书处已经制定发布了《市场准入》等 7 项指南（表 3-3），以及有害生物风险分析等 4 项电子学习材料、国际植保公约介绍等 7 项训练包、海运集装箱清洁等 13 个宣传页（https：//www.ippc.int/en/publications/）。

表 3-3 IPPC 指南清单

序号	指 南	出版年	语言 *
1	市场准入	2013	英 - 西 - 法 - 俄 - 阿
2	过境	2014	英 - 西 - 法 - 俄
3	建立国家植物保护机构	2015	英 - 俄
4	国家植物保护机构的运作	2015	英 - 俄
5	与利益相关方的关系处理	2015	英
6	进口验证	2015	英 - 俄
7	出口证书	2015	英 - 俄
8	参与植检委会议优秀实践经验	2015	英

表 3-3（续）

序号	指　南	出版年	语言 *
9	IPPC 会议参与支持材料	2015	英
10	植物有害生物监测	2016	英
11	植物检疫诊断服务指南	2016	英 - 俄
12	国家报告义务指南	2016	英 - 西 - 法 - 俄 - 阿
13	制定国家植物检疫能力发展战略	2017	英 - 西 - 法
14	资源筹措指南	2017	英
15	国家植保机构海运集装箱检验指南	2019	英 - 西 - 法 - 俄 - 阿 - 中
16	有害生物风险交流指南	2019	英
17	建立和维护非疫区指南	2019	英

* 英—英文，西—西班牙文，法—法文，俄—俄文，阿—阿拉伯文，中—中文。

8. 实施和能力发展资源

各个缔约方、区域植物保护组织、国际机构、教学科研单位等贡献了 300 多种资源，按类型看，诊断方案占 54%、有害生物信息占 27%、手册和指南占 8%、其他植物健康资料占 11%。目前，秘书处正在整理维护整合资源库，并适时将资源公布在公约门户网站上。

9. 评估 IPPC 项目

截至 2020 年 4 月，IPPC 秘书处正在执行的 FAO、欧盟等捐助方资助的项目有 12 个（表 3-4）。此部分所有的项目由 IPPC 秘书处执行，实施委负责监督评估项目实施。

表 3-4　IPPC 正在执行的项目

序号	项目名称	金额 / 美元	项目期 / 年	捐助方
1	消除持久性有机污染物（POPs）和废弃农药，并加强农药周期管理（喀麦隆）	—	2019 ~	FAO
2	技术援助以提高斐济的生物安全法令	219 000	2018 ~ 2020	FAO
3	FAO 对东南非共同市场贸易便利化计划的支持	800 000	2019 ~ 2023	FAO

表 3-4（续）

序号	项目名称	金额 / 美元	项目期 / 年	捐助方
4	强化区域能力建设，监测、预防和控制香蕉镰刀菌枯萎病菌 4 号小种	500 000	2019 ~ 2020	FAO
5	突尼斯动植物产品官方控制服务支持	3 000 000	2019 ~ 2023	FAO
6	实施审核和支持系统 IRSS	742 925	2018 ~ 2021	欧盟
7	合作支持电子植物检疫证书、履行公约和植物检疫措施标准	675 681	2020 ~	日本
8	全球超越合规性共享工具，加强使用系统性方法和市场磋商来开展有害生物风险分析	568 966	—	标准贸易基金
9	中国粮农南南合作框架下支持发展中国家缔约方提升履约能力项目	2 007 541	2017 ~ 2020	中国
10	履行国际植物保护公约	1 056 730	2020 ~	欧盟
11	支持国际植保公约战略框架：商品标准、应急响应和电子植物检疫证书	1 079 545	2019 ~ 2022	欧盟
12	国际植保公约电子植物检疫证书解决方案	1 120 000	2017 ~ 2020	美国

10. 植物检疫能力评估

植物检疫能力评估（Phytosanitary Capacity Evaluation，PCE）是 IPPC 开发的一种评估管理工具，可帮助缔约方确定和制定最佳的立法、技术和行政措施，迅速改善其国家植保机构和整个植物检疫系统，以帮助其履行 IPPC 的义务；使用由 13 个模块组成的模块化在线软件系统，并以问卷形式记录评估过程，国家植物保护组织可以根据自己的情况决定应用所有模块或仅应用几个模块；评估过程保密，评估内容涉及植物检疫所有利益相关者，包括政府、公共部门和私人企业等。PCE 是不对外开放的，需申请才能实施，每个模块有很多具体的问题，并没有标准答案，需要国家植物保护机构在 PCE 协调员的指导下，得出自己的答案。一个完整的评估一般需要执行 3 次任务，每次至少需要 5 天，费用约 12 万美元，包括协调员的出差、FAO 法务部的参与等。从 2000 年至 2020 年，在 IPPC 协调下共在 62 个国家和地区开展了 71 次 PCE。

11. 区域研讨会

区域研讨会是IPPC研究实施工作与能力发展相关议题的重要平台，也是提升缔约方履约能力的重要手段。IPPC秘书处负责联络协调召开七大区域研讨会，从2003年至2019年，共召开了105次区域研讨会，164个缔约方的2820名代表参加。同时，秘书处也负责协调每年召开区域植物保护组织年会，至今已召开了30期。

12. 电子植物检疫证书系统

电子植物检疫证书系统旨在建立全球统一的交换电子植物检疫证书的系统，从而提升检疫证书的交换效率以方便贸易方。2014年，植检委通过了ISPM 12附录1（电子植物检疫证书，关于标准XML方案和交换机制的信息），这是迈向全球统一电子认证方案的关键一步。IPPC秘书处制定的ePhyto解决方案与老式的纸质证书具有相同的用途。采用以电子方式交换证书资料及无纸张的技术，会更方便业界。使用ePhyto的贸易将变得更快，允许出口国几乎实时地插入和分享信息。它还可以通过在国家植物保护机构之间使用安全、直接的交换来帮助减少欺诈性证书。事实上，ePhyto系统的发展将有助于使发展中成员有公平的机会以较低的成本参与电子数据交换。因此，IPPC计划尽快在全球范围内推动使用电子植检证书系统。该系统由三部分组成：一个数据处理中心，用以支持参与成员全球电子植检证书交换；一个基于网络的中央通用电子植检证书国家系统，以便帮助缺乏必要基础设施的缔约成员创建、发送和接收电子证书；一个统一协调的信息模板与内容构成。数据处理中心已于2018年6月全面投入运行。有些具备条件的缔约方已经开始进行日常的电子植检证书交换，其他成员也即将通过数据处理中心交换证书。初步的试点表明，只需进行一些初始培训和支持，将通用电子植检证书国家系统用户纳入电子植检证书数据处理中心就可以实现相对无缝对接。

目前比较突出的是电子证书系统运作经费的问题，预计每年需要数百万美元。该笔费用目前由捐赠维持，将来可能的解决方案包括：由各成员按照使用的数量分担费用，争取相关国际机构的支持，争取有关国家或机构组织捐助，开发其他相关服务功能供外界机构或组织使用并收费等。公约将设立管理该系统的机构，建立可持续的资金机制，并注意知识产权保护。

建立全球统一的电子证书系统是各缔约方的共同心愿，尽管在设计应用之初存在安全、费用等方面的问题，但是该系统在全球的推广应用将是大势所趋。系统广泛使用后，将有效解决贸易双方在证书方面沟通不畅、沟通效率低、存疑证书核实难等问题，大大提高进出口成员间植物检疫证书交换和沟通的效率，更好地服务于农产品贸易。当然，各成员情况不一样，国内各部门间管理系统如何衔接等还需要在实践中不断完善。该系统将是公约领域的首个全球网络系统，在逐步完善后，其功能将可能逐步扩充，并为建立其他网络系统积累经验。

第四章　OIE 国际动物卫生进展与热点

随着经济全球化的不断深入，跨界贸易的蓬勃发展，人类对动物源产品需求旺盛，全球动物及动物产品进出口贸易日益增多，随之而来的人兽共患病和重大动物疫病全球扩散风险日益增加。为保障动物及动物产品安全，防范动物源疫病的远距离扩散，OIE 提出了一系列的全球战略和倡议，制定了一系列保障动物产品安全和防范动物源疫病扩散的标准，即 OIE 动物卫生标准。《SPS 协定》认可 OIE 为国际动物卫生标准的唯一制定机构，并鼓励成员将动物及动物产品检疫措施建立在 OIE 标准之上，削减非关税贸易壁垒，促进动物产品国际贸易便利化。

第一节　OIE 概况

1921 年，法国巴黎召开关于国际动物卫生问题的国际会议，就成立控制动物疫病的国际组织达成共识。1924 年 1 月 25 日，28 个国家代表签署协议，决定成立国际动物流行病办公室（Office International des Epizooties，OIE）。2003 年 5 月，国际动物流行病办公室正式更名为世界动物卫生组织（World Organization for Animal Health），保留其历史缩略语 OIE。目前，OIE 共有 182 个成员，与近 75 个其他国际和区域组织保持长期联系，并在每个大洲设有区域和次区域办事处。OIE 是负责改善全球动物卫生的政府间组织，宗旨是改善全球动物和兽医公共卫生及动物福利状况。OIE 主要职能有：一是收集并通报全世界动物疫病发生发展情况及相应控制措施；二是促进并协调各成员加强对动物疫病的监测和控制的研究；三是制定动物及动物产品国际贸易中的动物卫生标准和规则，收集、分析和发布兽医科学信息；四是开展国际协作，提供专家协助，防控动物疫病；五是通过发布动物及动物产品国际贸易卫生标准保护国际贸易安全；六是促进各成员改革兽医部门结构和资源，完善兽医机构体系；七是保证动物源性食品安全，提高动物福利水平。鉴于 OIE 的权威性，WTO 指定其作为唯一负责制定国际动物卫生标准规则的国际组织，各成员间开展动物及动物产品贸易都应遵循 OIE 的规定。

随着全球化进程的加快，世界各国交流与合作日益增加。OIE 提出了一系列的全球战略和倡议，例如非洲猪瘟（Infection with African swine fever virus，ASF）控制全球倡议、遏制狂犬病传播全球战略、FAO-OIE 口蹄疫控制战略、控制和消灭小反刍兽疫全球战略、人畜共患结核病行动路线图、全球抗生素耐药性和抗菌药物谨慎使用战略。OIE 在世界范围内获得了广泛的关注、认可与重视。

我国是世界上最大的发展中国家和金砖国家成员，也是动物及动物产品贸易大国。2007 年 5 月，OIE 第 75 届国际委员会大会全面恢复我国在 OIE 的合法地位，中国参与 OIE 工作越来越多，具体包括：一是组团参加 OIE 年度大会，参与会议表决，履行成员权利和义务；二是及时向 OIE 通报有关动物疫情；三是研究并参与 OIE 标准制定；四是参与国际项目工作，进行多边或双边动物卫生信息交流和参与并承办 OIE 的会议；五是组织申请国际无疫认证、OIE 协作中心和参考实验室以及兽用生物制品的国际注册，积极承担 OIE 协作中心和参考实验室工作等。随着世界经济一体化进程加速和我国“一带一路”战略的深入发展，我国动物及动物产品进出口贸易发展迅速，但同时，小反刍兽疫、ASF 等重大动物疫病也借机传入我国，给我国养殖业带来了巨大的威胁，也给国际动物及产品贸易带来了严重影响。作为 WTO 指定的负责制定国际动物卫生标准的 OIE 对我国的影响越来越大，深入参与 OIE 将成为未来动物卫生领域国际交流与合作的重要工作内容。

一、机构设置

OIE 设有国际代表大会、理事会、地区委员会、专业委员会和总部五个执行机构。为配合 OIE 在世界各地区的工作，OIE 在非洲、美洲、东欧、中东和亚太地区设立了 5 个代办处。另外，为了保证 OIE 各项工作和决策的科学公正性，OIE 还成立了 4 个常设工作组、数个专门工作组，以及 246 个参考实验室和协作中心。OIE 整体组织结构见图 4-1。

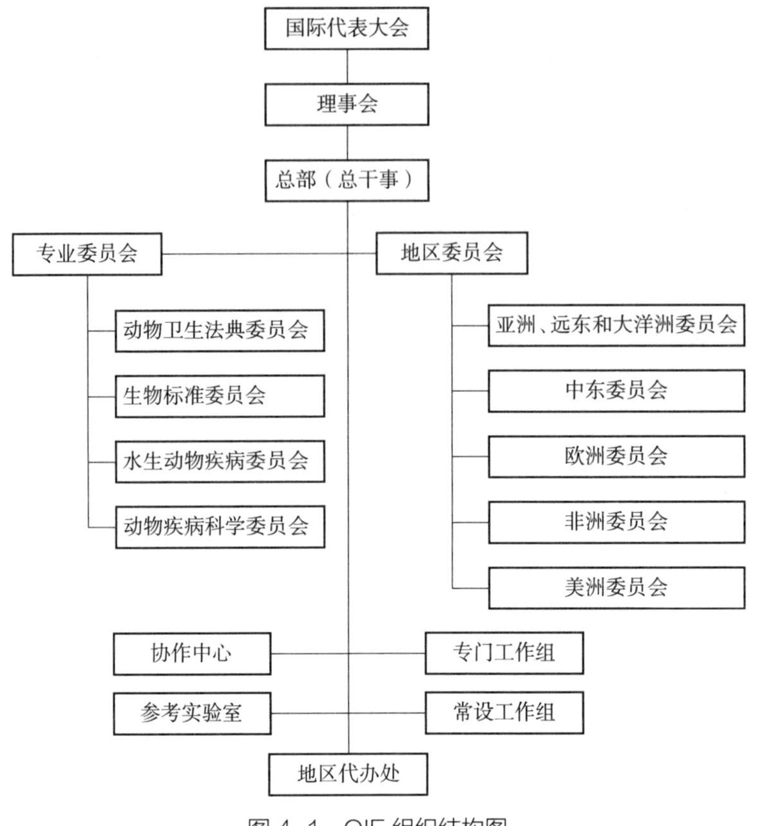

图 4-1　OIE 组织结构图

1. 国际代表大会

国际代表大会（World Assembly of Delegates）是 OIE 的最高权力机构，由所有成员代表组成，每年 5 月在巴黎举行 1 次会议，一般为期 5 天，采取“每成员一票”的民主原则。

国际代表大会主要职责包括：1）审定动物卫生领域国际标准，特别是国际贸易标准；2）审定重大动物疫病的预防控制决议；3）选举理事机构成员，包括 OIE 大会主席和副主席、理事会成员、地区委员会成员以及各专业委员会成员；4）任命 OIE 总干事；5）审议和批准 OIE 总干事年度活动报告、财务报告和年度预算。

国际代表大会期间，发言人以摘要形式对世界各地动物卫生状况进行介绍，选择关注度较高的两个技术议题由各与会代表进行讨论。国际代表大会工作报告由行政委员会（Administrative Commission）编写，行政委员会由 9 名代表组成，每年 2 月和 5 月召开 2 次会议。在大会期间，各成员代表可参加各自相应的地区委员会（Regional Commissions）举办的会议，讨论共同关心的问题。

2. 理事会

理事会（The Council）由国际代表大会主席、副主席、前任主席和 6 名区域代表组成。除前一任主席外，其他成员都任期 3 年。理事会在大会闭会期间代表大会，每年在巴黎至少举行 2 次会议，审查技术和行政事项，特别是对工作方案和提交大会的拟议预算进行审查。

3. 专业委员会

OIE 专业委员会（Specialist Commissions）职责是利用科学信息，研究动物疾病的流行病学和防控问题，制定和修订 OIE 国际标准，处理成员提出的科学和技术问题。OIE 共设有 4 个专业委员会，分别为陆生动物卫生法典委员会、生物标准委员会、水生动物疾病委员会和动物疾病科学委员会。

（1）陆生动物卫生法典委员会

陆生动物卫生法典委员会（The Terrestrial Animal Health Standards Commission），也称法典委员会（Code Commission），成立于 1960 年，委员会成员由 OIE 国际代表大会选举产生，委员任期 3 年。负责确保《陆生动物卫生法典》（简称《陆生法典》）的建议是保护国际贸易的最新科学信息，并提供动物疫病和人畜共患病的监测方法。陆生动物卫生法典委员会与国际知名专家协作，起草《陆生法典》中的新内容，并根据兽医科学的进步修订现有条款。同时，陆生动物卫生法典委员会与水生动物疾病委员会、生物标准委员会和动物疾病科学委员会密切合作，以确保其工作中使用了最新科学信息。

（2）生物标准委员会

生物标准委员会（Biological Standard Commission），也称实验室委员会（Laboratories Commission），成立于 1949 年，由 OIE 代表大会选举产生，委员任期 3 年。该委员会负责制定或修订哺乳动物、禽鸟和蜜蜂疫病的诊断方法，并推荐疫苗等有效生物制品。同时，该委员会还负责编撰《陆生动物诊断试验和疫苗手册》（简称《陆生手册》，遴选 OIE 陆生动物疫病参考实验室，促进标准诊断试剂的准备和分发。

（3）水生动物疾病委员会

水生动物疾病委员会（Aquatic Diseases Commission），也称水生动物委员会（Aquatic Animal Commission），成立于1960年，由OIE代表大会选举产生，委员任期3年。该委员会负责收集两栖动物、甲壳类动物、鱼类和软体动物疾病以及控制这些疾病的方法资料，制定《水生动物卫生法典》（简称《水生法典》）和《水生动物诊断试验手册》（简称《水生手册》）。该委员会还负责就水产养殖的各种重要议题组织科学会议。

（4）动物疾病科学委员会

动物疾病科学委员会（The Scientific Commission for Animal Diseases），也称科学委员会（Scientific Commission），成立于1946年，由OIE代表大会选举产生，委员任期3年。该委员会协助制定动物疾病防控适当策略和措施，还承担成员申请无特定动物疫病的材料审查。

4. 地区委员会

OIE地区委员会（Regional Commissions）的任务是促进合作、研究兽医机构遇到的问题并组织地区层次的合作活动。OIE先后建立了非洲，美洲，亚洲、远东和大洋洲，欧洲和中东5个地区（区域）委员会。截至2020年9月，非洲委员会有54个成员，美洲委员会有32个成员，亚洲、远东和大洋洲委员会有32个成员，欧洲委员会有53个成员，中东委员会有20个成员。

地区委员会每两年组织一次会议，探讨动物疾病控制方面的技术问题和区域合作相关问题。地区委员会可制定区域方案，以加强对主要动物疾病的监测和控制。各地区委员会与区域代表密切合作，报告其活动并向国际代表大会提出建议。

5. 总部

OIE总部设在巴黎，由国际代表大会以无记名投票方式任命的总干事（Director General）领导。本届总干事为莫尼克博士，于2015年5月第1次被任命，并于2016年1月1日起开始为期5年的任期。

OIE总部贯彻执行和协调国际代表大会通过的疾病信息、技术合作和科学方面的活动，总部机构组成见图4-2。此外，总部承担OIE国际代表大会年度大会、理事会和OIE组织的技术会议的秘书工作，并向地区和专业委员会秘书提供协助。自1990年以来，总部还拥有一个具有重大科学价值的文献中心。

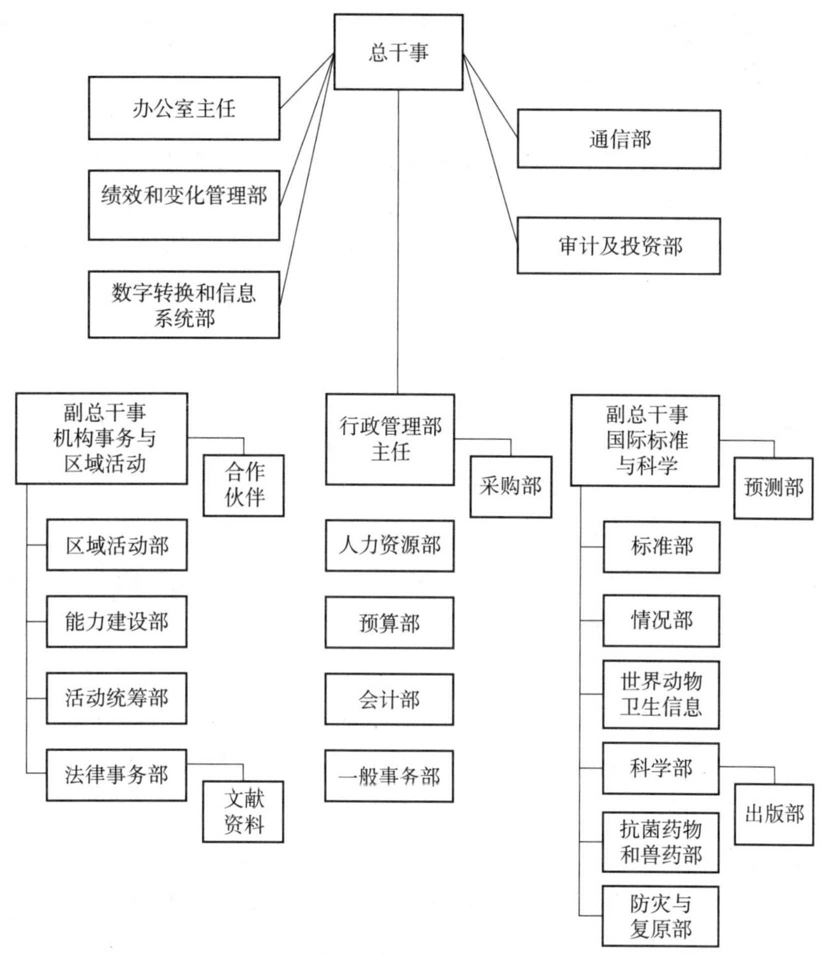

图 4-2　OIE 总部组织机构图

6. 工作组

OIE 在建立之初就郑重声明，提供的疫情信息和采纳的建议必须客观公正，并对动物卫生问题给出科学评价。为实现这一基本目标，OIE 召集相关专家，设立了专业委员会和工作组（Working Groups）。常设工作组负责不断审查各自领域的进展情况，并通过科学会议、研讨会和培训课程等方式为 OIE 成员提供最新信息。除常设工作组外，为了在短期内处理某一特定问题，还可成立专门工作组（Ad hoc Groups），以研究特定的科学和技术问题。专门工作组由来自 OIE 成员的一流专家组成，负责召开会议审查具体的科学技术问题。

常设工作组有 4 个，分别为野生动物工作组、抗生素耐药性工作组、动物福利工作组和动物源性食品安全工作小组。

（1）野生动物工作组

野生动物工作组（Working Group on Wildlife）成立于 1994 年，负责向 OIE 通报与野生动物（不论是野生的还是捕获的）有关的所有卫生问题，并向 OIE 提供有关建议。该工作组也提出关于大多数重要特定野生动物疾病监测和控制方面的建议，并审查许多科学出版物。该工作组由各学科领域世界顶尖科学家组成。

（2）抗生素耐药性工作组

抗生素耐药性工作组（Working Group on Antimicrobial Resistance）成立于 2019 年 5 月，是在 OIE 第 87 届代表大会第 14 号决议“OIE 参与控制抗生素耐药性的全球活动”之后，设立的一个抗生素耐药性工作组，以支持 OIE《抗菌药物耐药性全球战略》的实施，谨慎使用抗菌药物，提高 OIE 应对全球挑战的能力。

（3）动物福利工作组

动物福利工作组（Working Group on Animal Welfare）成立于 2002 年，负责协调和管理 OIE 有关动物福利方面的工作，并就动物福利工作涉及的范围、重点和操作方法提出建议。OIE 动物福利工作涉及的动物包括家畜和水生动物、伴侣动物、研究试验和 / 或教学用动物、野生动物以及运动娱乐和表演用动物。对每一种类动物，除了基本卫生因素外，还涉及动物的居住条件、管理、运输和屠宰方面的工作。

（4）动物源性食品安全工作组

动物源性食品安全工作组（Working Group on Food Safety）成立于 2002 年，负责协调和管理有关动物食品安全生产方面的工作，并就其工作范围、工作重点、工作方法以及 OIE 如何更有效与 CAC 协作等方面提供建议。OIE 动物源性食品安全的目标是与相关国际机构合作，降低来自动物的食源性风险对人类健康的危害。工作组人员组成考虑多学科、地区代表人数平衡及发展中成员的需要。

7. 地区代办处

OIE 在非洲、美洲、亚太地区、东欧和中东地区设立了 5 个地区代办处（Regional Representations）。地区代办处的目标是向地区内成员提供协调服务，提高地区动物疾病的监测与控制能力。

为了在东南亚几个感染国家控制口蹄疫，1997 年 9 月，OIE 启动“东南亚口蹄疫控制行动”（South-East Asia Foot and Mouth Disease，SEAFMD），其目的是帮助东南亚国家按照区域化原则，逐步控制和消灭口蹄疫。2010 年 5 月，中国正式加入该计划，SEAFMD 更名为“东南亚 - 中国口蹄疫控制行动计划”（ South-East Asia & China Foot and Mouth Disease，SEACFMD）。SEACFMD 现有 11 个成员，包括柬埔寨、印尼、老挝、马来西亚、缅甸、菲律宾、泰国、越南 8 个创始成员，以及中国、文莱和新加坡等 3 个新成员。按照“东南亚 2020 年口蹄疫免疫无疫路线图”，SEACFMD 将协调各方，力争在 2020 年以前实现整个区域免疫无口蹄疫的目标。SEACFMD 委员会每年召开 1 次会议，由各成员轮流举办，会议总结分析区域内口蹄疫防控情况和防控经验，分析疫情形势，研究制定下一步防控策略。中国与其他 SEACFMD 成员或陆地接壤，或隔海相望，在动物疫病防控方面利益攸关，通过 SEACFMD 平台，可以进一步强化兽医双边合作，完善跨境动物疫病联防联控机制，更好地保障养殖业生产和兽医公共卫生安全。

8. 协作中心

OIE 协作中心（The Collaborating Centers）是有关特定动物卫生问题（如流行病学，风险分析等）的权威专家中心，在其特定的权威领域必须具有国际水平的专业知识。OIE 协作中心网络向 OIE 及其成员提供科学的专门知识和支持，并推进动物卫生和动物福利方面的国际合作。

协作中心职权范围包括：向 OIE 提供专业服务，特别是在区域内；支持 OIE 实施政策，并适时寻求与 OIE 参考实验室的合作；提议或制定方法和程序，以协调相关国际标准和指南；与其他协作中心、实验室或组织合作开展和协调科学技术研究；收集、处理、分析、发布和传播专业数据和信息；在指定范围内，向 OIE 成员的人员提供科学技术培训；代表 OIE 参加科学会议和其他活动；在其领域内，确定其专业知识；建立并维持与其他 OIE 协作中心的联系；与 OIE 共享专家顾问资源。

9. 参考实验室

OIE 参考实验室（Reference Laboratories）向 OIE 成员提供科学和技

术支持以及与疫病监测和控制有关的专家建议。这种支持可以采取不同的方式，包括派遣专家、制备和提供诊断试剂盒或参考试剂、现场工作、课程培训、组织专家研讨会和科学会议等。参考实验室可与其他实验室或组织合作，包括 OIE 实验室结对项目等。

OIE 参考实验室职权范围包括：使用、推广和传播通过 OIE 标准验证的诊断方法；推荐替代试验或疫苗；根据 OIE 要求开发标准物质，实施和推广 OIE 标准的应用；储存并向国家实验室分发用于诊断和控制特定病原或疾病的生物参考品和其他试剂；根据 OIE 标准，制定标准化和验证特定病原或疾病的诊断和控制程序；向 OIE 成员提供诊断检测设施，并就疾病控制措施提供科学和技术支持；与其他实验室、中心或组织合作开展科学和技术研究；收集、处理、分析、公布和传播与特定病原或疾病有关的流行病学资料；为 OIE 成员相关人员提供科学技术培训；维持与病原和特定疾病相关的质量保证、生物安全和生物安保体系；代表 OIE 组织参加科学会议；建立和维持与其他 OIE 参考实验室的联系，并定期组织实验室间能力测试，以确保结果的可比性；与 OIE 参考实验室以外的实验室开展实验室间能力验证，以确保结果的等效性；与 OIE 共享专家顾问资源。

OIE 参考实验室的另一功能是提供国际标准血清。各成员开展相关疾病普查工作，或开展某些疫病无病国际认证时，可从这些实验室中获取标准血清。

10. OIE 标准观察站

OIE 标准观察站（OIE Observatory）旨在监督 OIE 标准的实施情况，提高透明度，并查明成员面临的制约因素和困难。观察站将根据 OIE 的核心目标，涵盖所有 OIE 标准的实施，包括兽医机构的可持续性，改善动物卫生、兽医公共卫生、动物福利和促进国际贸易安全。

建立 OIE 标准观察站是 2018 年 5 月 OIE 第 86 届国际代表大会上通过的第 36 号决议提出的建议。目前 OIE 标准观察站依然停留在概念阶段，为将这个想法转化为可操作的程序，OIE 设计了一种多阶段路径方法。

第一阶段（2017—2018 年）旨在认识到有必要建立一个机制来监测 OIE 标准的执行情况。2018 年 7 月，OIE 标准观察站项目得到二十国集团农业部长的支持，进一步加强了该项目的任务授权。

第二阶段（2018—2019 年）旨在探讨运作观察站的可行性方法。2018 年 7 月，OIE 与 OECD 建立了合作关系，以获得其支持。2019 年 1 月 OIE 成立了技术咨询小组，由来自以下成员和组织的专家组成：6 个成员（加拿大、中国、智利、新西兰、南非和突尼斯）；3 个区域性经济共同体（欧洲委员会、欧亚经济委员会和海湾合作委员会）；6 个国际性组织，包括 CAC、IPPC、FAO、OECD、STDF 和 WTO。

第三阶段（2019—2020 年）旨在确定和评估不同的方案，确定实施观察站所需资源和时间表。

第四阶段（2020 年以后）将选择目标情景，制定路线图，完成观察站的设计过程（2020 年年中）。在设计阶段之后，从部署路线图（2020 年年中及以后）开始实施。建立 OIE 标准观察站是 OIE 第七战略规划的重要工作内容。

OIE 拟通过设立标准观察站，对 OIE 成员提出以下要求：一是改进其 OIE 标准的实施，加强落实《SPS 协定》的主要原则，包括协调、风险分析、等效、区域化、透明度和非歧视原则。二是遵守其公开各类疫病的义务，并且出于贸易目的，应采用 OIE 标准，包括了解官方 OIE 疫病状态。三是支持负责制定卫生措施以及谈判市场准入的官员，更多地参与 OIE 与国际标准有关的建设活动。四是自愿并酌情考虑要求兽医机构效能评估代表团，特别是兽医立法代表团，评估各成员在遵守 OIE 国际标准和建议方面取得的进展。五是不断促进私营部门在执行 OIE 国际标准方面承担更大责任，特别是通过促进公私伙伴关系的发展，为动物卫生和福利以及兽医公共卫生管理，提供更有效的方法。

二、OIE 战略框架

1. OIE 战略规划

自 1990 年起，OIE 以 5 年为一个周期，制定战略规划，确定重点工作计划。每一个 5 年战略均是在前期工作的基础上，规划 OIE 及成员未来 5 年的工作重心，代表了全球兽医工作的发展趋势。

在第 1 个 ~ 第 3 个战略规划期间，OIE 的主要目标领域涉及国际动物疫病信息提供，WTO 认可的科学标准的制定和实施，动物疫病（包括人畜共患病）的预防、控制和消灭等方面。

从第 4 个战略规划起，OIE 在其核心使命“控制或防止动物疫病全球扩散”中增加了“改善全球动物健康，提高兽医公共卫生水平和动物福利”，并且将“能力建设”作为其战略目标之一，包括提高成员的能力和 OIE 自身的管理能力和影响力。

OIE 第五战略规划总结了第四战略取得的成就以及遇到的新问题，同时考虑了经济发展、气候环境变化以及科学知识和新技术的发展与应用等对 OIE 工作的影响等因素，引入了科学卓越性的目标，提出重点要放在提高全球兽医法律的一致性以及兽医教育上。

2. 第六战略规划（The Sixth Strategic Plan）（2016—2020 年）

（1）第六战略规划的制定背景

2013 年 10 月，OIE 理事会在德国举办了“制定 OIE 第六战略规划的环境调查与蓝图路径讨论会”，2014 年 2 月在巴黎召开了“制定第六战略规划目标的工作启动会”，所形成的“OIE 第六战略规划制定的准备”草案是第六战略规划的基本框架。2015 年 5 月在巴黎举办的第 83 届国际代表大会正式通过了第六个战略规划（2016—2020 年），本规划是根据全球动物卫生和经济状况，在前面 5 个规划成就的基础上制定的，确定了需要扩展的现有工作领域及需要开辟的新工作领域，通过控制动物卫生和福利风险，最大程度降低动物疾病对人类卫生和环境的危害。

（2）第六战略规划的目标

OIE 的全球远景是“保护动物，保护人类的未来”，以此带动经济繁荣、保障社会和环境健康。围绕这一观点，第六战略规划设置了以下 3 个战略目标：一是保障动物和动物产品及动物源性食品的卫生安全，保护动物福利，管理人类 - 动物 - 环境界面的疾病风险；二是促进动物、动物产品和动物源性食品的跨境贸易中的良好交流，建立利益相关方包括贸易伙伴间的相互信任；三是强化兽医机构的能力和可持续性。

（3）第六战略规划的工作领域

第六战略规划强调在 3 个尖端工作领域需取得成就。

①尖端科学领域。科学质量和客观性是 OIE 声望的基础，是 OIE 标准制定、流行病学分析、争端调解及其他所有活动的根本。第一，OIE 将对现有参考中心进行全面的独立评估，进一步鼓励参考中心之间结对。第

二，将探究保障获得尖端科学成就的方法，特别是下一代科学家及有新技术实战经验的技术人员的参与，以及与私人部门新型的合作关系。第三，将继续组织科学会议和研讨会，以解决重要问题，传播动物卫生和动物福利相关领域知识。

②人力资源领域。第一，提倡多样性、广泛性、契约制度和透明性，OIE 将继续增加成员数量，鼓励成员广泛参与 OIE 标准制修订评议。人力资源包括科学委员会、工作组、专门工作组、总部和区域工作人员。第二，OIE 将严格评估现有专家委员会和专家工作组的责任，保证其符合 OIE 要求并做必要调整，确定专家委员会之间的工作关系的效能，优化其效能和效益；起草各个专家委员会所需的能力一览表，以协助 OIE 成员提名和筛选专家；审查现有提名和选举程序，保证成员可以获得必要信息，并将通过审查标准制定及相关程序使其更加透明，以期鼓励更多的成员参与。第三，在决策制定中，公众将可以获得更加系统的基本技术信息，以及专业组、专家委员会及工作组报告。

③管理领域。第六战略规划期间重点进行管理人员及兽医专业人员方面大调整，持续加速技术更新。在资金使用方面，OIE 在核心预算最高层面建立可计量制度和效能指标。管理领域包括立法机构、资源计划和账目、合作、OIE 总部和区域／次区域办公室等的详细管理规定和良好操作。

3. 第七战略规划（The Seventh Strategic Plan）（2021—2025 年）

OIE 第七战略既要体现与第六战略的延续性，又要充分考虑当前全球卫生状况。2019 年 5 月，OIE 向成员发送了第七战略规划公开咨询问卷，请各成员对 OIE 任务定义、第七战略规划重要领域优先事项、2021—2025 年期间 OIE 面临的挑战、OIE 伙伴关系等八项内容提出意见。2019 年 5 月，在 OIE 第 87 届代表大会上，与会代表就第七战略规划内容进行了讨论。截至 2020 年 9 月，第七战略规划仍在制定中。

第七战略规划的愿景是：领导各成员管理动物卫生，改善全球动物卫生和动物福利状况，促进贸易安全和公平，保障公共卫生，保障全球食品安全和社会经济发展的可持续性。

第七战略规划的三大任务分别为：协调动物卫生和动物福利管理，提高全球动物疾病透明度，支持兽医机构加强对动物卫生系统的管理。

第七战略规划的五大活动分别为：制定国际标准、准则和建议，协调全球框架，管理卫生系统数据和全球动物卫生信息，促进兽医机构可持续性能力建设，协助全球专家在动物卫生、动物福利和兽医公共卫生等方面的合作。

第七战略规划重点关注的五大方面分别为：科学的专业知识、数据管理、响应成员需求、协调合作以及行动的高效和灵活性。

第二节　OIE 国际动物卫生主要进展

一、动物流行病学信息收集、分析和通报

OIE 的主要任务是收集并向各成员通报全世界动物疫病的发生发展情况，以及相应的控制措施。OIE 的发展目标是实现动物疫病信息的透明化。各成员应及时向 OIE 上报本成员动物疫病信息。收到上报疫病信息后，OIE 将疫病信息通报给其他成员，以便相关方采取必要的防控措施。

1. OIE 流行病学信息系统的发展过程

1996—2004 年间的信息收集在 Handistatus II 中。2000 年起，OIE 实现地图显示原来的 15 种 A 类动物疫病疫点。2005 年开始，OIE 对原来的信息系统进行改版，建立了方便各成员通报信息的世界动物卫生信息系统（The World Animal Health Information Syste，WAHIS）。成员通过 WAHIS 实施即时的、连续的疫情通报，及时通报流行病学事件。

2. OIE 信息收集和通报的原则

（1）成员代表是疫情信息的唯一提供者，应及时向 OIE 发送其成员最新动物卫生状况信息。为使信息交流简明准确，报告应符合 OIE 疫病报告格式。

（2）各国应通过 OIE 向其他成员通报必要的疫病信息，包括易感动物种类、数量以及受影响动物和流行病学单元的地理分布；如在动物身上检测出某种 OIE 名录疫病的病原，即使该动物未出现临诊症状，也需报告；应及时通报新发疫病；鼓励提供其他重要的动物卫生信息。

（3）各成员应通报为防止疾病传播所采取措施的信息，包括检疫措

施、动物和动物产品、生物制品及其他有传播动物疾病风险的物品的流通限制措施。有媒介传播疾病的情况，还须说明所采取的媒介控制措施。

（4）成员兽医主管部门建立一个或若干无疫区时应通知 OIE 总部，说明必要的细节，包括确定无疫区所依据的标准和为维持无疫状态采取的措施，并用地图清楚标明无疫区的具体位置。

（5）总部可以自行或应成员请求，要求某成员代表就 OIE 通过其他渠道获取的信息做出解释。该代表应尽快回答，以保证信息的可靠性。代表可对其之前发出的信息进行更正。

（6）OIE 总部有权发布来自 OIE 国际参考实验室的关于某成员的动物疫病信息，或发布来自某一和 OIE 签署技术合作协议的国际组织（FAO、WHO 等）的信息。

（7）OIE 收集和分析动物疾病控制方面的最新科学信息，并将这些信息提供给成员，以帮助其改进控制和根除这些疾病的方法。科学信息还通过 OIE 出版的各种著作和期刊传播，特别是《科学和技术评论》（每年 3 期）。

3. OIE 法定通报的疫病

2005 年 1 月以来，OIE 通过 WAHIS 通报相关疫病。OIE 每年都会根据动物疫病情况更新需通报的疫病名录，2020 年需通报的疫病共有 117 种，具体包括：1）多种动物共患病（Multiple species diseases）（24 种）；2）牛病（Cattle diseases）（13 种）；3）羊病（Sheep and goat diseases）（11 种）；4）马病（Equine diseases）（11 种）；5）猪病（Swine diseases）（6 种）；6）禽病（Avian diseases）（13 种）；7）兔病（Lagomorph diseases）（2 种）；8）蜂病（Bee diseases）（6 种）；9）鱼病（Fish diseases）（10 种）；10）软体动物病（Mollusc diseases）（7 种）；11）甲壳类动物病（Crustacean diseases）（9 种）；（12）两栖类动物病（Amphibians diseases）（3 种）；13）其他（Other diseases）（2 种）。

4. 流行病学信息通报种类

流行病学信息通报种类包括：1）紧急通报（Immediate notification）、后续通报（Follow-up report）、最终通报（Final report）；2）半年报告（Six-monthly report）；3）年度报告（Annual report）。

二、制定国际标准

OIE 主要任务之一就是制定动物及其产品国际贸易中适用的卫生规则和标准，实现动物及其产品贸易中的动物卫生安全。OIE 标准已得到国际社会普遍认可，特别是乌拉圭回合之后，《SPS 协定》进一步将 OIE 规则和标准规定为 WTO 成员必须遵循的国际标准。

OIE 专业委员会组织世界动物卫生领域国际知名专家（大多来自 246 个协作中心和参考实验室），编辑出版 4 本国际标准著作，即《陆生动物卫生法典》《陆生动物诊断试验和疫苗手册》《水生动物卫生法典》《水生动物诊断试验手册》，作为 OIE 推荐使用的标准、规则和建议。原则上，OIE 标准每年都要进行修订，拟修订内容需在 OIE 代表大会上进行审议，通过后方可正式发布使用。使用者可通过 OIE 官网 “Online Bookshop” 购买正式出版物，也可在 OIE 官网 “Codes and Manuals” 界面在线阅读或下载相关 OIE 标准。

《陆生动物卫生法典》每年以 OIE 官方语言（英语、法语和西班牙语）和俄罗斯语出版 1 次，《水生动物卫生法典》每年以 OIE 官方语言（英语、法语和西班牙语）出版 1 次，《陆生动物诊断试验和疫苗手册》和《水生动物诊断试验手册》约每两年以英语出版 1 次。2003 年 OIE 总干事伯纳德 · 维拉授权我国将 OIE 原《国际动物卫生法典》第十一版翻译成中文公开出版发行，2003 年 4 月《国际动物卫生法典（2002 年）》正式出版发行。从 2012 年开始，中国与 OIE 签署了《翻译出版发行 OIE 出版物谅解备忘录》，开始出版整套中文版的陆生、水生法典和手册，先后出版了《陆生动物卫生法典（2012 年）》《陆生动物诊断试验及疫苗手册（2012 年）》《水生动物卫生法典（2012 年）》《水生动物诊断试验手册（2012 年）》和《兽医机构效能评估工具》等出版物。

1. 陆生动物卫生法典

《陆生动物卫生法典》（简称《陆生法典》）旨在保证陆生动物及动物产品国际贸易的卫生安全。目标是向进口和出口成员兽医当局提供可采取的详细动物卫生措施，在避免传播动物或人的病原的同时，也避免出现不公平的技术壁垒。

OIE 陆生动物卫生法典委员会负责起草《陆生法典》，以作为兽医当局、进口 / 出口成员、流行病学专家在国际贸易中涉及的所有环节的重要参考文件。

《陆生法典》最新版本是 2019 年版（28 版），由两部分组成：第一部分是总论，包括重要的术语和定义，动物疫病诊断、监测和通报，风险分析，兽医机构质量，疫病预防和控制，贸易措施，进口 / 出口程序和签发兽医证书，兽医公共卫生和动物福利。第二部分是关于国际贸易中优先考虑的动物疫病（OIE 列表疾病）和可能在成员中流行的动物疫病，包括多种动物疫病、蜜蜂疫病、禽鸟类疫病、牛病、马病、兔病、羊病和猪病。

2. 陆生动物诊断试验和疫苗手册

《陆生动物诊断试验和疫苗手册》（简称《陆生手册》），包括国际通用的动物疫病诊断试验和疫苗质量标准及重大动物疾病监测和控制方法，为动物及动物产品国际贸易所适用的卫生条款提供了统一的、具有可操作性的技术规范。《陆生手册》最新版本是 2019 年版，主要由 4 部分组成。第一部分为总论，阐述了兽医实验室管理，样品采样、运输和保存的方法，生物材料运输，生物安全和生物安保，检测方法质量控制，疫病诊断方法验证原则，高通量测序，兽用疫苗生产原则，兽用生物材料无菌和无污染试验，疫苗银行等 10 个方面的内容。第二部分为具体建议，包括对实验室诊断和兽用疫苗的建议。第三部分为具体疫病的诊断方法和疫苗质量控制原则，对 OIE 手册所列的 108 种疫病的诊断方法和疫苗质量做了明确规定，包括多种动物共患病（24 种）、牛病（16 种）、绵羊和山羊病（12 种）、马病（11 种）、猪病（10 种）、禽病（15 种）、兔病（2 种）、蜂病（7 种）和国际贸易中其他重要疫病（11 种）。第四部分为 OIE 参考中心名单和疫病名录。

3. 水生动物卫生法典和水生动物疾病诊断手册

《水生动物卫生法典》（简称《水生法典》）和《水生动物疾病诊断手册》（简称《水生手册》）都由 OIE 水生动物疾病委员会制定。在二者制定过程中，OIE 向所有成员的水生动物专家征求了意见。

《水生法典》旨在促进水生动物及其产品的贸易，规定了国际贸易伙伴间为防止水生动物疾病传播而应达到的最低卫生要求，最新版的《水生法典》是 2019 年版，共分两部分。第一部分主要内容包括水生动物疫病的诊断、监测和通报、风险分析、水生动物卫生机构质量、疫病预防与控制、进出口贸易措施和卫生证书，水生动物抗微生物制剂的使用和水产养殖中的鱼类福利。第二部分是关于国际贸易中优先考虑的水生动物疾病（OIE 列表疾病）和可能在成员中流行的水生动物疫病，包括 3 种两栖类动物疾病、9 种甲壳类动物疾病、10 种鱼类疾病、7 种软体动物疾病。

最新版的《水生手册》是 2019 版，规定了《水生法典》所列的水生动物疾病的诊断技术，并列出了 OIE 水生动物疾病参考实验室、专家以及水生疫病协作中心。2019 年版《水生手册》共有三部分。第一部分为总论，包括兽医实验室质量管理以及传染性疫病诊断方法的确认原则和方法。第二部分为关于特定疫病的建议，包括对所列的 3 种两栖类动物疾病、11 种甲壳类动物疾病、12 种鱼类疾病、9 种软体动物疾病的建议。第三部分为 OIE 水生动物疾病参考实验室、专家列表以及水生疫病协作中心列表。

三、风险分析

进口动物和动物源性产品可给进口成员带来一定程度的疫病风险。风险可为一种或多种疫病的感染或侵染。进口风险分析的主要目的是为进口成员提供一种客观可靠的方法，用以评估与进口动物、动物产品、动物遗传材料、饲料、生物制品和病料有关的疫病风险。因风险分析数据常常不确定或不完整，如没有完整的文件记录，会使分析者的判断与客观事实不符，因此，风险分析应具有透明性。透明性指全面记录和沟通在风险分析中使用的所有数据、信息、假设、方法、结果、讨论和结论。

在进口风险分析过程中，了解出口成员的动物卫生状况，通常需要考虑对出口成员兽医机构、地区划分、生物安全隔离区划分、疫病监测体系的评估结果。《SPS 协定》鼓励成员基于 OIE 法典开展风险评估，保护国际贸易中的动物卫生安全。2004 年，OIE 出版了《动物和动物产品进口风险分析手册》(《Handbook on Import Risk Analysis for Animals and Animal Products》）1 卷、2 卷，2010 年出版了第二版，详细介绍了进口动物及产品定性、定量风险评估的概念和基于《SPS 协定》框架下开展的风险管理，为进口成员提供风险决策技术参考。

1. 风险分析内容

风险分析包括危害识别、风险评估、风险管理和风险交流（见图 4-3）。

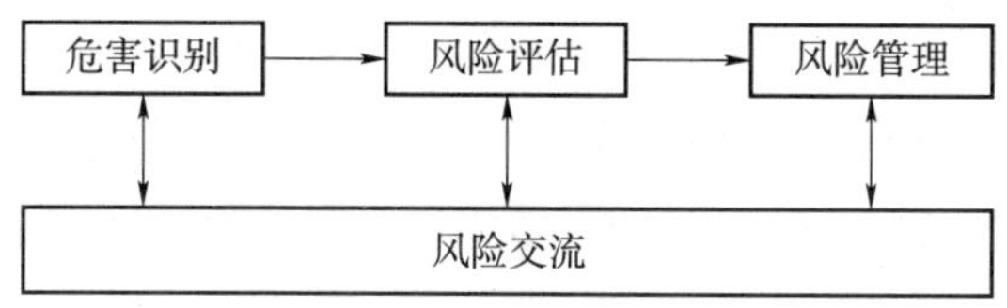

图 4-3　风险分析的 4 个组成部分

（1）危害识别

危害识别指对进口商品中可能具有潜在危害的致病因子进行确认的过程。所确认的危害指与进口动物或动物产品有关、且可能存在于出口成员的危害因子，因此有必要确认该危害是否存在于进口成员，是否为进口成员法定通报的动物疫病，是否属于已控制或已根除的疫病，并确保贸易进口措施没有比成员内部的措施更严格。危害识别是一个分类过程，利用两分法来确定生物因子是否具有危害性。如果危害识别没有确认相关进口具有危害，则风险评估就此终止。

对出口成员兽医机构、疫病监测与控制计划、地区区划和生物安全隔离区划分体系的评估是评估出口成员动物种群中是否存在危害因子的关键信息。进口成员可根据《陆生法典》相关卫生标准直接决定准许进口，而不进行风险评估。

（2）风险评估

风险评估指对危害因素带来的风险进行评估，分为定性和定量两种方法，应以最新科研信息为基础，保证证据充分，并附有引用的科技文献和其他资料，包括专家意见。对于很多疫病特别是 OIE 法典所列疫病，鉴于国际标准已趋于完善，且相关风险已达成广泛共识，仅需进行定性评估。定性评估不要求使用数学模型，常用于常规决策。风险评估方法需保持一致和透明，以确保评估结果的公平性和合理性，以及决策的一致性，以便于各利益相关方理解。

风险评估步骤分为入境评估、暴露评估、后果评估和风险估算。

①入境评估，描述进口活动中病原输入某一特定环境的生物学途径，并对整个过程的发生概率加以定性（用文字表示）或定量（用数值表示）推定。入境评估需阐明每种危害（病原体）在数量、时间等各种特定条件下的发生概率，以及因行动、事件或措施等可能引起的变化。入境评估一般对生物学因素、国家因素和商品因素进行评估，如果入境评估表明无显

著风险，则可终止风险评估。

②暴露评估，描述进口成员的动物和人群暴露于某危害因子（此处指病原）的生物学途径，并对此种暴露发生概率加以定性或定量推定。推定危害因子的暴露概率需结合特定暴露条件，如数量、时间、频率、持续时间和途径（如食入、吸入或虫咬），以及暴露动物和人群的数量、种类及其他相关特征等。暴露评估一般也对生物学因素、国家因素和商品因素进行评估，如果暴露评估表明没有显著暴露风险，则可在该步骤完成后终止风险评估。

③后果评估，阐明暴露于某一生物病原因子及其后果之间的关系。在两者之间应存在因果关系，表明因暴露而导致不良卫生或环境后果，进而引起社会经济等方面的不良后果。后果评估需阐明给定暴露的潜在后果及其发生概率。评估可为定性或定量。后果种类一般分为直接后果和间接后果。

④风险估算，综合入境评估、暴露评估和后果评估的结果，测算危害因子的总体风险量。因此，风险估算需考虑从危害确认到产生不良后果的全部风险路径。

（3）风险管理

风险管理是针对风险评估中确定的风险做出决定并实施相关措施的过程，同时应确保将对贸易产生的不良影响降至最低。风险管理目的在于合理管理风险，尽量减少疫病入侵可能性、频率及不良影响，与进口商品、履行国际贸易协定义务之间取得平衡。

风险管理由风险评价、备选方案评价、实施和监控及评审组成。

①风险评价，指将风险估算中经评定确认的风险水平与建议的风险管理措施预期降低的风险相比较的过程。

②备选方案评价，指为减少进口风险而对措施进行鉴别与选择、评估其有效性和可行性的过程。有效性指备选方案在何种程度上可降低卫生和经济不良后果或其严重程度。备选方案有效性评价是一个迭代过程，需与风险评估相结合，然后将最终的风险水平与可接受的风险水平相比较。可行性评价通常专注于影响风险管理方案实施的技术、操作及经济因素。

③实施，指做出风险管理决策后，确保风险管理措施落实到位的过程。

④监控及评审，指不断审核风险管理措施以确保取得预期效果的过程。

（4）风险交流

风险交流指在风险分析期间，从潜在受影响方或利益相关方收集危害、风险相关信息和意见，并向进出口成员决策者或利益相关方通报风险评估结果或风险管理措施的过程。这是一个多维、迭代过程，理想的风险交流应贯穿风险分析的全过程。

风险交流应公开、互动、反复和透明，并可在决定进口之后继续开展。风险交流参与方包括出口成员主管部门及其他利益相关者，如成员内外部行业团体、家畜生产者和消费者等。

四、OIE 官方无疫认证

从 20 世纪 90 年代起，OIE 负责整理官方认可的无某种特定疫病的成员或地区的名单，明确详细且公正地宣布成员无疫的程序，并附设计好的科学调查表。

1995 年 5 月，OIE 采用了口蹄疫和其他流行病学委员会（现在为动物疾病科学委员会）制定的新程序，对成员代表根据 OIE《陆生法典》的规定提交的关于其成员或地区无口蹄疫的声明材料进行详细审核。1996 年，OIE 首次通过并公布了非免疫无口蹄疫国家或地区名单。

在进行无口蹄疫认证的同时，OIE 建议将认证机制推广应用到牛瘟及其他需要优先考虑的疫病。到目前为止，OIE 已制定了小反刍兽疫、非洲马瘟、口蹄疫、牛瘟、古典猪瘟、牛传染性胸膜肺炎和牛海绵状脑病的详细无疫认证程序。考虑到成员间的国际贸易因素，OIE 的官方无疫认证还区分是否免疫。如果一个成员或地区获得了 OIE 官方认证，将会获得贸易伙伴和国际组织的信任，大大促进动物及其产品出口。2011 年，在 FAO、OIE 及世界各国的共同努力下，牛瘟成为首个被全球消灭的动物疫病。

除了上述 7 种动物疫病外，成员也可以自己宣布无某种疫病。在这种情况下，必须向进口成员提供能够证明其疫病状况的相关流行病学信息。提供的数据必须符合《SPS 协定》承认的《陆生法典》中规定的标准。自己宣布无 OIE 疫病名录中疫病的成员，可以向 OIE 提交声明强调其根据

《陆生法典》的要求自己宣布无这种疫病，该声明必须由成员代表签发，并会在 OIE 网站上公布。对于成员基于错误信息而错误宣布的无疫声明，或自己宣布暂时无疫后，当流行病学状况改变或发生其他重要事件时，成员没有及时向 OIE 总部报告而导致的后果，OIE 不负任何责任。成员自己宣布无疫由相关成员自己负责，OIE 不会进行正式认证，也不会将其列入 OIE 年度官方无疫成员名单中。

五、OIE 诊断试验的验证和认可

2003 年 5 月，在 OIE 第 71 届国际代表大会上，OIE 采纳了关于诊断试验（试剂盒）验证和认可的第 XXIX 条决议。该决议给出了列入 OIE 法定疫病诊断试验验证和认可的原则，并授权 OIE 总干事，在 OIE 认可诊断试验验证和认可形成最终决议之前建立相应标准规程。

诊断试剂盒规程旨在便于各 OIE 成员和生产厂商诊断试验的注册。OIE 成员的诊断试验需经 OIE 验证和认可，以提高试验质量，确保能够正确评估动物疫病状况并且提高试验置信水平。对认可试验进行注册很大程度上提高了诊断试验认证过程的透明度，并且为厂家生产资格的认可提供了有效参考措施。

认证程序是，申请者首先向 OIE 提交完整的《OIE 诊断试验验证和认可申请书》，并且向认证总部缴纳申请费用。OIE 注册秘书处接收申请书后进行复核，并在 30 天内确定能否获注册。获注册的诊断试验需要进行公示和有效性验证，OIE 在其官方网站上公布所有有关结果，整个认证过程将持续 135 天。通过认证的产品使用 OIE 标志时应同时标明 OIE 注册号。OIE 每 5 年对诊断试验进行验证以保证有效。

六、兽医机构效能评估

2005 年，OIE 制定兽医机构效能（the Performance of Veterinary Services，PVS）系列评估工具。2006—2010 年，OIE 逐步发展了 OIE PVS 路径，从单独的 PVS 评估发展到全面、分阶段的方法。2013 年，OIE 开发了水生动物卫生机构效能评估工具。2017 年，OIE 召开了 PVS 路径智库论坛，总结了多年的经验教训，并制定了未来的方向。目前，全球已有 140 个成员开展了 PVS 评估工作。

OIE《陆生法典》建议对兽医机构按照以下 8 方面内容进行效能评估，分别为：兽医机构的组织、架构及职权，人力资源，物力资源（包括资金），兽医立法，法律框架及执行能力，对动物卫生、动物福利及兽医公共卫生的管控能力，正式质量体系（包括质量政策）、绩效评估和审查方案，参与 OIE 活动及履行成员义务的能力。

OIE 一直重视 PVS 评估工作，致力于各成员兽医机构能力的提升，2019 年 3 月，OIE 总干事致信并邀请各成员就第 87 届 OIE 国际代表大会技术议题“外界因素（如气候变化、冲突、社会经济、贸易模式）将如何影响兽医机构，以及兽医机构如何更好地适应和应对这些外界因素”填写调查问卷，问卷设 4 部分，分别是“当前预判性分析活动”“外部因素”“四个情景”和“OIE 支持”。经分析和总结，OIE 最终形成了技术议题报告。报告分析了成员填写调查问卷的情况，并对提高兽医机构适应能力等方面提出了建议。

七、区域区划和生物安全隔离

1993 年，OIE 将动物疫病区域化概念正式引入《陆生法典》。1995 年，《SPS 协定》第 6 条“适应地区条件，包括适应病虫害非疫区和低度流行区的条件”明确提出了区域化原则。2003 年，OIE 首次提出“生物安全隔离区 / 无疫生物安全隔离区”这一概念，并在 SPS 委员会上做了介绍。2004 年，OIE 将“生物安全隔离区化”正式引入《陆生法典》。

建立和维持整个成员的无疫状态是 OIE 成员的最终目标。但是在世界疫情日益复杂的今天，这一目标的实现面临的困难越来越大，特别是那些难以通过边境控制措施防范传入的疫病。因此，建立和维持具有特定动物卫生状态的动物亚群就会非常有益。动物亚群可以通过天然、人工和法定的边界来划分，也可在一定条件下，采用适当的管理措施来划分。区域化和生物安全隔离区化就是进行特定动物亚群管理的两种模式。

区域区划主要以动物亚群地理分布为基础，而生物安全隔离区则以动物亚群生物安保和养殖措施划分为基础。在实际工作中，空间因素和包括生物安保措施在内的合理管理对区域划分和生物安全隔离区划分都起到重要作用。

一种疫病在某成员呈地方流行现象时，建立无疫区有助于逐渐控制和消灭疫病。在无疫国或无疫区暴发疫情后，为了能促进疫情控制和继续开展贸易，地区划分可允许成员将疫病的扩散限制在规定的限制地区内，这样可同时保留领土内其他地区的无疫状态。基于同样原因，疫情暴发后，尽管地理位置不同，采取生物安全隔离区划分的成员可利用动物亚群间流行病学关联或有关生物安保的通用做法对疫病加以控制。OIE 成员可在其领土内拥有一个或多个无疫区和生物安全隔离区。

八、兽医公共卫生

兽医公共卫生是公共卫生的一个组成部分。兽医公共卫生工作包括与动物、动物产品和副产品直接或间接相关的所有行动，这些行动有助于保护和改善人类的身心健康和社会福祉。长久以来，兽医科学一直对公共卫生有重要贡献，特别是在提供充足的安全食物、防控和根除人畜共患病、改善动物福利和促进生物医学研究等方面。

某些人为因素会导致一些新发人畜共患病的出现，这些因素包括：粮食需求增加和生产体系集约化，动物及动物产品和副产品的流动和贸易增加，抗菌剂滥用导致的抗生素耐药性，生态系统破坏以及气候变化等。

在此背景下，兽医机构被纳入“同一健康”战略规划，以评估、预防、管理兽医领域的卫生风险，保护生态系统的完整性，从而对人类健康、家畜和野生动物健康以及生物多样性带来益处。兽医机构在诸如食品保障、食品安全（食源性疾病、残留和污染等）、控制人畜共患病以及应对自然灾害和生物恐怖主义等领域对公共卫生工作做出了贡献。

OIE 十分重视兽医公共卫生相关工作，在 2019 年 OIE《陆生法典》中，涉及与兽医公共卫生相关工作的有 14 个章节，分别为：兽医公共卫生准则简介、兽医机构在食品安全体系中的作用、宰前与宰后肉类检验控制 - 威胁动物卫生与公共卫生的重要生物危害、控制动物饲料中动物卫生与公共卫生的重要危害、家禽生产生物安保程序、家禽沙门氏菌的预防、检测和控制、关于控制抗微生物制剂耐药性的建议导言、国家级抗微生物制剂耐药性监测计划的协调、监控食用动物生产中抗微生物制剂的用量与使用模式、谨慎使用兽用抗微生物制剂、动物中使用抗微生物制剂导致耐药性的风险分析、非人类灵长目动物传播的人畜共患病、商业牛养殖体系中沙门氏菌的防控以及商业猪养殖体系中沙门氏菌的防控。

九、食品安全

200 多种人类疾病是因食用了含有害细菌、病毒、寄生虫或化学物质的食品引起的，最常见的食源性疾病是腹泻。据 WHO 统计，每年因食源性疾病引起全球 6 亿人患病，导致 40 万人死亡。食品污染可能发生在从农场到餐桌的任何阶段，食品安全应考虑整个食物链的组成，即生产、运输、加工、储存以及分配阶段，同时考虑危害和潜在风险，以确保食物安全。食源性疾病的来源可能是动物源性产品、新鲜水果、蔬菜或受污染的饮用水。

沙门氏菌、弯曲杆菌和大肠杆菌等细菌是最常见的食源性病原，每年影响数百万人，有时会导致严重或致命后果。与沙门氏菌食源性疾病相关食品有鸡蛋、家禽和其他动物源性产品。弯曲杆菌食源性疾病主要由生牛奶、生或未煮熟的家禽和饮用水引起。大肠杆菌食源性疾病主要与未消毒的牛奶、未煮熟的肉、新鲜水果和蔬菜有关。另外，寄生虫（如猪带绦虫）、病毒（如诺如病毒）、化学物质（如二噁英）和化学危害（重金属）等环境污染物也是导致食源性疾病的因素。

OIE 在确保食品安全方面采取的措施主要有以下方面。

（1）确保从农场到餐桌的食品安全

为了将食品污染风险降到最低，必须从农场生产到人类消费食物链的各个阶段都采取措施，即在生产、运输、加工、储存和分配阶段都采取有效措施。

在沙门氏菌控制方面，OIE《陆生法典》详述了家禽、牛和猪生产系统中沙门氏菌的预防和控制措施，包括：家禽沙门氏菌预防、检测与控制，商品牛生产系统沙门氏菌的防治，商品猪生产系统沙门氏菌的防治 3 个章节。

在旋毛虫病方面，OIE 建议禁止喂食生猪生泔水，并在农场建立良好的生物安全措施，加强肉类检疫，确保猪肉食用安全。

在牛结核病方面，牛结核分支杆菌是引起某些地区 10% 人类结核病感染的病原。但奶牛早期牛结核分支杆菌检测较困难，故 OIE 建议广泛采用牛奶巴氏灭菌法，以防人类因食用受污染的牛奶感染结核病。

（2）在全球范围内建立高效的食品安全体系

全球化时代，食品生产链越来越长、越来越复杂，一个产品往往由多个企业甚至多个国家来生产。因此，在全球范围内执行标准化食品生产程序和安全措施是安全食品贸易的必要条件。兽医部门负责控制动物体内的病原，同时也需要与食品系统中的众多利益相关者合作，例如饲料生产商、农民、加工者、批发商、分销商、进口商、出口商和零售商。

OIE 除制定食品安全相关的国际标准外，还应与其他国际组织（如 CAC、WHO、FAO）合作，以确保整个食品生产链受到适当监管，为动物源性食物提供更好的保障。

十、动物福利

动物福利指动物身心状况与其生存和死亡条件相关的状态。良好的动物福利体现在：疫病防范与治疗、合适的饲养场所、管理和饲养、人道的处置和屠宰或宰杀。“动物福利”是动物所处状态，而动物所受的待遇则以动物护理、动物饲养和人道对待等词来描述。若动物福利状况符合下列条件即可视为良好：健康、舒适、安全、喂养良好、能够表现本能行为，且无疼痛、恐惧和应激反应等。改善动物福利往往有利于提高生产力和食品安全，进而促进经济效益。

2001 年，OIE 成员一致支持 OIE 牵头制定动物福利标准，并强调动物健康是动物福利的重要因素，2001—2005 年 OIE 战略规划中首次提及动物福利。近年来，OIE 在推动动物福利发展方面取得了较大成果。截至 2019 年年底，OIE 已制定了动物福利总则和 14 个标准，涵盖了陆生动物和水生动物。对于动物福利标准的制修订，OIE 有强大的全球性科学专家网络，并设有协作中心和动物福利专门工作组对相关问题进行研究。

对动物福利的看法因地区而异，也因文化而异，动物对人类社会的贡献也不尽相同。因此，OIE 制定国际标准的工作必须有坚实的科学基础，让所有利益相关者参与，必须确保对人类饲养和使用动物的制度有一个全面的看法，并且必须力求对动物福利产生切实的影响。为此，OIE 制定了全球动物福利战略。

2016 年 12 月，OIE 第一个全球动物福利战略在墨西哥瓜达拉哈拉举行的第 4 届全球动物福利大会上正式提出。2017 年 5 月，OIE 所有成员通过了该战略。该战略有以下 4 个支柱：动物福利标准制修订，能力建设和教育，与政府、机构和公众的交流，动物福利标准和政策实施。

十一、OIE 国际合作和技术支持

1. OIE 与各成员官方兽医机构的合作

随着经济与信息全球化的发展，各成员对国际合作与培训都有迫切需求。而这种需求需要依靠国际或地区性组织来完成，OIE 就是这种组织之一，它为各成员共享资源提供了必要保障。近年来，兽医机构之间的国际合作无论在地区水平上还是成员水平上都得到了长足发展。在地区水平上，OIE 设立了非洲、亚太地区、东欧、美洲及中东 5 个 OIE 地区代办处，为这些地区的兽医机构提供了针对性服务。在成员水平上，OIE 现有 182 个成员。OIE 主要通过紧急援助、派遣专家顾问、设立地区代办处、开展专题研讨会或培训班等方式与成员官方兽医机构开展国际合作。通过这些合作，OIE 不仅为成员兽医机构提供了技术或物资等援助，同时还加强了与成员兽医机构的联系，扩大了自身的影响力。

2. OIE 与相关国际组织的合作

全球范围内，FAO 负责在兽医领域建立动物性产品发展计划，WHO 涉及人畜共患病的控制，WTO 负责制定贸易规则，并推荐在贸易中使用 OIE 制定的标准、规则和措施。目前，为发展协作关系，OIE 已同 FAO、WHO、WTO 等主要的世界性组织签署了协议，特别是相互邀请参加普遍关心的会议。OIE 与一些地区性组织也开展了广泛合作，如泛美农业合作组织（Pan-American Agricultural Cooperation Association，IICA）、国际复兴开发银行（International Bank for Reconstruction and Development，IBRD）、泛美卫生组织（Pan American Health Organization，PAHO）、中美洲农牧组织（Organism International Regional de Sanidad，OIRSA）、非洲统一组织非洲间动物资源局（Organization of African Unity - Inter-African Bureau for Animal Resources，OAU-IBAR）以及欧盟等，并与许多相关组织签署了有关协议或谅解备忘录。

（1）OIE 与 FAO、WHO 的合作

1952 年，OIE 与 FAO 签署了合作协议，明确两个组织分工，采取联合行动，在世界范围内促进和协调成员开展兽医研究活动，制订动物卫生

的协议，协同控制动物疫病。2004 年，在原协议基础上，双方达成新的合作协议。OIE 与 FAO 的合作方式包括：相互交换报告、信息和出版物，相互参加对方会议或共同举办会议，开展项目合作等。1960 年，OIE 与 WHO 签署合作协议，同意通过合作协商、互派代表以及信息和文件交换等方式开展合作，并于 2002 年更新了该协议。

此后，OIE、FAO 和 WHO 3 个国际组织之间的联系更加紧密，共同开展的项目包括跨境动物疫病全球控制框架（The Global Framework for the Progressive Control of Transboundary Animal Diseases，GF-TADs）、OIE/FAO 全球禽流感控制科学网络（OIE/FAO Network of expertise on animal influenza，OFFLU）、全球重大动物疫病（包括人畜共患病）预警与应对系统（GLEWS）等。2017 年 10 月，3 个组织又发布了一份三方战略文件，重申将通力协作、共同致力于在应对卫生挑战方面提供多部门合作性引导。特别关注以下几个方面：加强在人类健康、动物卫生和食品安全方面的国家服务；加强预警和监视 / 监测系统并使之现代化；加强对新出现、重新出现和被忽视的传染病的预测、准备和应对；鼓励和促进协调的研究和开发，在优先防控的人兽共患病种类方面达成共识。

（2）OIE 与 WTO 的合作

1998 年，OIE 与 WTO 就《SPS 协定》达成官方协议，OIE 为保护动物卫生安全和防控人畜共患病所制定的动物和动物产品贸易规则被《SPS 协定》认可，且在 SPS 委员会和国际贸易争端中发挥重要作用。现在，OIE 与 WTO 联系更加紧密，OIE 代表以观察员身份全面参与有关 SPS 会议，双方共同推进 OIE 标准化工作，OIE 参与制定适用于国际贸易的兽医卫生标准，并对《SPS 协定》内容及其应用进行审查。

此外，OIE、WTO 联合参加了其他国际组织（国际营养委员会、IPPC、WHO、FAO、IICA）的地区性专题讨论会，向各成员动物卫生官员和私人机构代表介绍《SPS 协定》的内容，以及该协定与国际科学组织和标准化工作的关系。

（3）OIE 与 CAC 的合作

OIE 与 CAC 在动物标识和追溯方面开展合作，主要合作内容有 4 个方面。一是确定动物追溯一般原则，建议制定标识和追溯体系指南，以适于风险分析，并获得理想结果。二是发布动物标识和追溯领域的最新进展。三是与其他国际组织合作，向成员提供专业技术援助，促进动物标识和追溯体系的设计和实施。四是确定工作重点和标准，同时考虑发展中成员的要求。

3. 我国参与 OIE 工作的情况

2007 年，OIE 第 75 届国际代表大会通过决议，决定恢复中华人民共和国在 OIE 的合法权利与义务。之后，我国每年派代表团出席 OIE 大会，参与讨论 OIE 国际事务，与 OIE 交流合作日益增多。我国还积极参加 OIE 国际标准评议工作，并在无疫认证、参考实验室和协作中心建设、OIE 结对项目、菌种保藏等方面取得了丰硕的成果。

（1）OIE 标准评议工作

2008 年，原农业部设立《兽医卫生国际规则标准制修订和转化应用项目》，2008 年 8 月，启动《陆生法典》评议；2010 年 1 月，启动《水生法典》和《水生手册》评议；2010 年 8 月，启动《陆生手册》评议；2011 年 1 月，全面开展 OIE 标准评议工作。10 年时间，我国向 OIE 提交了评议建议 800 余条，我国参与 OIE 标准的评议和制修订能力不断提升。

（2）无疫认证

2008 年 5 月，我国获 OIE 认证无牛瘟感染国家；2011 年 5 月，我国获 OIE 认证无传染性胸膜肺炎国家；2014 年 5 月，我国获 OIE 认证为 BSE 风险可忽略国家；2014 年 5 月，我国获 OIE 非洲马瘟历史无疫认证。

（3）参考实验室

截至 2020 年 9 月，我国共有 22 家兽医实验室被 OIE 确定为国际参考实验室（见表 4-1）。

表 4-1　我国 OIE 参考实验室名单

序号	OIE 参考实验室	单位
1	流产布鲁氏菌病参考实验室	中国兽医药品监察所
2	羊种布鲁氏菌病参考实验室	中国兽医药品监察所
3	猪种布鲁氏菌病参考实验室	中国兽医药品监察所
4	猪瘟参考实验室	中国兽医药品监察所
5	新城疫参考实验室	中国动物卫生与流行病学中心
6	小反刍兽疫参考实验室	中国动物卫生与流行病学中心

表 4-1（续）

序号	OIE 参考实验室	单位
7	羊泰勒虫病参考实验室	中国农业科学院兰州兽医研究所
8	口蹄疫参考实验室	中国农业科学院兰州兽医研究所
9	囊虫病参考实验室	中国农业科学院兰州兽医研究所
10	马传染性贫血实验室	中国农业科学院哈尔滨兽医研究所
11	鸡传染性法氏囊病	中国农业科学院哈尔滨兽医研究所
12	禽流感实验室	中国农业科学院哈尔滨兽医研究所
13	狂犬病参考实验室	中国农业科学院长春兽医研究所
14	对虾白斑综合症参考实验室	中国水产科学研究院黄海水产研究所
15	传染性皮下与造血组织坏死症实验室	中国水产科学研究院黄海水产研究所
16	猪繁殖与呼吸综合征参考实验室	中国动物疫病预防控制中心
17	猪链球菌病诊断实验室	南京农业大学
18	传染性造血器官坏死病	深圳出入境检验检疫局
19	鲤春病毒血症实验室	深圳出入境检验检疫局
20	猪瘟参考实验室	动物卫生研究所（台湾）
21	对虾白斑综合症参考实验室	台湾成功大学
22	急性肝胰腺坏死病	台湾成功大学

（4）协作中心

截至 2020 年 9 月，我国共有 3 家单位被 OIE 确定为国际协作中心，分别为吉林大学人兽共患病研究所的 OIE 亚太区食源性人兽共患寄生虫病协作中心、哈尔滨兽医研究所的人兽共患病协作中心、中国动物卫生与流行病学中心的公共卫生与兽医流行病学协作中心。

（5）OIE 结对项目

截至 2020 年 9 月，我国共参加了 7 个 OIE 结对项目，分别为中英古典猪瘟和狂犬病结对项目（2012 年已完结）、中美流行病学结对项目（2015 年已完结）、爱尔兰和中国的马流感结对项目（2015 年已完结）、意大利和中国的地理信息系统结对项目（2018 年已完结）、中法传染性法氏囊病结对项目（2013 年已完结）、中美传染性造血组织坏死症结对项目（2016 年已完结）以及印度尼西亚和中国的传染性皮下和造血器官坏死病和白斑综合症结对项目（2019 年正在进行中）。其中我国与印度尼西亚的传染性皮下和造血器官坏死病和白斑综合症结对项目由我国主导。

（6）菌种保藏中心

中国兽医药品监察所于 2019 年 5 月开始作为 FAO/OIE 牛瘟病毒保藏机构。

（7）担任 OIE 各类委员会和工作组专家

我国有多名专家参与 OIE 相关专业委员会和机构的相关工作。2008 年，我国驻 OIE 代表、农业农村部畜牧兽医局（原农业部兽医局）张仲秋局长当选 OIE 亚洲、远东和大洋洲区域委员会副主席，2012 年张仲秋局长当选 OIE 亚洲、远东和大洋洲区域委员会主席并于 2015 年连任，2012 年中国农业科学院哈尔滨兽医研究所陈化兰博士当选 OIE 生物标准委员会副主席，中国水产科学研究院黄海水产研究所黄倢博士当选 OIE 水生动物卫生标准委员会副主席。2018 年中国动物卫生与流行病学中心首席科学家郑增忍及深圳海关食品检验检疫技术中心刘荭分别当选 OIE 动物疫病科学委员会、水生动物卫生标准委员会委员。

第三节　OIE 国际动物卫生热点问题

一、OIE 区域化、生物安全隔离区

区域化和生物安全隔离区能够建立和维持区域内无某种动物疫病动物亚群状态，是现代畜牧产业发展的中重要一环，受到世界各国的广泛关注。《SPS 协定》第 6.2 条规定“各成员应特别认识到病虫害非疫区和低度流行区的概念。对这些地区的确定应根据地理、生态系统、流行病监测以及卫生与植物卫生控制的有效性等因素。”

生物安全隔离区划是动物疫病区域化管理的一种重要形式，是指以畜禽生产企业（集团）的部分生产单元为基础，通过实施统一的生物安全管理措施，达到防控和净化动物疫病、促进贸易发展的目的。推进无规定动物生物安全隔离区建设，对于保障养殖业发展安全、动物产品质量安全、公共卫生安全和生态安全具有重要的战略意义。

1. 各成员对 SPS 协定区域化条款实施情况的审议

2019 年 11 月 SPS 委员会第 76 次例会上，各成员对《SPS 协定》实施情况进行了审议。巴西、欧盟和美国提出了关于区域化的联合提案 G/SPS/W/311，总结了各成员、OIE 和 IPPC 对《SPS 协定》实施情况的回应。泰国、智利、阿根廷、肯尼亚、塞内加尔、加拿大、土耳其、南非、欧盟、美国以及 OIE、IPPC 等成员和国际组织提出了各自的意见建议。在第 6 条区域化实施方面，各成员提议重视区域化涉及的能力建设活动。土耳其表示已经按照 OIE 要求完成对无禽流感区域化的研究，并在 OIE 声明无疫，但一些成员不承认无疫区，仍要求整个国家范围内无疫。土耳其建议有关国际组织对部分成员进行区域化相关内容的培训，减少不必要的贸易壁垒。

2. 区域化相关 SPS 通报情况

近 5 年，国际社会对区域化的关注度越来越大，美国、欧亚经济委员会（包括俄罗斯、哈萨克斯坦、白俄罗斯、吉尔吉斯斯坦和亚美尼亚）等均发布了区域化相关的 SPS 通报。

2020 年 3 月 12 日，美国发布“美国有关批准隔离区动物卫生状况评估与认可标准的通报（G/SPS/N/USA/3057/Add.1）”，通报文件中指出，为遵照 OIE 国际标准对动物疫情分区进行认可，美国动植物卫生检验局正在制定最终法规：隔离区动物卫生状况的评估与认可（文档号：APHIS-2017-0105）。美国动植物卫生检验局制定该法规的目的是使其能根据 OIE 国际标准对各分区动物疫病状态予以认可。根据该法规，当某一成员提出分区认可要求时，美国动植物卫生检验局将根据区域化评估方案进行评估并提供风险评估的相关公告和意见。

2020 年 7 月 27 日，欧亚经济委员会理事会发布了关于修订欧亚经济联盟成员间在预防、诊断、定位和消除极端危险、检疫、动物人兽共患病区划和生物安全隔离区方面的互动程序决定草案的通报（G/SPS/N/KAZ/70）。该草案建立了一个程序，供欧亚经济联盟成员在兽医领域授权机构承认第三国区域化的结果，程序由第三国主管当局或 OIE 实施。

另外，欧盟、加拿大、巴西等国家和地区先后实施了生物安全隔离区划管理，提高了疫病控制能力，有效应对受散发疫情或病例影响贸易的问题。

3. SPS 例会各成员关注的区域化议题

禽流感是一种高度传染性的病毒性疾病，影响多种鸟类，有些毒株是人畜共患病。多年来，这种疾病引起了国际社会的注意，家禽中的疫情对许多国家的生计和国际贸易都造成了严重后果。在过去 10 年中，61 个出口成员受到进口成员因禽流感暴发而实施临时限制措施的影响，尽管 OIE 制定了承认区域化或分区原则的标准，避免局部疫病对无疫区贸易造成干扰，但针对出口成员整个领土的进口限制措施所占比例仍然很高。自 2010 年以来，对区域化原则缺乏承认占 SPS 例会提出的具体贸易问题的三分之一。在 2016—2020 年的 SPS 例会上，欧盟和美国都就禽流感区域化控制问题提出贸易关注。

4. 我国区域化、生物安全隔离区的建设情况

我国已按照 OIE 的有关规则，采用区域化或者生物安全隔离区划的技术手段尝试解决禽流感、非洲猪瘟（infection with African swine fever virus，ASF）等动物疫病控制问题。一是通过立法或制定国家战略和规划要求各地开展无疫区建设。在《中华人民共和国动物防疫法》《中华人民共和国农业法》《中华人民共和国农产品质量安全法》等法律中规定各地要开展动物疫病区域化管理，开展无疫区建设。2003 年 12 月，全国动物卫生风险评估委员会在北京成立，揭开了我国生物安全隔离区建设的序幕。2007 年，我国出台《无规定动物疫病区评估管理办法》。2009 年出台《肉禽无规定动物疫病生物安全隔离区建设通用规范（试行）》和《肉禽无禽流感生物安全隔离区标准（试行）》。2016 年发布《无规定动物疫病区管理技术规范》，2017 年新的《无规定动物疫病区评估管理办法》审议通过并发布。2019 年发布《无规定动物疫病小区评估管理办法》。目前，广东、海南、黑龙江、吉林、辽宁、宁夏回族自治区、山东、四川和重庆等省市自治区分别发布了地区性无规定动物疫病区管理办法或条例。2018 年 8 月 ASF 暴发后，我国十分重视 ASF 疫情防控，于 2020 年 8 月发布了《无非洲猪瘟区标准》和《无规定动物疫病小区管理技术规范》，指导各地建设 ASF 等动物疫病无疫区和无疫小区。

1998 年以来，我国在部分省份开展无规定动物疫病区（以下简称无疫区）及无疫区示范区建设，先后有 5 个省的 6 片无疫区得到国家评估认可。其中广东省从化无规定马属动物疫病区在 2009 年通过原农业部评

估验收，成为我国第一个通过国家评估的无疫区，也是欧盟列入可向欧盟永久出口马匹的国家和地区名录的区域；海南省免疫无口蹄疫区在2009年通过原农业部评估验收，成为我国第一个通过国家评估的免疫无口蹄疫区；吉林永吉免疫无口蹄疫区在2012年通过原农业部评估验收，成为我国第一个被贸易伙伴新加坡认可的免疫无口蹄疫区；辽宁省免疫无口蹄疫区在2012年通过原农业部评估验收，是我国内陆省份以全省范围第一个通过评估的无疫区；山东省胶东半岛免疫无口蹄疫区和无高致病性禽流感区在2016年通过原农业部评估验收，是我国首次同时通过的2种重大疫病的无疫区；吉林省免疫无口蹄疫区在2017年通过原农业部评估验收。

截至2020年9月，我国共认定了4个禽流感生物安全隔离区，分别为山东民和牧业股份有限公司肉鸡无高致病性禽流感生物安全隔离区、福建圣农发展股份有限公司肉鸡无高致病性禽流感生物安全隔离区、山东凤祥股份有限公司肉鸡无高致病性禽流感小区和河南华英农业发展股份有限公司肉鸭无高致病性禽流感小区。这些无高致病性禽流感安全隔离区的建立，极大提高了企业的疫病防控能力，增强了企业的品牌效应和市场竞争力，为我国禽肉出口贸易提供了支持。

ASF暴发以来，我国高度重视ASF无疫区和无疫小区建设，农业农村部印发了《无非洲猪瘟区标准》和《无规定动物疫病小区管理技术规范》，明确了ASF无疫小区建设、管理和评估的制度和技术要求；并出台《农业农村部关于加快推进非洲猪瘟无疫区和无疫小区建设及评估工作的通知》，推动ASF无疫小区的建设，要求2020年年底前在全国推进建成一批ASF无疫小区，建设一批ASF无疫区。2021年2月3日，农业农村部公布了第一批ASF无疫小区名单，包括62个ASF无疫小区。

目前，我国已经与俄罗斯、英国签署了禽流感区域化和生物安全隔离区划合作备忘录，并依据有关技术标准，解决了中俄禽肉相互出口问题。另外，我国正与英国和荷兰磋商区域化和生物安全隔离区划技术标准。在区域化问题已经成为全球关注重点的情况下，积极开展生物安全隔离区建设，主动适应国际规则，接轨成功实践，是我国参与国际兽医卫生管理、创造市场准入机会、促进产品出口贸易的重要举措。

二、OIE 非洲猪瘟防控策略

ASF 是由非洲猪瘟病毒引起猪的一种急性、热性、高度接触性传染病，目前尚无预防疫苗和有效的治疗药物，发病率和死亡率可达 100%。OIE 将其列为法定报告动物疫病，我国将其列为一类动物疫病。ASF 传播对世界各国畜牧业产生了严重影响，不仅影响到猪肉和肉类行业，还影响到全球主要商品供应，包括药物、化妆品、玉米和大豆等严重依赖养猪业的行业。ASF 疫情发生往往伴随着贸易限制，导致出口市场关闭，影响数以万计的养殖户和利益相关方的收入。根据 SPS IMS 系统数据，从 1997 年至今，世界范围内共有 23 个成员发布了 171 项 ASF 相关 SPS 通报，其中，2018 年之后发布的 ASF 相关通报共有 96 条。为根除这一疾病，减少其对猪业经济的破坏性影响，OIE 制定了非洲猪瘟防控策略。

1. 国家层面

为有效控制 ASF，OIE 建议在国家层面采取以下措施：1）基于 OIE 标准全面立法、制定预防和监测方案；2）为资源、应急基金、疫病补偿计划等提供预算；3）提高主管部门内部外部协调能力；4）组成基层兽医和专业兽医人员网络，执行具体控制措施；5）开展动物识别和移动控制；6）流行病学监测；7）实验室能力建设；8）完善预警和快速反应系统；9）安全扑杀和处理动物尸体和副产品；10）在不同层面进行检查和官方控制，包括边境管制；11）培训、开展提高疫病防控认识的活动；12）巩固公私合作伙伴关系；13）区域和跨境协调；14）研制安全有效的 ASF 疫苗；15）在养猪业和狩猎场实行适当的生物安全措施。

2. 区域层面

经验表明，单个国家较难成功控制 ASF，国家层面活动必须纳入区域活动中。区域战略目标之一是整个区域联防联控，有效控制相关疫病。协调区域战略举措、实现 ASF 全面控制应以科学为基础，考虑 ASF 流行病学、生猪生产实践、每个区域或次区域的社会经济与环境因素，政府、公共部门和私营部门的能力，并吸取其他区域或国家 ASF 防控的最新成功经验。

部分区域层面的 ASF 控制活动如下：2004 年，FAO 和 OIE 联合发起了《逐步控制跨界动物疫病全球框架》（GF-TADs），目的是预防、检测和控制跨界动物疫病，特别是解决其区域性问题。2014 年，在 GF-TADs 欧洲框架下，ASF 常设专家小组（SGE-ASF）成立，旨在加强受 ASF 影响国家之间的合作，以在整个欧洲以更加协调的方式应对 ASF。2017 年，FAO、非洲联盟国际动物资源局（AU-IBAR）和国际畜牧研究所（ILRI）共同启动了《非洲猪瘟控制区域战略》。2019 年 4 月和 5 月亚洲（北京）和美洲（渥太华）也基于 SGE-ASF 欧洲模式，分别推出适合区域背景的相关举措。

3. 全球层面

因 ASF 分布较广且对全球社会经济产生巨大影响，疫病控制应在全球范围内开展。控制 ASF 应考虑世界不同地区面临的不同问题，深入了解各种生产系统、野生动物和媒介的情况，同时考虑疫病控制成本和国内、国际市场经济效益等因素。

ASF 控制的全球策略应以国际商定框架为基础，考虑关键成功因素，并以减轻 ASF 负担为目的提供协调一致的方法。各成员应在国际组织、地区经济共同体和发展伙伴的支持下，为实现 ASF 全球控制发挥重要作用。

全球 ASF 疫情不断升级，直接威胁到全球大多数猪群。应对这一挑战，不仅需要国家、区域和全球层面上 OIE 各成员政府、国家兽医机构和其他公共机构共同努力，还需养猪业、大学、研究中心、林业管理机构、猎人协会、旅游者、动物运输组织、民间社会部门和国际组织等利益相关方做出协调一致的努力，进行跨部门、跨学科全面合作，共同参与 ASF 全球防控。

三、BSE 无疫认证

1. OIE BSE 风险认证进展

牛海绵状脑病（BSE）是 1986 年首次在英国发现的成年牛的一种致死性神经系统疾病。临床症状以及疾病的传播和可遗传性表明，该病是由一种非传统的名为朊病毒的感染性蛋白引起的。至今，全球已有 26 个成员发现 BSE 病例：奥地利、比利时、加拿大、捷克、丹麦、芬兰、法国、德国、希腊、爱尔兰、以色列、意大利、日本、列支敦士登、卢森堡、荷兰、波兰、葡萄牙、斯洛伐克、斯洛文尼亚、西班牙、瑞士、瑞典、英国、美国、巴西。

BSE 给欧洲的养牛业带来了巨大损失。为有效控制 BSE，欧盟委员会采用 BSE 地理风险评估（GBR），即对某一成员在特定时间段内，牛群中存在亚临床或临床感染 BSE 的可能性的定性评估。GBR 评估方法和步骤由欧盟科学筹备委员会（SSC）制定，由欧州食品安全局（EFSA）具体负责实施。GBR 评估划分为 4 个等级：Ⅰ级（非常不可能）；Ⅱ级（不太可能但不排除）；Ⅲ级（可能但还未证实或虽然已经证实，但处于较低的水平）；Ⅳ级（已经证实，且处于较高的水平）。对被评估成员进行 GBR 分类，目的是允许或限制被评估成员向欧盟出口牛肉及牛源性产品。截至 2004 年 8 月 20 日，欧盟已完成对 66 个成员的 GBR 评估，结果见表 4-2。

表 4-2　欧盟 BSE GBR 评估分类

级别	成　员
Ⅰ级（17 个）	阿根廷、澳大利亚、博茨瓦纳、巴西、智利、萨尔瓦多、冰岛、纳米比亚、新喀里多尼亚、新西兰、尼加拉瓜、巴拿马、巴拉圭、新加坡、斯威士兰、乌拉圭、瓦努阿图
Ⅱ级（9 个）	哥伦比亚、哥斯达黎加、印度、肯尼亚、毛里求斯、尼日利亚、挪威、巴基斯坦、瑞典
Ⅲ级（38 个）	阿尔巴尼亚、安道尔、奥地利、白俄罗斯、比利时、保加利亚、加拿大、克罗地亚、塞浦路斯、捷克共和国、丹麦、爱沙尼亚、芬兰、法国、德国、希腊、匈牙利、爱尔兰、以色列、意大利、日本、拉脱维亚、立陶宛、卢森堡、马其顿、马耳他、墨西哥、荷兰、波兰、罗马尼亚、圣马力诺、斯洛伐克共和国、斯洛文尼亚、南非、西班牙、瑞士、土耳其、美国
Ⅳ级（2 个）	英国、葡萄牙

2005 年 5 月 OIE 大会之后，在综合了很多成员关于疯牛病风险评估和风险级别划分的意见后，OIE《陆生法典》中关于疯牛病风险状况的内容发生了较大变化，由开始的“无疫”“暂时无疫”“低风险”“中等风险”和“高风险”5 个标准变为沿用至今的“风险可忽略”“风险可控制”和“风险不确定”3 个等级，并正式开展 BSE 风险评估工作。随着 BSE 研究及实践发展，《陆生法典》中有关 BSE 的内容在逐年修订，尤其是关

于 BSE 监测的部分。从 2007 年 1 月起，在每年 5 月举行的 OIE 年会上，OIE 以决议方式通过一个认证为可忽略 BSE 风险或已控制 BSE 风险的成员名单。2019 年 5 月，OIE 公布的风险评估结果见表 4-3。

表 4-3　2019 年 5 月 OIE BSE 风险评估成员名单

级别	成员 / 地区
可忽略 BSE 风险成员和地区（52 个）	阿根廷、匈牙利、巴拿马、澳大利亚、冰岛、巴拉圭、奥地利、印度、秘鲁、比利时、以色列、波兰、玻利维亚、意大利、葡萄牙、巴西、日本、罗马尼亚、保加利亚、韩国、塞尔维亚、智利、拉脱维亚、新加坡、哥伦比亚、列支敦士登、斯洛伐克、哥斯达黎加、立陶宛、斯洛文尼亚、克罗地亚、卢森堡、西班牙、塞浦路斯、马耳他、瑞典、捷克共和国、墨西哥、瑞士、丹麦、纳米比亚、荷兰、爱沙尼亚、新西兰、美利坚合众国、芬兰、尼加拉瓜、乌拉圭、德国、挪威、中国和英国（泽西岛）
已控制风险成员和地区（7 个）	加拿大、厄瓜多尔、希腊、法国、爱尔兰和英国（北爱尔兰地区），以及中国（台北）

2. 我国 BSE 风险评估和认证

英国等国发生 BSE 以来，我国非常重视 BSE 的风险防范。1992 年，原农业部发布了《关于禁止使用反刍动物源性饲料饲喂反刍动物的通知》，要求停止使用反刍动物源性饲料（包括骨粉、肉骨粉等）饲喂反刍动物。随后又发布了《关于加强肉骨粉等动物性饲料产品管理的通知》(2000)、《关于禁止在反刍动物饲料中添加和使用动物性饲料的通知》(2001)、《动物源性饲料产品安全卫生管理办法》(2004)等，严格进行反刍动物源性饲料管理。2003 年以来，每年制定《反刍动物饲料中牛羊源性成分例行监测计划》，对反刍动物饲料中牛羊源性成分进行监督抽查。

原农业部在中国动物卫生与流行病学中心设有国家 BSE 参考实验室、在中国农业大学设有 BSE 检测实验室，承担规定的牛海绵状脑病监测任务，各地动物疫病预防控制中心承担临床检疫、样品采集和送检工作；原国家质量监督检验检疫总局承担进出境检疫工作。2003 年，国家牛海绵状脑病参考实验室根据 OIE《陆生手册》推荐的检测方法，制定了 GB/T 19180—2003《牛海绵状脑病诊断技术》(该标准现已被 GB/T 19180—2020 代替)，规定了 BSE 的临床诊断和实验室检测方法。

从 1998 年起，我国在原农业部动物检疫所成立了专门的疯牛病研究机构，承担疯牛病相关问题研究，并受原农业部委托，组织有关专家对 BSE 的传入风险开展了评估。2001 年，我国制定牛瘟、牛肺疫、疯牛病三病监测方案，在全国范围开展 BSE 监测。经过连续 8 年的持续监测，样品分值达到 OIE 的监测要求。2010 年，《中国 BSE 风险评估报告》经反复征求意见后上报原农业部兽医局，通过后提交 OIE。2014 年 5 月中国被 OIE 认可为 BSE 风险可忽略国家。

第五章　TBT/SPS 特别贸易关注（STCs）进展与热点

考虑到 WTO 成员之间需要就与技术法规、合格评定程序、标准、卫生与植物卫生措施相关的贸易问题进行讨论，TBT 委员会和 SPS 委员会在 TBT 例会和 SPS 例会中专门安排了特别贸易关注（STCs）议题供成员之间交流讨论。提出 STCs 的措施既可以是拟定的措施草案，也可以是批准通过的最终法规。在例会中讨论这些问题，为成员在多边场合审查可能对贸易产生重要影响的技术性贸易措施、寻求进一步的信息、解释澄清或解决关注的问题提供了机会。本章系统梳理分析了 1995—2019 年与农食产品（HS 编码 01 ~ 24 章）相关的 STCs，以期跟踪了解成员之间的重点关注领域和实践讨论，为我国解决和应对农食产品相关 STCs 提供参考。

第一节　农食产品 TBT 相关 STCs

一、农食产品 TBT 相关 STCs 总体情况

1. 农食产品 TBT 相关 STCs 的数量

1995—2019 年，WTO 成员共提出 605 项 TBT 相关 STCs，有 68 位成员至少提出 1 项 TBT 相关 STCs，占 WTO 成员总数的 41%。总体来看，WTO 成员提出的 TBT 相关 STCs 数量呈现上升趋势，并且近年来呈现延续性关注数量超越新提出关注数量的特点，反映出成员之间对重要贸易诉求问题讨论的持续性和焦灼性。相对而言，农食产品领域并不是 TBT 相关 STCs 的重点，WTO 成员在农食产品领域共提出 TBT 相关 STCs 38 项，仅占 TBT 相关 STCs 总量的 6.3%。自 1996 年首次由欧盟提出农食产品 TBT 相关 STCs 起，间隔 10 年后，直至 2007 年澳大利亚等成

员才第 2 次提出农食产品 TBT 相关 STCs。2011 年之后，农食产品 TBT 相关 STCs 的数量有所增加，已连续 9 年每年都有成员提出新关注（见图 5-1），并且有不少议题保持延续性关注，说明农食产品相关 TBT 措施正在逐渐受到成员关注，越来越多地在 TBT 例会中讨论。

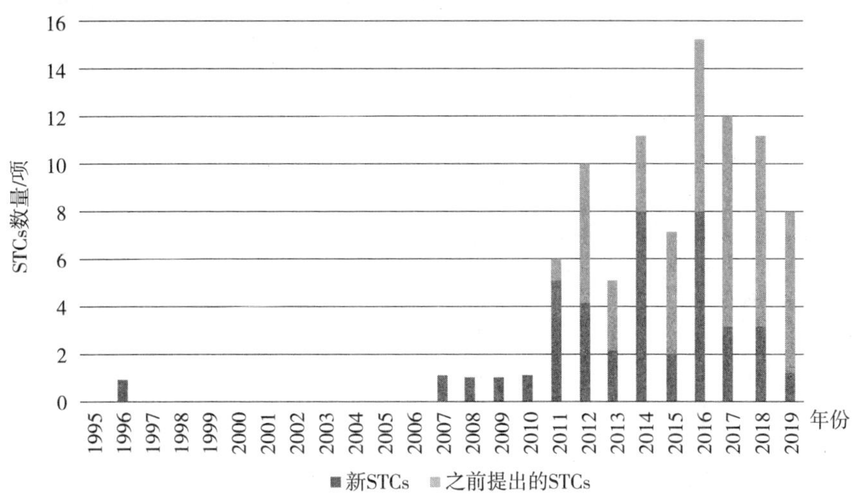

图 5-1　1995—2019 年农食产品 TBT 相关 STCs 的数量

2. 农食产品 TBT 相关 STCs 涉及的成员

至少提出过 1 项农食产品 SPS 相关 STCs 的 WTO 成员有 59 位。从地理分布看，不同地区成员提出的 STCs 数量占 STCs 总数的比例为南美洲（29.3%）、北美洲（26.1%）、欧洲（26.1%）、亚洲（21.1%）、非洲（3.5%）、大洋洲（3.2）%。从经济发展水平看，47.5% 的 STCs 提出成员涉及发达成员，56.6% 的 STCs 提出成员涉及发展中成员，仅有 6 项 STCs 提出成员涉及最不发达成员。欧盟和美国是提出 STCs 最多的成员，分别提出 STCs 74 项和 66 项，其次为巴西（35 项）、阿根廷（28 项）、中国（25 项）、加拿大（19 项）。

农食产品 SPS 相关 STCs 中被关注成员共有 72 位。从地理分布看，不同地区成员被提出的 STCs 数量占 STCs 总数的比例为亚洲（32.8%）、欧洲（28.7%）、北美洲（16.1%）、南美洲（10.7%）、大洋洲（6.0%）、非洲（3.3%）。从经济发展水平看，被关注成员以发展中成员为主，发展中成员有 16 位，发达成员仅 3 位，发展中成员被关注的议题数量占 73.7%，发达成员被关注的议题数量占26.3%。欧盟及其成员国被关注的议题数量最多（7项），其次是巴西、墨西哥、泰国（各3项）。

总体上，发达成员在TBT相关STCs中更为主动，提出关注的数量较多，被提出关注的数量较少；发展中成员在TBT相关STCs中相对被动，被提出关注的数量较多。北美洲、欧洲、大洋洲、南美洲成员在TBT相关STCs中较为活跃，如欧盟、美国、加拿大、墨西哥、澳大利亚、新西兰、智利等，对提出STCs的态度非常积极。亚洲和非洲尽管曾提出过STCs的成员数量也不少，但平均每个成员提出STCs的数量较少，而在被关注方面，亚洲成员被关注的数量最多。

3. 农食产品TBT相关STCs涉及的产品类型

农食产品TBT相关STCs涉及的产品主要包括酒类（18项，47.4%）、烟草（5项，13.2%）、食品（5项，13.2%）、乳制品（3项，7.9%）、植物油（2项，5.3%）和牛肉、茶叶、蜂产品、糖果、饮料（均为1项，2.6%）。

4. 农食产品TBT相关STCs涉及的措施类型

农食产品TBT相关STCs涉及的措施类型以包装标签为主（19项），其中禁止或警示信息相关措施13项，标签加贴方式相关措施2项，食品成分标签相关措施2项，限制传统术语使用相关措施1项，食品追溯标签相关措施1项。除包装标签相关措施以外，TBT相关STCs还涉及产品标准相关措施7项，进口文件要求相关措施7项，禁止或限制进口措施2项，环境保护措施1项，其他措施2项。

（1）禁止或警示信息相关措施

禁止或警示信息相关措施主要涉及要求在酒类产品、烟草制品、特定种类食品标签上禁止标示促进销售的宣传信息或强制标示与危害人类健康相关的警告信息。

禁止标示促进销售的宣传信息类的措施有：1）简化烟草包装措施，此类措施对烟草制品包装上印制的标志、品牌、色彩和促销文案等规定简化和限制性要求，降低香烟对消费者的吸引力，特别是对年轻人的吸引力。此类关注包括多米尼加共和国对以色列烟草产品广告和销售限制法案（No.7，5778-2018修订）的关注（ID 573），古巴、多米尼加共和国、危地马拉、印度尼西亚、尼日利亚对匈牙利修订烟草产品生产、上市和管控、警告、健康保护罚款实施细则的 No.39/2013 政府法令的关注（ID 498），古巴、多米尼加共和国、危地马拉、洪都拉斯、印度尼西亚、马拉维、尼加拉瓜、尼日利亚、津巴布韦、乌克兰对英国烟草制品简化包装草案的关注（ID 424）。2）禁止酒类行业采取与体育和音乐相关的营销策略，如禁止在酒精饮料标签上显示名人、运动员、电影明星、歌手和卡通形象，以及与体育、音乐和比赛等活动有关的信息，以减少酒精对饮用者，尤其是年轻人的吸引力。此类关注包括澳大利亚、加拿大、智利、危地马拉、日本、墨西哥、新西兰、南非、美国、欧盟、阿根廷对泰国酒精饮料控制公告草案的关注（ID 427）。

强制标示与危害人类健康相关的警告信息类的措施有：1）酒类产品标签必须包含饮酒的健康风险警告，有些措施根据酒精含量不同规定了不同的警示信息内容，如酒精含量（体积分数）高于 15.5% 的产品需附加警示“过量饮酒危及生命、有害健康”的声明，酒精含量低于 15.5% 的产品应简单注明“该产品含有酒精”和“避免过量饮酒”；有些措施则要求酒精饮料产品统一标注酒精与发生某些健康问题之间的直接联系，如“酒精致癌，过度饮酒会导致肝癌和胃癌”或“过度饮酒可引发癌症”；还有些措施要求在特定时间期限内对不同健康警告标签进行轮换使用。此类关注包括危地马拉、墨西哥、阿根廷、美国、智利、新西兰、澳大利亚对爱尔兰公共卫生（酒精）法案 2015 的关注（ID 516），智利、美国、欧盟对墨西哥官方标准草案 PROY NOM 142 SSA1/SCFI 2013（酒精饮料健康规范）的关注（ID 445），澳大利亚、加拿大、日本、墨西哥、新西兰、美国、欧盟、智利对韩国修订关于吸烟和饮酒警告信息的公告的关注（ID 518），阿根廷、墨西哥、美国、欧盟对以色列酒精饮料警示法规的关注（ID 364），加拿大、墨西哥、美国、欧盟对土耳其酒精饮料容器上标识警示信息的草案的关注（ID 407），加拿大、危地马拉、欧盟对南非修订酒精饮料容器标签健康信息法规的关注（ID 495）。2）烟草产品标签必须包含健康风险警告，如摩尔多瓦“烟草控制法”拟议修正案中要求在烟草产品包装上印制醒目的健康警示图案，需达到包装面积的 75%，乌克兰对此法案提出关注（ID 437）。3）含咖啡因饮料需要标示健康风险警告，如墨西哥强化了适用于添加咖啡因饮料的健康警告规定，包括每天消费不应超过 500 毫升，不应与酒精饮料混合，不适合 18 岁以下的人，可能会导致中毒、失眠、心血管问题和神经系统紊乱等警告信息，美国和欧盟对此提出关注（ID 319）。4）加工食品标示高糖、高钠等饮食健康警示信息，如阿根廷、巴西、加拿大、哥伦比亚、哥斯达黎加、危地马拉、墨西哥、瑞士、美国、欧盟对秘鲁儿童和青少年健康饮食促进法案的关注（ID 383）。

标签加贴方式相关措施主要涉及为防止欺诈行为要求酒精饮料产品在原产国粘贴标签，不允许在进口市场粘贴标签或重新粘贴标签。此类关注包括加拿大、智利、墨西哥、美国、欧盟对厄瓜多尔标准化协会技术法规草案（PRTE INEN）No.189“酒精饮料标签”的关注（ID 433），澳大利亚、加拿大、智利、墨西哥、新西兰、南非、美国、欧盟对越南酒类生产和贸易法规的关注（ID 349）。

食品成分标签相关措施主要涉及预包装加工食品标签中关于食品成分和食品添加剂等的标示规定。此类措施涉及的关注包括美国和欧盟对中国进出口食品添加剂检验检疫监督管理工作规范（2011 年第 52 号）和进口食品添加剂配方信息披露的关注（ID 326），新西兰和欧盟对南非预包装食品标签和广告法规的关注（ID 446）。

限制使用传统术语的措施与葡萄酒相关，阿根廷、澳大利亚、加拿大、新西兰、南非、美国、巴西就此对欧盟（EC）No.607/2009 条例提出关注（ID 345）。食品追溯标签相关措施与酒类相关，美国和欧盟就此对韩国国家税务局公告 2011-17（进口威士忌射频识别标签要求）提出关注（ID 329）。

（2）产品标准相关措施

产品标准相关措施主要涉及规定产品生产允许使用和禁止使用的成分，以及规定特定产品的理化参数指标。规定产品允许和禁止使用成分的措施主要涉及乳制品和葡萄酒，澳大利亚、新西兰、瑞士、美国、欧盟对加拿大奶酪成分要求提出关注（ID 162），墨西哥对萨尔瓦多乳及乳制品卫生生产法律及其销售管理提出关注（ID 331），欧盟对巴西 2016 年 11 月 4 日 RDC No.123 法规（葡萄酒允许使用的食品添加剂和加工助剂）提出关注（ID 531）。规定特定产品的理化参数的措施主要涉及酒类、茶叶和棕榈油，智利和秘鲁对美国皮斯科白兰地和柯纳克白兰地特性标准提出关注（ID 347），美国和欧盟对巴西葡萄酒和葡萄及葡萄酒衍生物质量要求提出关注（ID 470），欧盟对墨西哥官方标准 PROY-NOM-199-SCFI-2015（酒精饮料名称、理化指标、商业信息和测试方法）提出关注（ID 522），欧盟对美国茶叶标准提出关注（ID 10），印度尼西亚、乌克兰对俄罗斯修订棕榈油过氧化物含量要求提出关注（ID 452）。

（3）进口文件要求相关措施

进口文件要求相关措施主要涉及进口注册登记管理、进口食品随附官方证明及合格评定证明文件要求，此类关注包括澳大利亚、加拿大、智利、中国、挪威、南非、瑞士、土耳其、乌克兰、美国、欧盟、泰国、巴西、俄罗斯对埃及生产注册系统（No.43/2016 法令和 No.992/2015 法令）的关注（ID 505），欧盟、美国、危地马拉、新加坡、日本、韩国、瑞士、墨西哥等成员对中国进口食品随附证书要求的关注（ID 547），墨西哥对越南酒精饮料贸易法令的关注（ID 532），澳大利亚、美国、日本、欧盟、新西兰、墨西哥、加拿大、智利对泰国进口酒类新认证要求的关注（ID 556），欧盟、新西兰、美国对巴西关于葡萄酒及葡萄和葡萄酒衍生物官方鉴定和质量标准的 2018 年 2 月 8 日 No.14 技术法规和 2018 年 8 月 31 日 No.48 技术法规的关注（ID 568），巴拿马对厄瓜多尔标准化协会技术法规草案（PRTE INEN）No.103“糖果”的关注（ID 423）。

（4）禁止或限制进口措施

禁止或限制进口措施主要涉及牛肉及内脏和烟草产品，包括澳大利亚、巴西、加拿大、欧盟对印度尼西亚畜体、肉和 / 或加工肉制品进口法规的关注（ID 461），危地马拉、印度尼西亚对欧盟成员禁止进口特色风味的烟草产品的关注（ID 513）。

（5）可持续发展的环境保护措施

可持续发展的环境保护措施主要涉及棕榈油产品，马来西亚、泰国、印度尼西亚、哥伦比亚、哥斯达黎加、危地马拉、尼日利亚、洪都拉斯、厄瓜多尔、阿根廷就此对欧盟可再生能源指令修订草案提出关注（ID 553）。

5. 农食产品 TBT 相关 STCs 涉及措施的实施理由

这些措施涉及多种目标和理由，并且一项措施并不一定基于单一目标，而是可能基于几种目标的组合，如既涉及保护人类健康或安全，又涉及消费者信息、标签等。涉及保护人类健康或安全的措施最多

（76.3%），其次是消费者信息、标签（42.1%）、防止欺诈行为和消费者保护（31.6%）。此外，有少量措施涉及保护环境、质量要求、保护动物或植物的健康或安全、食品安全、协调及其他理由。

6. 农食产品 TBT 相关 STCs 提出的理由

成员提出 TBT 相关 STCs 和对成员拟制定或实施措施的质疑均以《TBT 协定》为依据，通常援引协定条款说明关注措施的不合理之处，敦促拟定或实施措施的成员纠正不合理措施。农食产品 TBT 相关 STCs 提出依据理由最多的是不必要的贸易壁垒（71.1%）、进一步的信息和澄清（65.8%）、透明度（65.8%），其次是合理性和合法性（57.9%）、其他问题（55.3%）、国际标准（44.7%）、歧视性（36.8%）、适应期（合理的时间间隔）（34.2%）。提出理由涉及特殊和差别待遇（5.3%）、技术援助（2.6%）的关注相对较少。

二、农食产品 TBT 相关 STCs 近期热点

1. 欧盟限制使用葡萄酒传统术语的关注（ID 345）

2009 年 4 月 1 日欧盟就拟定“某些葡萄酒产品受保护的原产地名称和地理标志、传统术语、标签和描述的理事会条例（EC）No.479/2008”的实施细则草案发出 TBT 通报 G/TBT/N/EEC/264，并于 2009 年 10 月 13 日发出补遗通报 G/TBT/N/EEC/264/Add.1，告知 WTO 成员该实施细则草案已于 2009 年 7 月 14 日批准为委员会条例（EC）No.607/2009”。该措施实施后，2013 年 3 月 6 日美国和阿根廷首次在 TBT 例会上提出关注，并在之后连续多次提出关注。

美国认为，根据欧盟上述措施，由于某些术语对欧洲葡萄酒来说是传统的，相关要求将严重限制非欧共体成员对葡萄酒使用普通的或描述性的和具有商业价值的术语的能力。2010 年，美国行业向欧盟提出了使用 13 个传统术语的申请，但这些术语中，除关于“Classic”和“Cream”的申请已于 2012 年夏季获得批准并公布了欧盟委员会执行条例之外，其他 11 个传统术语迟迟不能获得批准。美国有使用这些传统术语的供应商，但现在无法将这些产品运往欧盟，在美国和第三国市场上合法使用这些术语的公司无法在欧盟销售其葡萄酒，漫长的申请过程给美国葡萄酒贸易造成了障碍。美国注意到，欧盟已与其他国家通过签订双边协定批准使用相

关术语。美国询问欧盟为什么一些国家已经被允许使用一些传统术语，而包括美国在内的其他国家却持续多年一直在等待批准相关申请。

阿根廷认为，上述措施赋予欧盟成员国以本国语言使用某些传统表达的专属权利，这些规则限制了第三方在其葡萄酒标签上使用这些术语的权利，实际上也限制了葡萄酒从阿根廷向欧盟出口。阿根廷指出这一法律制度不符合《TBT 协定》规定的义务，这些传统表达只属于《TBT 协定》关于声明质量的范畴，而不属于 TRIPS 的范畴，因此，登记或授予使用这些术语的专属权利不合适。欧盟还通过双边贸易协定给予其他成员免予申请登记使用这些术语的权利，这对与欧盟没有双边协定的成员造成了歧视。阿根廷于 2009 年 7 月提交了关于“Reserva”和“Gran Reserva”两个术语的申请资料，虽然 2012 年 3 月在欧盟委员会葡萄酒管理委员会内进行表决通过了这份申请，但仍未在委员会内正式获得通过并在官方公报上公布。欧盟消费者更喜欢具有上述质量标识的葡萄酒，不能使用这些术语影响了阿根廷优质葡萄酒进入欧盟市场，与那些能够进入欧盟市场的竞争对手相比，阿根廷处于不利地位。阿根廷还注意到在欧共体层面对传统术语“Reserva”和“Gran Reserva”没有统一和明确的定义，来自欧盟不同地区的生产者使用的这类术语的定义，以及与欧盟签订双边协定豁免登记的出口国适用的这类术语的定义，都不相同。通过不同机制接受同一术语的多重定义，表明欧盟的政策目标既不是保护消费者免受欺诈，也不是保护与这些术语相关的质量特征。

欧盟感谢阿根廷和美国代表团对欧盟葡萄酒产品法规的关注，并说明关于美国和阿根廷葡萄酒行业提交的申请仍在继续讨论，但没有提供关于这些问题的最新进展。在 2014 年 6 月举行的 TBT 例会上，欧盟代表告知委员会，欧洲议会和理事会通过了新条例（EU）No.1308/2013，该条例公布后，根据条例第 114（3）条对传统术语进行了内部评估。他解释说，讨论内容包括可在第三国产品标签上使用这些传统术语的条件和具体情况，欧盟正在努力在其保护传统术语的现行政策和葡萄酒标签声明中纳入新的内容，以满足贸易伙伴的关切。美国和阿根廷所表示的关切在目前正在进行的评估过程中得到了考虑，但这是一个复杂的问题。

美国感谢欧盟重新考虑关于葡萄酒传统术语的相关规定，要求提供更多关于审查评估的进展信息，以增强透明度。美国认为尽管欧盟曾在

TBT例会上表示将立即提供更多关于传统术语申请的现状以及欧盟内部对申请审查程序的变更信息，然而却一直没有提供关于这一进程的最新信息，尽管利益相关方一再询问，欧盟仍然没有说明一直拖延的理由。在完成审查申请程序之前，欧盟委员不会就现有申请采取任何行动，美国请欧盟尽快向成员通报新修订的措施草案以供评议，并在修订申请程序的同时推动现有申请的审查进展。

阿根廷指出自2009年7月提交关于“Reserva”和“Gran Reserva”术语的申请资料至2012年3月欧盟委员会葡萄酒管理委员会表决通过申请，核准该申请的实质性程序耗时两年零七个月。然而在实质性程序已经完成的情况下，等待委员会正式通过却耗时数年仍无结果。阿根廷坚持认为这种拖延是不合理的，这一程序既没有在合理的时间框架内完成，欧盟也没有对此类拖延做出任何解释，这种拖延本身就可能构成贸易障碍。阿根廷在双边、多边作出了许多努力，但没有得到欧盟的任何积极回应。阿根廷还对欧盟的新制度表示关切，新制度对阿根廷现有的未决登记申请产生何种影响不明确。阿根廷敦促欧盟尽快通报拟议修正案，并解释如何处理在目前技术批准程序下已经批准的未决登记申请，要求现有申请应在现行制度下尽快完成相关手续。阿根廷指出欧盟拒绝在等待改革的同时适用其现行标准，但改革从未实现，这反映出欧盟缺乏解决这一贸易问题的意愿，欧盟的做法缺乏透明度，其试图通过提出一项新措施继续拖延解决这一问题。如果拟议的新制度试图维持目前对传统术语的登记和专属使用权，将仍与多边协定不一致。

在2014年11月举行的TBT例会上，南非加入了对这一关注的讨论。南非指出欧盟和南非在其经济伙伴关系协定谈判中只能解决部分与传统术语有关的问题，传统术语仍然是一个悬而未决的问题，欧盟的条例给葡萄酒生产商带来了不确定性。南非认为传统术语是不受商标保护的，每个人都可以自由使用，反对欧盟加强对传统术语的保护。作为世界葡萄酒贸易集团的成员，南非与其他成员一道4次就欧盟立法框架内的“传统术语”问题致函欧盟。自1685年欧洲定居者首次在南非西开普省开始生产葡萄酒以来，南非一直在使用欧盟提到的一些传统术语，这些术语因此构成南非宝贵遗产的一部分。南非认为欧盟委员会对第三国在出口欧盟的葡萄酒标签上继续使用传统术语的反应耗时过长，对这些国家构成了不公平的歧视。

2017 年 6 月举行的 TBT 例会上，巴西加入了对这一关注的讨论。巴西指出欧盟条例可能会给巴西葡萄酒生产商和南方共同市场 - 欧盟谈判带来问题，欧盟对目前在国际市场上通用的术语进行监管，没有任何技术理由，造成了不必要的贸易壁垒。

2018 年 5 月 22 日，欧盟针对相关措施的修订发出了 2 份 TBT 通报。1 份是就补充“关于葡萄酒产品原产地名称保护、地理标志和传统术语的申请、异议程序、使用限制、产品规格修改、取消保护以及标签和描述的欧洲议会和理事会法规（EU）No.1308/2013”的委员会授权条例草案 TBT 通报 G/TBT/N/EU/570，该草案撤消并取代了（EC）No.607/2009。另 1 份是就“关于葡萄酒产品原产地名称保护、地理标志和传统术语的申请、异议程序、使用限制、产品规格修改、取消保护以及标签和描述的欧洲议会和理事会法规（EU）No.1308/2013”和“关于适用的检查系统的欧洲议会和理事会法规（EU）No.1306/2013 及其附件”的实施细则草案发出 TBT 通报 G/TBT/N/EU/571。这 2 项新通报发出后，成员又连续多次在 TBT 例会上提出关注。

美国指出，虽然欧盟已通报了新的修订条例草案，但这些修订与现有未决传统术语申请之间的关系仍不明确。美国请欧盟确认，美国之前提出的 11 项未决传统术语申请是否继续受现行条例管辖，而不受新修订条例草案的约束。美国请欧盟分享以下方面的信息：自 2010 年以来提出了多少个关于使用传统术语的申请；这些申请中有多少已获批准、拒绝或仍在等待处理；从申请到最后做出决定的平均时间是多少；待处理的申请等待了多长时间；有多少申请来自成员国。美国表示，由于欧盟已经通报了修订后的条例草案，希望尽快推动批准相关申请，以便将解决这一长期关注的问题。

阿根廷表示，尽管相关修订草案已经拟定完成并通报，但现有未决申请的批准仍没有实质进展。阿根廷再次敦促欧盟对第三国提出的所有传统术语的登记申请采取行动，以防止不必要的技术性贸易壁垒。

巴西认为，欧盟在 10 多年之后仍在对申请资料进行分析，这一事实表明，相关措施是一种非关税壁垒，没有追求《TBT 协定》规定的任何合法目标。巴西要求欧盟分享出口欧盟的葡萄酒使用相关术语的最新信息和预计时间表。

在 2019 年 11 月举行的 TBT 例会上，新西兰发言称承认成员有权保护消费者免受欺诈行为，同时要求欧盟考虑成员提出的与传统术语有关的范围和应用、程序的透明度以及第三国申请的时间轴相关的问题。

欧盟表示目前已经完成了对传统术语的内部立法，对传统术语的未决申请仍在审议中，无法提供确切的时间表。欧盟认为，其内部立法为欧盟葡萄酒产品以及第三国葡萄酒产品使用传统术语提供了有意义和透明的保护制度，过去的实践表明，欧盟有能力通过内部立法或通过双边协定解决具体成员在这方面的关切。

截至 2019 年年底，成员对该措施已在 TBT 例会上提出 21 次关注。

2. 欧盟可再生能源指令修订草案的关注（ID 553）

在 2018 年 3 月举行的 TBT 例会上，马来西亚、泰国、印度尼西亚、哥伦比亚、哥斯达黎加、危地马拉、尼日利亚对欧洲议会于 2018 年 1 月 17 日通过的“促进利用可再生能源的欧洲议会和理事会指令”拟议修订案表示关注。根据该拟议修订案，从 2021 年起，使用棕榈油生产的生物燃料不再计入欧盟可再生能源目标，相比之下，源于菜籽油等其他竞争性原料的生物燃料的允许时间点则为 2030 年之前。欧盟做出上述修订的原因主要是考虑油棕种植会导致严重的天然森林砍伐。提出关注的成员认为修订案对源自棕榈油的生物燃料和生物液体产生了歧视性待遇。

马来西亚认为，逐步停止使用棕榈油作为生物燃料可能违反了《TBT 协定》第 2.1 条，依据如下：1）棕榈油生物燃料和欧盟生产的其他类型的生物燃料为“同类产品”，因为它们都被用作可再生能源的替代来源，并且存在竞争关系；2）虽然可持续性标准适用于所有来源的毁林植物，但至少有 1 项可持续性标准，即“从 2021 年起，以棕榈油生产的生物燃料和生物液体的贡献应为 0”，似乎事实上对棕榈油生物燃料构成了歧视，并为其他作物生产的生物燃料，特别是欧盟生产的生物燃料创造了优势；3）拟议修正案单独将棕榈油视为毁林的最大贡献者，对棕榈油构成歧视，这种做法具有保护主义性质，是不合理的，破坏了多边贸易体系的原则。

泰国指出，目前欧盟允许在运输业中使用包括棕榈油在内的粮食或饲料作物生产的生物燃料、生物液体以及生物质燃料等可再生能源。但根据修订案，从 2021 年起不允许使用棕榈油，而其他类似的原材料的许可将保留到 2030 年。泰国认为，逐步取消棕榈油作为生物燃料原料的做法对棕榈油构成了歧视，不符合《TBT 协定》。

危地马拉认为，修订案包含了缺乏任何依据的歧视性待遇，使棕榈油与欧盟生产的植物油相比处于不利地位。一些棕榈油生产国向欧洲议会、欧盟委员会和欧洲理事会主席发出了一份正式说明，详细说明了对这些措施的关切，但危地马拉认为这些问题没有得到考虑。

哥伦比亚认为，由于使用来自棕榈油的生物燃料将不能报告为来自可再生资源的能源消耗，而使用“同类产品”，如来自油菜籽油等其他植物油的生物燃料则不受影响，这对欧盟生产的油菜籽油更为有利，违反了《TBT 协定》非歧视原则。

哥斯达黎加表示赞同欧盟所追求的促进使用可再生能源的目标，但指出欧盟必须以风险分析为基础实施相关措施，确保不对贸易构成变相限制，要求欧盟提供更多选择对棕榈油生物燃料实施歧视性待遇的科学资料。

印度尼西亚认为，修订案的目的是减少导致温室气体排放增加的二氧化碳排放量，支持环境可持续性，并从 2020 年起使欧盟的能源供应多样化。但 2021 年淘汰使用的生物燃料只适用于棕榈油，而不适用于可作为生物燃料成分的其他植物油，对棕榈油构成了区别对待。

欧盟感谢成员对修订案提出关注，并注意到在近期一些双边专家会议上也就此问题进行了讨论。正如在这些双边会议中解释的那样，修订案的提议包括逐步减少所有传统生物燃料（不仅仅是棕榈油）对欧盟可再生能源目标的贡献，该提案的目的是减少运输部门的碳排放量。近期欧洲议会的投票并不代表欧盟的最终立场，未来几个月，委员会将通过“三方会谈”（Trilogue）的立法程序与欧洲议会和理事会就相关措施进行讨论，一旦立法程序完成，欧盟将通知各成员代表团。对于成员敦促欧盟向 TBT 委员会通报相关措施的请求，欧盟认为该措施似乎不属于《TBT 协定》的范围。欧盟请成员注意欧洲议会于 2018 年 1 月 17 日通过的修订案并不是禁止以棕榈油为原料的生物燃料进入欧盟市场，而是关注是否将棕榈油生产的生物燃料纳入欧盟可再生能源目标。根据这一修订案，来自棕榈油的生物燃料可以继续在欧盟生产、进口和消费，只是不会被计入可再生能源目标。

2018 年 12 月 21 日欧盟公布了可再生能源指令修订案，进一步澄清了所提出的关切，为实现欧盟可再生能源目标，逐步减少某些类别生物燃料的数量，这并不构成对欧盟进口棕榈油或棕榈油生物燃料的禁令或限制，而是旨在规范某些生物燃料在多大程度上可用于实现欧盟可再生能源目标，相关规定没有将棕榈油或任何其他特定生物燃料或原料单独排除在外。根据修订案，委员会起草了一份授权法规草案，对可再生能源指令进行补充。授权法案于 2019 年 5 月 21 日正式发布，包括了关于确定土地间接利用的变化（ILUC）的进一步细节，将观测到的生产区域明显扩大为高碳储量原料的土地确定为 ILUC 高风险，并对 ILUC 低风险生物燃料、生物液体和生物质燃料进行认证。

马来西亚指出，修正案没有认识到马来西亚油棕产业通过出口收益对提高 65 万小农的生计和生活水平以及对国家社会经济发展产生的积极影响。这项措施将对那些依靠油棕产业的人产生负面影响，使他们无法摆脱贫困。此外，修正案忽视了马来西亚在森林和生物多样性保护方面所采取的努力以及马来西亚在保护森林、树木和减少温室气体排放方面所作的国际承诺。马来西亚解释说，棕榈油的生产是具有可持续性的，马来西亚油棕产业承诺按照马来西亚可持续棕榈油（MSPO）规定的可持续原则和标准生产棕榈油，并将于 2019 年 12 月 31 日强制执行。修正案破坏了马来西亚为确保马来西亚油棕产业的可持续远景所做的努力。

印度尼西亚政府表示其支持环境可持续性，并为控制毁林做出了贡献。2015 年通过的政府第 104 号条例收紧了林区转换许可证，只有经过一个综合小组的研究，才能将土地转换为非生产区。在全球土地利用方面，棕榈油仅占其他植物油土地利用总量的 10%。修订案将影响严重依赖棕榈油的印度尼西亚 1700 万小农的生计。

危地马拉表示其棕榈油约 60% 出口到欧盟，棕榈油农产品工业是危地马拉直接就业的来源，创造了约 28000 个就业机会，主要是在农村地区。危地马拉生产者遵守可持续性和良好农业操作规范，以更少的投入生产更多的产品，危地马拉是每公顷产量最高的国家，几乎相当于全球平均产量的两倍。2017 年 3 月和 2018 年 2 月，危地马拉重申其对实现可持续发展目标（SDGs）的承诺，并支持可持续棕榈油认证符合千年发展目标。

洪都拉斯代表表示承认 WTO 成员采取环境保护政策的合法权利，但这些措施应符合 WTO 协定，不应对贸易造成不必要的限制。棕榈油是农业产业中极其重要的一部分，创造了数千个长期就业机会，并支持了小农，逐步淘汰棕榈油生物燃料将对经济产生负面影响。为保护热带森林，洪都拉斯油棕种植园的建设是受控的，对环境的影响微乎其微。

厄瓜多尔认为欧盟关于逐步减少包括棕榈油生物燃料在内的第一代生物燃料的建议没有考虑到每个国家棕榈树的生产特点。厄瓜多尔棕榈生产具有政府严格的监督，以确保厄瓜多对环境和社会责任的承诺，因此，厄瓜多尔是棕榈树的可持续生产者。厄瓜多尔还认为现有的 ILUC 计算方法缺乏精确性，在植物油行业的研究中有不同的结果，ILUC 不是国际公认的基准，国际层面没有对 ILUC 的方法进行广泛讨论。这一方法不明确，没有得到国际专家的认可或充分传播，因此被认为是一项新的技术要求，会隐蔽地影响棕榈油的生产和销售。迄今为止，欧盟委员会尚未将 ILUC 的方法纳入其自身的温室气体排放计算方法中，因此未能遵守国民待遇原则，不应期望第三国采用一种具有不确定性的方法，来估计棕榈油生产中温室气体的排放量，或预测扩大棕榈油作物所用土地类型。厄瓜多尔要求欧盟考虑减少贸易限制的替代办法，承认发展中成员在确保可持续棕榈生产并承诺继续取得进展方面作出的巨大努力。根据厄瓜多尔环境部开展的研究，历史上因棕榈树在厄瓜多尔造成的森林砍伐仅占 3%，更多的是占据了为其他作物预留的区域。此外，厄瓜多尔对已建和新建的种植园制定了“零砍伐”政策，其中包括严格受控的计划和方案，以确保生产对环境和社会负责。厄瓜多尔将继续与布鲁塞尔的欧盟当局就这一问题开展双边合作。

阿根廷认为可再生能源政策的执行应避免对贸易造成障碍。特别令人关切的是，欧盟打算利用 ILUC 作为考虑因素（甚至不考虑排放量）将某些原材料归类为 ILUC 高风险原材料，在 2023—2030 年期间逐步淘汰以这些原材料生产的生物燃料。关于 ILUC 高风险原料的分类缺乏科学或技术依据，全球只做了少量研究，只是对背景进行了审查，对这一问题的具体研究很少。根据计量经济学模型进行预测得出了一些估计，这些预测使用了一些过时的市场数据，无法确定对未来的影响。同时，对农田扩展地点及其土地类型的选择也缺乏技术科学依据。因此，整个机制充满了任意性和随意性。

欧盟表示其根据《可持续发展目标》《巴黎协定》等国际承诺制定能源和气候政策框架，这是到2050年实现脱碳目标的重要步骤，可再生能源指令修订案是这项政策的一个重要组成部分。修订案包括促进传统生物燃料可持续性生产的措施，并就这类生物燃料在多大程度上有助于实现欧盟可再生能源目标制定了规则，并没有对传统生物燃料准入欧盟市场进行管制。欧盟将继续审查相关的科学数据，以确保对这些规则的执行以现有的最新科学证据为基础。预计在2021年年中，各成员国将修订案转化为其国内立法之前，进行第一次更新评估。只有各成员国将修订案转化为其国内立法之后，修订案以及关于ILUC高风险和ILUC低风险的标准才必须适用。

截至2019年年底，成员对该措施已在TBT例会上提出6次关注。

3. 巴西葡萄酒及葡萄酒衍生物要求的关注（ID 568）

在2018年11月举行的TBT例会上，欧盟就巴西“2018年2月8日No.14技术法规：葡萄酒及葡萄和葡萄酒衍生物官方鉴定和质量标准及其执行要求”以及“2018年9月10日官方公报公布的2018年8月31日No.48技术法规”提出关注。欧盟指出，巴西对No.14技术法规进行了修订，批准通过的修订内容于2018年9月11日以G/TBT/N/BRA/613的补遗向WTO成员通报，成员没有机会对相关措施提出评议意见。欧盟认为其在TBT委员会对No.14技术法规表达的关切没有得到巴西的考虑，对此表示遗憾。特别是，向巴西出口葡萄酒的欧盟葡萄酒行业担心，由于修订的法规所列的分析参数的清单很长，并且与国际葡萄与葡萄酒组织（International Organisation of Vine and Wine，OIV）的建议存在差异，会对贸易造成严重干扰。欧盟鼓励巴西考虑解决这些关切，并请巴西在这方面与欧盟进行双边合作。

巴西表示，尽管欧盟就此问题提出新的贸易关注，但实际上本关注是对“2014年11月27日关于葡萄酒及葡萄和葡萄酒衍生物质量要求的No.374法令草案”的关注（STC 470）的延续，该法令草案曾以G/TBT/N/BRA/613向WTO通报。欧盟曾通过STC 470对该通报提出8次关注，此外，2015年以来，巴西与欧盟就此问题多次举行双边会议，巴西一直就该措施的制定步骤和起草过程进行澄清和解释。因此，巴西提醒，与该法令草案有关的程序是按照《TBT协定》的原则以非常透明的方式进行的。此外，巴西农业部门于 2017 年 6 月 27 日至 29 日举行了一场公开听证会，邀请了欧盟和其他利益相关方参加。欧盟的所有评议意见都得到了考虑，欧盟 9 项评论中有 6 项已列入该法令的最终文本。在之前的委员会会议上欧盟承认巴西已经根据欧盟的建议对最终文本进行了修改。2018 年 3 月 9 日最终文本以 No.14 技术法规在巴西官方公报公布，并根据 TBT 委员会的相关建议通过 G/TBT/N/BRA/613/Rev.1/Add.1 以原始通报的补遗文件通报 WTO。No.48 技术法规进一步修订了上述法规，并于 2018 年 9 月 11 日通过 G/TBT/BRA/613/Rev.1/Add.2 通报 WTO。巴西要求修正本次委员会议程草案附件对相关措施“未通报”的描述。巴西借此机会进一步澄清 No.14 技术法规和 No.48 技术法规的制定遵守了《TBT 协定》对透明度的所有要求，拟定措施给予了 60 天评议期，所有的意见都得到了考虑，并提交了对具体问题的答复。巴西当局保证提供 360 天的过渡期，以便让相关行业适应新措施。此外，允许在新规定生效之前生产的产品在其保质期内进行交易。因此，巴西相关法规遵守了《TBT 协定》，并避免了制造不必要的贸易壁垒。关于与国际标准的协调，巴西重申，相关技术法规确实以 OIV 标准为基础，OIV 标准不会被视为实现巴西合法目标的无效或不适当措施。巴西认为，这一规定和葡萄酒行业的任何其他立法都没有对欧盟向巴西市场出口构成障碍。巴西请委员会注意，欧盟是巴西最大的葡萄酒销售商，约占巴西进口市场份额的 41%，领先于其邻国智利，也领先于其南方共同市场的合作伙伴。2017 年，仅欧盟、智利和南方共同市场国家对巴西的葡萄酒出口就达 3.7 亿美元。巴西市场在这一领域的开放性证明，巴西没有对贸易施加不必要的障碍，并且在该领域法规制定过程中履行了透明度承诺。巴西认为其在制定这一措施时已采取了《TBT 协定》所要求的所有步骤，其始终真诚地对待贸易伙伴，为听取所有利益攸关方的意见，提供了比合理要求更多的机会，也为新措施适应期提供了灵活性。这与在委员会提起的另一项关注（STC 345）形成了鲜明对比，第三国葡萄酒在欧盟市场申请使用传统术语的问题已经持续了近 10 年时间仍在寻求解决。巴西当局将继续澄清关于 No.14 技术法规和 No.48 技术法规发生的任何变化，以及关于执行葡萄酒和葡萄及葡萄酒衍生物的官方鉴定和质量标准有关的任何疑问。

欧盟坚持认为巴西 No.14 技术法规规定的分析参数清单很长，并且与

OIV 的建议存在差异，再次邀请巴西当局在制定其葡萄酒法规时最大限度地采用 OIV 的建议，并考虑接受按照 OIV 认可的葡萄酒酿造方法生产的进口葡萄酒。欧盟认为长时间核查确认遵守 No.14 技术法规似乎造成了清关延误。欧盟询问巴西，巴西农业部认可的执行 No.14 技术法规的实验室网络是否有足够的能力保证进口葡萄酒有效通关。欧盟还表示，要求在原产地检测那些欧盟葡萄酒行业没有使用、甚至禁用的参数（如色素和甜味剂），对欧盟的实验室带来了挑战，因为他们缺乏进行这些检测的方法。

新西兰支持欧盟的意见，并鼓励巴西应用 OIV 通过的国际标准制定进口葡萄酒的测试要求。巴西对进口葡萄酒的分析测试要求对新西兰葡萄酒出口商构成了重大的贸易障碍。由于其他市场不要求测试总硫酸盐（以硫酸钾表示）、总氯化物（以氯化钠表示）、灰分和甲醇等参数，并且这些参数与 OIV 设定的参数不一致，新西兰认可的葡萄酒检测实验室不能检测上述参数，这些参数的测试将不得不外包给海外实验室，给出口商带来巨大成本，并可能导致无法进行贸易。考虑到巴西在《TBT 协定》项下所承担的义务，新西兰询问巴西如何确保分析测试的要求不超过实现巴西合法目标所必需的限度，以及相关要求不符合 OIV 标准的理由是什么。

巴西感谢成员对葡萄酒相关法规的关注，成员的评论促进巴西重新评估各种管理措施，以确保实现巴西葡萄酒和葡萄酒衍生产品的政策目标。参加不同的国际论坛也增进了对确保该行业质量的最佳做法的理解。巴西当局对合作伙伴提出的意见和建议表示欢迎，并将在相关法规的进一步调整过程中予以考虑。

截至 2019 年年底，成员对该措施已在 TBT 例会上提出 4 次关注。

第二节 农食产品 SPS 相关 STCs

一、农食产品 SPS 相关 STCs 总体情况

1. 农食产品 SPS 相关 STCs 的数量

1995—2019 年，WTO 成员共提出 469 项 SPS 相关 STCs，其中，与 HS 编码 01 ~ 24 章相关的关注 341 项，占 SPS 相关 STCs 总量的 72.7%，

说明农食产品是 SPS 相关 STCs 的重点关注领域。总体来看，不同年份间农食产品 SPS 相关 STCs 数量波动较大（见图 5-2），2002 年讨论的 SPS 相关 STCs 数量最多（52 项），之后总体上呈现下降趋势，2013 年降至近年来的最低点（8 项），下降趋势与新 STCs 的提出数量减少有关，2002 年成员共提出新 STCs 35 项，而 2013 年仅提出新 STCs 2 项。2014 年开始，成员新提出的 STCs 数量又有所增加，成员讨论的 STCs 总量又开始呈现上升趋势。

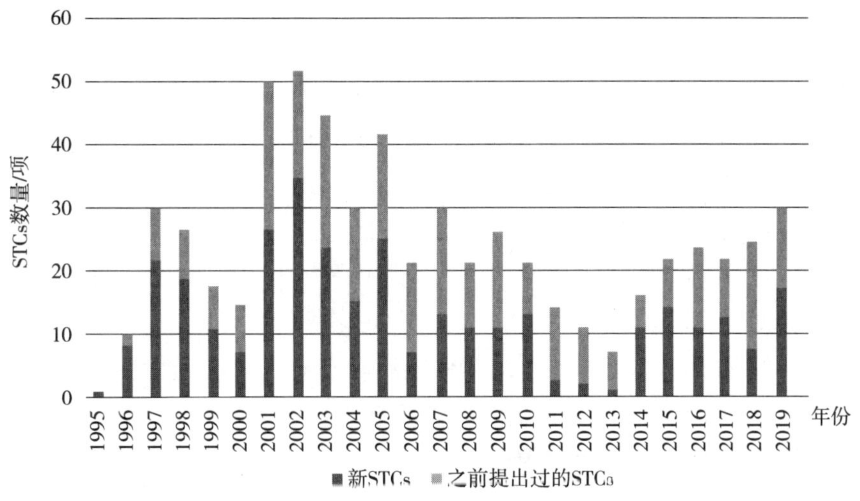

图 5-2　1995—2019 年农食产品 SPS 相关 STCs 数量

2. 农食产品 SPS 相关 STCs 涉及的成员

至少提出过 1 项农食产品 SPS 相关 STCs 的 WTO 成员有 59 位。从地理分布看，不同地区成员提出的 STCs 数量占 STCs 总数的比例为南美洲 29.3%、北美洲 26.1%、欧洲 26.1%、亚洲 21.1%、非洲 3.5%、大洋洲 3.2%。从经济发展水平看，47.5% 的 STCs 提出成员涉及发达成员，56.6% 的 STCs 提出成员涉及发展中成员，仅有 6 项 STCs 提出成员涉及最不发达成员。欧盟和美国是提出 STCs 最多的成员，分别提出 STCs 74 项和 66 项，其次为巴西（35 项）、阿根廷（28 项）、中国（25 项）、加拿大（19 项）。

农食产品 SPS 相关 STCs 中被关注成员共有 72 位。从地理分布看，不同地区成员被提出的 STCs 数量占 STCs 总数的比例为亚洲 31.7%、欧洲 28.2%、北美洲 15.0%、南美洲 10.3%、大洋洲 5.3%、非洲 2.9%。从经济发展水平看，48.1% 的 STCs 被关注成员涉及发达成员，53.1% 的 STCs 被关注成员涉及发展中成员，仅有 1 项 STCs 被关注成员涉及最不发达成员。欧盟和美国是被提出 STCs 最多的成员，被提出的 STCs 数量分别为 70 项和 34 项。其次是中国（21 项）、日本（20 项）、澳大利亚（17 项）。

总体上，发达成员和发展中成员在提出农食产品 SPS 相关 STCs 方面都比较主动，发展中成员在被提出关注的数量方面高于发达成员。南美洲、北美洲、欧洲、亚洲成员在提出农食产品 SPS 相关 STCs 方面较为活跃，其中，南美洲成员、北美洲成员对于提出 STCs 较为积极，但被关注的数量相对较少。欧洲成员提出关注和被关注的数量都较多。亚洲成员虽然提出关注数量也较多，但相对而言，被提出关注的数量更多。

3. 农食产品 SPS 相关 STCs 涉及的产品

在 HS 编码 01～24 章产品中，除 13 章、19 章、24 章产品以外，其他章的产品均有涉及。其中，受关注较多的产品有肉及食用杂碎（37.2%），食用水果及坚果（21.7%），活动物（13.8%），乳品、蛋品、天然蜂蜜等（10.6%），食用蔬菜、根及块茎（9.7%）。可见，动物及动物源产品受关注最多，其次为水果和蔬菜。

4. 农食产品 SPS 相关 STCs 涉及的措施类型

农食产品 SPS 相关 STCs 涉及的措施类型中，动物卫生措施的最多（45.2%），其次为控制、检查和批准程序（17.3%），最大残留限量（7.9%），还有少量关注涉及植物检疫害虫、食品添加剂、转基因等措施。动物卫生措施主要与疯牛病、口蹄疫、禽流感、非洲猪瘟、蓝舌病、鸡新城疫等动物疫病有关。

5. 农食产品 SPS 相关 STCs 涉及措施的实施理由

农食产品 SPS 相关 STCs 涉及措施的实施理由主要集中于动物健康、食品安全和植物卫生 3 个方面，其中，以动物健康为由采取的措施最多（42.5%），其次为食品安全（30.2%）和植物卫生（22.9%）。此外，有少量措施（4.4%）涉及其他理由。

6. 农食产品 SPS 相关 STCs 提出的理由

成员提出 SPS 相关 STCs 和对成员拟制定或实施措施的质疑均以

《SPS 协定》为依据，通常援引协定条款说明关注措施的不合理之处，敦促拟定或实施措施的成员纠正不合理措施。农食产品 SPS 相关 STCs 提出理由主要有与国际标准协调一致（37.8%）、风险评估（28.7%）、区域化（13.2%）、透明度（8.8%）、等效措施（8.5%）、不适当的延迟（7.0%）、科学依据的充分性（5.9%）。提出理由涉及特殊和差别待遇、技术援助的关注相对较少，仅约占 1%。

二、农食产品 SPS 相关 STCs 近期热点

1. 对韩国因非洲猪瘟采取进口限制措施的关注（ID 393）

2014 年 2 月 13 日，波兰向 OIE 报告波德拉谢省（Podlaskie）1 头野猪发生非洲猪瘟。2014 年 2 月，韩国发布贸易禁令，禁止从波兰进口猪及其产品。在 2015 年 7 月的 SPS 例会上，欧盟对韩国 2014 年 2 月以非洲猪瘟（ASF）为由实施的猪及其产品进口限制措施表示关注。欧盟指出，韩国应遵守《SPS 协定》规定的区域化义务，允许安全产品的贸易。欧盟已向韩国提交其疫病控制、监测和监控措施的相关信息，但是韩国的风险评估过程缺乏明确的操作步骤和对所需材料的明确要求，致使风险评估工作进展不畅。欧盟敦促韩国遵守《SPS 协定》区域化相关规定，允许所有安全产品进行贸易。

韩国在答复欧盟的首次关注时表示，自 2014 年 2 月波兰报告首例 ASF 病例以来，韩国已通告波兰，禁止从波兰进口猪及其产品。应欧盟要求，韩国组建了专家组，对波兰的疫病情况进行了评估，反馈了关于 ASF 的初步评估意见，目前正在交换意见。并表示，韩国一直遵守《SPS 协定》第 6.2 条和第 6.3 条关于无疫区的规定，并希望在基于科学和数据的基础上继续进行双边会谈。

此后，欧盟多次在 SPS 例会上就相关议题表示关注，双方开展了充分讨论。欧盟坚持认为韩国采取了非必要的贸易限制措施，未履行 WTO 关于无疫区的相关义务，且未采取符合《SPS 协定》第 2 条、第 3 条、第 6 条和第 8 条的贸易措施。欧盟反复强调其已向韩国提交了充足的证明波兰存在无疫区并且可以保持无疫状态的信息，且在 2016 年波兰 ASF 暴发后，也根据 OIE 标准调整了其区域化措施，以确保出口猪及其产品的安全性。欧盟指责韩国风险评估、风险分析过程过于缓慢、繁杂，没有明确

的时间表，且采集信息超出所需的限度，致使风险评估工作不顺利。欧盟指出，虽然其一再敦促韩国尽快完成风险评估和风险分析工作，且双方开展了多次双边会谈，但进口限制仍然存在。

韩国表示，自 2014 年 2 月波兰报告首例 ASF 病例以来，韩国采取了必要步骤，评估了波兰目前的局势，并派出专家进行了现场视察。2015 年 12 月，韩国向波兰政府发送了一份评估问卷，并于当年就猪肉及猪肉产品贸易议题与欧盟代表团开展了技术会谈，就当前风险评估程序和可能的发展方向交换了意见。

2016 年 6 月，韩国对欧盟 5 月提交的调查表答卷进行了审查，并在第 84 届 OIE 大会期间举行了一次双边会议，讨论风险评估的进展和未来的发展方向。6 月 24 日，欧盟委员会通报了波兰发生的第 4 起猪 ASF 疫情，韩国指出 ASF 传染性极强，且缺乏有效阻止 ASF 传播的预防性疫苗，因此十分重视对该病的预防，需对局势进行全面审查，包括疫情的最新资料。2016 年 10 月，在波兰猪场出现了多个 ASF 病例后，韩国暂停了确认波兰 ASF 无疫的风险评估程序，并宣布直到新的受影响的地区按照 OIE 标准恢复其无 ASF 状态后，方能重启相关评估程序。同时也表示，如果波兰政府要求恢复对 ASF 无疫进口风险评估程序，韩国可以恢复相关评估。鉴于欧盟委员会动物卫生管理委员会指出了 ASF 暴发的可能原因，建议波兰政府进一步审查其生物安全措施。韩国希望波兰能够成功控制 ASF 蔓延，并表示将积极恢复风险评估进程。

2017 年 3 月，欧盟继续提出关注，并强调贸易伙伴承认区域化措施的重要性，表示尽管举行了几次双边会议，韩国因 ASF 限制猪肉及其产品进口的问题依然未取得实质进展。欧盟要求继续进行风险评估，表示已经根据 OIE 标准调整了区域化措施，确保只有安全的猪肉产品进入欧盟市场并出口到欧盟以外的成员。欧盟坚持认为，其已经向韩国提供了必要的资料，能够证明波兰无疫。因此，欧盟敦促韩国尊重其在《SPS 协定》项下的义务，基于获取的区域化信息，尽快完成进口批准程序。韩国答复称其每年进口猪肉超过 30 万 t，其中大约一半来自欧盟，且本国尚无 ASF 疫情，一旦国内暴发 ASF 可能带来巨大危害，并进一步阐述了《SPS 协定》第 6.3 条和 OIE《陆生法典》第 15.1.3 条规定的区域化要求，指出虽然欧盟强调其商业养猪场没有新的 ASF 疫情，但截至 2017 年 3 月，波兰波德拉谢、卢贝尔斯基和马佐维茨基地区不断向 OIE 报告野猪发生 ASF 疫情。韩国指出，无 ASF 状态必须包括野猪的 ASF 无疫，因此要求波兰根据 OIE 标准重新界定其 ASF 无疫区。韩国要求欧盟在审查新的受影响地区之后，提供一个明确界定的 ASF 无疫区的名单。2017 年 7 月，欧盟按照 OIE 标准重新提供了 ASF 无疫区名单后，韩国恢复了相关风险评估程序，但仍十分关注波兰小型农场家猪中越来越多的发生 ASF 疫情，认为持续的疫情表明波兰并未采取有效的 ASF 控制措施，并就此议题与欧盟进行了双边会谈。2017 年 11 月，欧盟继续提出关注。韩国表示 2017 年 1 月—9 月，波兰发现了 87 个 ASF 病例，是 2014—2016 年记录的 4 倍。欧洲动物卫生管理委员会认为缺乏生物安全措施与生猪和猪肉非法交易是波兰国内养猪场 ASF 暴发的主要原因，韩国认为波兰的无疫区管理不到位，要求根据 OIE 标准提供 ASF 在波兰国内养猪场蔓延的资料，以便开展评估。

2018 年 3 月，欧盟继续提出关注，指责韩国违反 OIE 区域化的有关规定，同时指责韩国收到了欧盟提供的详细材料，但实质的评估进展缓慢。要求韩国尽快完成风险评估，采取符合《SPS 协定》的贸易措施，及时反馈评估结果。韩国认为，波兰 ASF 疫情不断增加，特别是小型家庭养猪场疫情较多。继续要求波兰提供关于 ASF 在国内养猪场蔓延的相关资料，并表示相关要求尚未收到波兰的答复。

截至 2019 年年底，欧盟已在 SPS 例会上对该议题提出了 9 次关注。

2. 对美国关于梨和苹果采取进口限制措施的关注（ID 439）

2018 年 3 月的 SPS 例会上，欧盟就美国限制其苹果和梨进口措施提出关注。欧盟称，多年来欧盟一直通过预检制度进入美国市场。然而，由于预检系统费用高昂，仅有少量产品能出口。作为另一种选择，欧盟于 2008 年向美国申请采用系统方法出口苹果和梨。尽管相关科学技术工作已于 2014 年结束，但美国在审批程序上出现了长时间的拖延。欧盟表示，美国暂停了公布最终规则的行政步骤，导致欧盟苹果和梨出口贸易受阻。欧盟指出，这与《SPS 协定》不符，特别是在避免批准程序的不当拖延方面与《SPS 协定》不符。欧盟敦促美国尊重其 SPS 义务，允许欧盟苹果和梨在系统方法下立即开展贸易。

美国认为，针对欧盟提出的几项要求，在建立和扩大其苹果和梨出口到美国市场的准入方面取得了相当大的进展。2010 年，欧盟 7 个成员国（比利时、法国、德国、意大利、荷兰、葡萄牙和西班牙）提出请求使用系统方法进入美国市场。美国农业部动植物卫生检验局（Animal and Plant Health Inspection Service，APHIS）已于 2016 年公布了一项拟议规则，在采用一种将有害生物风险降至最低的系统方法下，批准可从 8 个欧盟成员国进口苹果和梨。目前正在评估公众对拟议规则的评论，随后将公布最终规则。美国表示，它已经响应欧盟的要求，除最后确定工作计划外，还对欧盟 8 个成员国中的 4 个国家的苹果和梨生产点进行了实地访问审核。美国进一步解释说，这两项活动通常都是在最终规则公布之后才进行的。美国声明，其将继续定期向欧盟及其成员国提供关于规则制定进程的最新情况。

2018 年 7 月，欧盟再次对美国限制苹果和梨的进口表示关注，并遗憾地表示，尽管欧盟进行了多年的联合技术工作，但欧盟 8 个成员国仍没有收到关于根据系统方法向美国出口苹果和梨的最后阶段申请的确认。欧盟补充说，实际上，美国的预检制度阻碍了欧盟的出口，欧盟向美国出口的数量有限就是证明。作为另一种选择，2008 年，欧盟曾申请以系统方法取代预检制度向美国出口苹果和梨。美国政府采取最终规则的最后一个行政步骤在没有科学理由的情况下等待了一年多，这与《SPS 协定》不符。欧盟要求美国尊重其义务，允许在商定的系统方法条件下立即开展苹果和梨的贸易，立即公布最终规则，并将计划通过的日期通知欧盟。美国重申了其在之前的 SPS 例会上的答复，表示希望 APHIS 尽快公布最终规则。同时，美国强调，欧盟对美国的苹果和梨出口自 2012 年以来呈现上升趋势。

在之后的例会上，欧盟多次对此措施提出关注，指出美国已经完成了从欧盟进口苹果和梨的必要的风险评估，美国政府在没有科学理由的情况下长期拖延通过最终规则的最后一个行政步骤。由于预检制度成本高、手续复杂，美国继续实施预检制度对欧盟苹果和梨种植者来说在经济上不可行，美国市场事实上已经关闭。欧盟敦促美国允许欧盟苹果和梨按照商定的系统方法立即恢复进口。美国强调，欧盟能在现有的预检制度下向美国出口苹果和梨。美国将继续就欧盟采用系统方法向美国出口苹果和梨的相关请求开展工作，这一过程的最后一步是 APHIS 发布最终规则。

截至 2019 年年底，欧盟已在 SPS 例会上对该议题提出了 6 次关注。

3. 对欧盟高效氯氟氰菊酯新 MRLs 的关注（ID 459）

2019 年 7 月的 SPS 例会上，中国对欧盟在未基于风险评估的情况下将茶叶中高效氯氟氰菊酯的 MRL 从 1 mg/kg 修改为 0.01 mg/kg 表示关注。中国要求欧盟评估原 MRL（1 mg/kg）对消费者产生的健康风险，并请欧盟在不存在不可接受风险的情况下恢复原 MRL。中方指出，如果欧盟实施新 MRL（0.01 mg/kg），应考虑到茶叶的种植和生产周期，为茶叶生产商提供至少一年的过渡期。

欧盟向成员提供了有关该事项的欧盟法规的背景，包括欧洲食品安全局（European Food Safety Authority，EFSA）提出的合理意见。由于没有足够的信息用于建立安全的 MRL，因此将 MRL 设定为定量限（0.01 mg/kg）。欧盟称，该法规已向 SPS 委员会通报，收到了中方的评议意见，并已向中方反馈了答复意见。欧盟还表示成员可以申请进口限量。

2019 年 11 月，中国重申其关注的是，修订后的欧盟 MRL 并不是基于风险评估，而是缺乏相关数据，这不符合《SPS 协定》。中国再次要求欧盟为茶叶生产商提供至少一年的过渡期。

巴拉圭加入了对该议题的讨论，巴拉圭指出，尽管 CAC 已经为高效氯氟氰菊酯及其他农药制定了适当的 MRLs，但欧盟却将某些农药的 MRLs 降低至 0.01mg/kg，希望欧盟与国际标准协调一致，以避免不必要的贸易限制。巴拉圭还指出，在玉米和小麦的生产过程中需要使用高效氯氟氰菊酯，这两种农作物是该国主要的出口产品。

欧盟回顾了在之前例会上关于该事项的声明，并指出欧盟考虑了 CAC 制定的 MRLs，但欧盟得出的结论是，这些商品没有达到足够安全的限量标准水平，因此将 MRL 设定为定量限（0.01mg/kg）。欧盟希望中国和巴拉圭可以提出进口限量申请，并在必要时提交信息以修改 MRLs。

在之后的 SPS 例会上，中国再次重申对欧盟将茶叶中高效氯氟氰菊酯的 MRL 从 1mg/kg 修改为 0.01mg/kg 表示关注。中方认为，欧盟 MRL 修订不符合《SPS 协定》第 5.1 条“各成员应确保其卫生与植物卫生措施以风险评估为基础……并考虑有关国际组织制定的风险评估技术”，以及第 5.4 条“各成员在确定适当的卫生与植物卫生保护水平时，应考虑将对贸易的消极影响减少到最低程度的目标。”中方建议欧盟对原 MRL

（1mg/kg）对消费者产生的健康风险进行评估，如果没有健康风险，欧盟则应继续保持原 MRL。如果欧盟实施新 MRL，中方建议考虑茶叶种植和生产周期，并为生产商提供至少一年的过渡期。

欧盟回应称，其修订高效氯氟氰菊酯 MRLs 是基于 EFSA 进行的两项风险评估，相关评估文件已分别于 2015 年 12 月 2 日和 2017 年 7 月 26 日在 EFSA 网站上发布。EFSA 对欧盟成员国、非欧盟国家或利益相关者提交了试验和信息的产品的 MRL 进行了风险评估，还评估了可用的 CAC 相关 MRLs。尽管 EFSA 要求提供有关现有 GAP、所有商品（包括香草饮品）的残留试验以及产生的残留量的必要信息，但 EFSA 并没有收到相关数据。EFSA 的合理意见明确指出，提供的关于茶叶的试验数量不足以得出 MRL 和风险评估值，并且未提供与旧的进口限量相关的符合 GAP 的进一步信息。因此，根据 EFSA 的合理意见，该法规将茶叶中的高效氯氟氰菊酯 MRL 设定为定量限（0.01mg/kg）。欧盟指出，根据（EC）No. 396/2005 法规第 6（4）条的规定，中方仍可申请对高效氯氟氰菊酯的进口限量。

该议题是一个较新的议题，值得注意的是，近年来 SPS 例会中有多项涉及欧盟农药 MRLs 的关注，除中方提出的上述关注外，哥伦比亚、哥斯达黎加、科特迪瓦、多米尼加共和国、厄瓜多尔、危地马拉、印度、巴拿马、巴拉圭、美国对欧盟修订噻嗪酮等多种农药 MRLs 提出关注，阿根廷、澳大利亚、巴西、加拿大、智利、萨尔瓦多、洪都拉斯、印度尼西亚、尼加拉瓜、秘鲁、菲律宾、土耳其、乌拉圭等成员加入了对这些关注的讨论。

三、中国关注美国鲶鱼法案（ID 289）的案例分析

1. 美国鲶鱼法案实施背景

鮰鱼全称斑点叉尾鮰（*Ietalurus punetaus*），属于鲶形目鱼类、鮰科鱼（分布于北美），因其肉质好、蛋白含量高等优点深受国外市场的欢迎。我国从 1984 年起开始从美国引入斑点叉尾鮰，30 年间我国斑点叉尾鮰产业得到了巨大发展，形成了从苗种繁育、养殖、加工到出口完整的产业链条，斑点叉尾鮰成为我国养殖鲶鱼的主要品种，我国也成为全球养殖鮰鱼的主要国家之一。鮰鱼是美国主要的淡水养殖鱼类，美国是世界上最主要

的鮰鱼消费国，美国养殖鮰鱼主要以供本土消费为主，但本国鮰鱼产业缺乏竞争力，产品大部分依赖进口。2007 年由于美国大力发展生物能源，部分鮰鱼养殖户弃渔从耕，导致美国鮰鱼减产，美国鮰鱼消费市场的缺口给中国等主要鮰鱼生产国带来对美出口的机会。在此背景下，美国突然以中国输美水产品存在质量问题为由，于同年宣布在美全国范围内对中国鲶鱼、鲮鱼、虾和鳗鱼实施自动扣留，对我国鮰鱼出口贸易造成了极大的限制。

2008 年美国农业法案授权启动了鲶鱼强制性检验法案项目，开始筹划鲶鱼及其产品监管的区别对待，并由美国农业部食品安全检验局（Food Safety and Inspection Service，FSIS）负责具体实施。同年 6 月 18 日，美国国会通过了《2008 年食品、环境保护和能源法案》（也称 2008 年农场法案），其中的《联邦肉类检验法案修正案》将鲶鱼（Catfish）和鲶鱼产品纳入肉类监管法规体系，鲶鱼检验的权限从美国食品药品管理局（Food and Drug Administration，FDA）转移到了美国农业部（United States Department of Agriculture，USDA）下的 FSIS。对于“鲶鱼”术语的界定，美国给出两种备选意见，一是鲶形目鱼中属北美科的鱼（7 属 48 种）；二是所有鲶形目鱼类。根据美国对“鲶鱼”术语的界定意见，我国主要出口品种斑点叉尾鮰属于“鲶鱼”的范畴。

2011 年 3 月 7 日，美国向 WTO 通报了对鲶鱼和鲶鱼产品实施强制性检验的法规草案（G/SPS/N/USA/2171），拟将鲶鱼产品纳入联邦肉类检疫法（Federal Meat Inspection Act，FMIA），用监管牲畜肉类的方式来监管鲶鱼，监管权限由 FDA 转移到 USDA 的 FSIS。国际上特别是中国等鲶鱼出口国对此提出强烈反对，加之美国国会内部对法案部分条例存在意见分歧。2012 年 6 月，美国参议院废除了 2008 年农场法案中关于鲶鱼强制检验的提案，USDA 鲶鱼检验项目特别办公室也未能建立。

2014 年鲶鱼法案被再次提起。2 月 8 日，美国总统奥巴马签署了 2014—2018 年新农场法案，变更鲶鱼管理机构的提案被再次提出，并将产品范围扩展至所有鲶形目鱼类（Siluriformes），包括商业鲶鱼、越南鲶鱼和巴沙鱼。法案还要求 FDA 和 FSIS 两大机构签订谅解备忘录（MOU 225-14-0009），进一步明确了 FSIS 对鲶形目鱼类的管辖权。

2015 年 12 月 3 日，美国向 WTO 发布了关于鲶形目鱼类及其派生产品强制检验法规的补遗通报（G/SPS/N/USA/2171/Add.1），宣布将所有鲶形目鱼类的监管权限由 FDA 转移到 FSIS。根据新法规，鲶形目鱼类纳入原本用于牲畜肉类产品检验监管的 FMIA，在 FMIA 中新增 F 小节（包括第 530 部分至第 561 部分）单独用于鲶形目鱼类及其产品的强制检测。由 FSIS 对出口国的检验体系进行“等同检测体系”评估。针对鲶形目鱼类的强制检验法规于 2016 年 3 月 1 日起实施，过渡期为 18 个月（2016 年 3 月 1 日—2017 年 9 月 1 日）。

2. 从 WTO 规则角度解析美国鲶鱼法案

《SPS 协定》规定任何 WTO 成员都有权利采取必要的卫生与植物卫生措施，但仅限于在保护人类、动物或植物的生命或健康所必需的限度内实施。根据美国国家渔业协会（National Fisheries Institute，NFI）提供的信息，美国鲶鱼法案发起者在法案建立之初就明确表示此法案是“为了抵制外国鲶鱼的竞争力”，即设置贸易障碍，导致外国鲶鱼无法进入美国市场。最终目的是为了保护本土鮰鱼生产商的利益免受外国同行的竞争。根据 WTO 协定，美国鲶鱼法案并不是一个基于合法解决食品安全事件的措施。

从 2008 年鲶鱼监管体系变更的提案提出，美国政府问责办公室（Government Accountability Office，GAO）已先后 8 次对鲶鱼法案提出撤销的建议，这在美国历史上是非常罕见的。GAO 在 2012 年 5 月发布的报告（GAO-12-411，p. 25）中明确指出，自 FDA 在 1997 年开始施行危害分析关键控制点（Hazard Analysis Critical Control Point，HACCP）体系，没有一个人因食用鲶鱼而生病，鲶鱼的食用风险是被高估的。USDA 于 2012 年 7 月发布的一份鲶鱼风险评估报告也显示，每年食用鲶鱼致病的人数可忽略不计。即使进口鲶鱼的监管职责转至 USDA，也无法保证 USDA 新的监管措施能提高进口鲶鱼的安全水平。

根据《SPS 协定》第 5.1 条，任何成员实施一个新的食品安全措施必须基于科学的风险评估。风险评估的目的是确定是否有必要采取相应的 SPS 措施。然而，USDA 没有充分的证据证明此次检测程序移交是从合法的食品安全问题角度出发。由 USDA 对鲶鱼实施新的监管的实际成效存在大量不确定性，即使由 USDA 实施监管，是否可以有效降低食用鲶鱼所造成的人类疾病无法预知，能否增加进口鲶鱼的安全系数也无法确定。因此，在存在上述大量不确定性的情况下，美国实施鲶鱼新措施的行为实际上违反了《SPS 协定》的风险评估原则。

其次，鲶鱼属于水产品的一种，由 USDA 用监管禽肉类的体系来监管鲶鱼，听上去都是匪夷所思和无法接受的。更何况鲶鱼的食用安全性已经得到评估，对于变更监管机构的必要性，美国也没有解释和说明。《SPS 协定》5.4 条规定了“各成员在制定和实施卫生与植物卫生措施时，应考虑以实现适当保护水平为限，不应因此对贸易产生变相限制”。美国实施鲶鱼法案进行贸易保护的倾向十分明显，即以限制中国、越南等国的鲶鱼产品出口美国为目的，违反了《SPS 协定》的适当保护水平原则。

此外，鲶鱼作为水产品没有证据显示其质量安全风险程度高于其他水产品，美国将鲶鱼的监管权力转移至 USDA，而其他鱼类的监管职能仍留在 FDA 的做法也违反了《SPS 协定》第 5.5 条，即“避免任意或不合理的区别对待，如果这种区别导致歧视或变相限制国际贸易”

3. 我国的应对措施

（1）通过 SPS 通报评议渠道反馈意见

2011 年，接收到美国有关鲶鱼和鲶鱼产品实施强制性检验的法规的通报后，我国通过 SPS 通报评议渠道，向美国反馈了评议意见，具体意见如下。

一是从整体看，该法规将鲶鱼产品纳入 FMIA 适用范围之内，缺乏充分的理由，贸易保护倾向明显。该法规草案并非建立在风险分析的基础之上，违反了《SPS 协定》第 5 条关于以风险评估为基础制定 SPS 措施的规定。此外，鲶鱼及鲶鱼产品，同畜禽产品相比，生物学特性、养殖、加工和检验方法均不相同，美国联邦法规有关于水产品法规的单独篇章，OIE 法典对水生动物和陆生动物也分别制定了适用的标准。加之鲶鱼及鲶鱼产品只是众多水产品中的一种，没有证据显示其食品质量安全的风险程度高于其他水产品。因此，将鲶鱼及其产品纳入 FMIA 适用范围有悖于科学常理，且有悖于公平贸易原则。

二是从内容看，许多具体要求违反《SPS 协定》相关规定。纵观该法规草案全文，有较多具体要求违反了《SPS 协定》相关规定，缺乏充分的理由和风险评估基础，在此列举部分以示说明。

1）美国关于“池塘、河流等的水质非等价于美国有关鲶鱼养殖规定标准”这一说法，缺乏科学的理由和风险评估基础。

2）仅将 DNA 条形码编码技术作为物种鉴定唯一的方法，而不接受等电聚焦（Isoelectric Focusing，IEF）和限制性片段长度多态性（Restriction Fragment Length Polymorphism，RFLP）技术，违背了《SPS 协定》第 4 条等效原则，存在设置技术性贸易壁垒措施的倾向。

3）关于检验程序、方法等要求，美国没有考虑接受其他国家的等效管理措施，违背了《SPS 协定》第 4 条等效原则。

4）美国仅将鲶鱼肠道败血症（Enteric Septicemia of Catfish，ESC）列入检验检疫范围，而对斑点叉尾鮰病毒病（Channel Catfish Virus Disease，CCVD）等美国曾有暴发的鲶鱼主要疫病避而不谈，不仅缺乏风险评估基础，且贸易保护倾向明显。

5）通报中明确指出，自水产品加工企业建立并实施 HACCP 管理体系以来，没有报告过与鲶鱼相关的沙门氏菌感染病例。这说明 HACCP 管理体系行之有效、能够保证产品卫生水平，因此设立沙门氏菌等检测项目缺乏充分的理由和风险评估数据支撑。

6）根据《SPS 协定》第 10 条的规定，在制定和实施检疫措施时，应考虑发展中成员尤其是最不发达成员的特殊要求，应给予对发展中成员有利害关系的产品以较长时间适应新检疫措施，从而维持其出口机会。中国以发展中成员身份加入 WTO，而鲶鱼在中国水产品国际贸易中占有非常重要的地位，属于“有利害关系的产品”，美国鲶鱼新法规草案中设定的 90 天过渡期太短，没有遵守《SPS 协定》。

（2）通过 SPS 例会和双边磋商途径对美提出贸易关注

除了通过 SPS 通报评议渠道向美国发送评议意见，从 2009—2016 年，我国先后 9 次在 SPS 例会上对美国有关鲶鱼措施提出重点关注（ID 289）。

1）SPS 委员会第 46 次例会

随着 2008 年鲶鱼监管体系变更的提案提出，2009 年 10 月中国首次在 SPS 例会上对美国修改鲶鱼管理体制表达关注。根据提案内容，对于鲶鱼的常规监管将由 FDA 转移至 USDA，且 USDA 被授权在 2010 年前就鲶鱼的生产和监管制定新规。中方代表在会上表示鲶鱼新法案可能对目前正常的鲶鱼贸易往来产生消极影响，中国请美国解释突然转变监管机构的原因。美方给予了较为模糊的回应，仅表示欢迎其他成员参与到法案制定过程中，并将充分考虑意见。

2）SPS 委员会第 55 次例会

鉴于多方反对，鲶鱼检验工作并未按照 2008 年农产法案实施。但 USDA 仍没有放弃争取。2011 年 3 月 7 日，美国向 WTO 通报了关于对鲶鱼和鲶鱼产品实行强制性检验的法规（G/SPS/N/USA/2171）。我方随后在 2012 年 10 月份的 SPS 例会上特别针对美国变更鲶鱼监管机构表达了贸易关注。我方要求美国解释以动物肉管理方式监管鲶鱼产品是否基于风险评估。美方未提供清晰回应，只表示截至 6 月对该法案的评估仍在进行，目前尚无进一步信息提供。

3）SPS 委员会第 61 次例会

2014 年 2 月美国总统奥巴马重签新农场法案，鲶鱼监管法案引起政府和我国鮰鱼产业的高度重视。在同年 10 月的第 61 次 SPS 例会上，中方提出特别贸易关注表示该项法规起不到保障食品安全的效果，但会对国际贸易造成障碍。美国鲶鱼监管法案是在食品安全措施庇护下的贸易壁垒，违背了相关 WTO 协定原则。美方依旧回应表示对于鲶鱼法案的评估正在积极进行，仍会继续评估中方的评议意见。

4）SPS 委员会第 62 次例会

为推动解决措施，我国保持对鲶鱼法案的连续关注。在 2015 年 3 月的 SPS 例会上，我国援引 2012 年 5 月 GAO 发布的报告，指出 USDA 提议的强制性检查规则将重复现有的政府计划，不会改善消费者安全。USDA2012 年 7 月发布的风险评估显示，鲶鱼食物中毒的可能性非常低，在过去 20 年里，只有一次沙门氏菌暴发与鲶鱼有关，指出鲶鱼监管法案没有建立在认真的风险评估基础上，违反了美国在《SPS 协定》中承担的义务。

5）SPS 委员会第 63 次例会

在本次例会上，我国再次对此问题提出关注并首次以《SPS 协定》条款作为有力武器，指出美方做法违反了《SPS 协定》第 5.1 条“并非基于科学的风险评估以”及第 5.5 条“形成了对于水产品的不合理区别对待，将导致对国际贸易的变相限制”。美方承诺在充分考虑各成员意见后，将鲶鱼最终法案通报 WTO，并使其符合美国有关国际义务。

6）SPS 委员会第 64 次例会

鉴于美国 OMB（Office of Management and Budget）一再推迟发布执行通知，中国乘胜追击在 64 次例会上再对美提出贸易关注，有意敦促美方取消变更鲶鱼监管机构的决定，终止由 USDA 拟对鲶形目鱼类产品实行强制检验法规。

7）SPS 委员会第 65 次例会

美国鲶鱼强制性监管措施于 2015 年 12 月正式发布，中国加强对美国鲶鱼措施在 WTO 场合表达的关注，并联合利益相关成员共同提出关注。在 2016 年 3 月的第 65 次例会上，中国首次联合越南、泰国对此措施提出贸易关注，明确指出该措施违反了《SPS 协定》第 2.1 条、2.2 条、2.3 条及 5.1 条、5.3 条、5.5 条、5.6 条。

8）SPS 委员会第 66 次例会

在 2016 年 6 月的 SPS 例会上，我国再次联合越南、泰国对此措施提出特别贸易关注。我国敦促美国取消对 Siluriformes 鱼类的强制性检查，并维持 FDA 的检查项目。

9）SPS 委员会第 67 次例会

鉴于美国始终未在 SPS 层面对我国的关注做出积极反馈，2016 年 10 月的例会是我国最后一次通过特别贸易关注渠道对美国就鲶鱼监管方案表达关切。我国强调与其他水产品相比，鲶鱼并不构成更高的风险，FSIS 检查项目的有效性尚不确定。美国监管不尊重国际准则，对贸易实施不必要的限制，给中国产业造成重大经济损失，影响数以万计的就业人员。越南和泰国表达了支持。

2017 年 3 月 31 日，FSIS 给中国国家质检总局发来回信，对我国希望继续向美国出口鲶形目鱼类及其产品的请求表示感谢，希望我国可以配合其开始的相关等效评估程序，并提供了 FSIS 等效评估程序指南和自我报告工具（Self-Reporting Tool，SRT）使用说明的相关文件。为确保我国鮰鱼及其产品出口的连贯性不受影响，同年，中国国家质检总局向 FSIS 提出希望继续向美国出口鲶形目鱼类及其制品的书面申请，并配合美方开展等效评估工作。

2019 年 11 月 5 日，美国《联邦纪事》公布了中国鲶鱼输美的最终规则，确认中国鲶鱼监管体系与美国等效。针对美国鲶鱼法案的关注迫使美国多次推迟此项措施的实施，为我国鮰鱼对美出口平稳过渡争取到宝贵时间，这是中国正面应对国外不合理贸易措施的典型案例。

第六章　TBT/SPS 争端解决案例评析

WTO 争端解决机制是维系多边贸易体制的重要支柱，对维护多边贸易秩序、和平解决贸易争端起到关键作用，被誉为“WTO 皇冠上的明珠”。WTO《关于争端解决规则与程序的谅解》（The Dispute Settlement Understanding of the rules and procedures，DSU）对争端解决机制做出了详尽规定，适用于包括《TBT 协定》《SPS 协定》在内的所有 WTO 协定项下的贸易争端解决。研究农产品技术性贸易措施争端解决案例，不仅有助于更好了解 WTO 争端解决机制的运作规则，同时通过分析争端解决过程中控辩双方、WTO 专家组及上诉机构对《TBT 协定》《SPS 协定》相关条款的引用和阐释，有利于更深入、准确把握农产品技术性贸易措施国际规则的内涵及实践要求。

第一节　墨西哥诉美国金枪鱼案Ⅱ

一、基本情况

该争端涉及美国采取的关于金枪鱼及其产品的进口、销售措施《美国保护海豚消费者信息法》（the U.S. Dolphin Protection Consumer Information Act，DPCIA），特别是该法规定“海豚安全”标签的措施，该措施因一种捕捞金枪鱼的方法“海豚定位法”而起。

与此类似，国际上美洲热带金枪鱼委员会（Inter American Tropical Tuna Commission，IATTC）于 1999 年制定实施了《国际海豚养护计划协定》（Agreement on the International Dolphin Conservation Program，AIDCP）。根据该协定，如果缔约方捕捞金枪鱼的方法符合协定规定，可以使用此协定的“海豚安全”标签。美国和 IATTC 上述措施都有效降低了东热带太平洋海域内海豚的伤亡率，但 IATTC 与美国“海豚安全”标签的不同之处在于其标签要求关注对海豚造成的死亡率和严重伤害，而非是否使用袋装围网。

在东热带太平洋海域，金枪鱼和海豚之间通常存在关联，金枪鱼经常在海豚下方游动。因此，很多墨西哥渔民利用金枪鱼的这一生活特性，通过大型袋装围网装置定位海豚来捕捞金枪鱼，而这一方式往往会对海豚造成伤害。为保护海豚，美国政府创设了海豚安全标签制度，根据金枪鱼捕获的地点、是否使用特定的捕捞工具、是否利用了特定的捕捞技术等不同情形来决定在美国销售的金枪鱼产品能否被授予海豚安全标签。根据以上规定，在东热带太平洋地区通过使用大型袋装围网装置捕获的金枪鱼将无法获得海豚安全标签，而在东热带太平洋地区以外的海域使用大型袋装围网装置捕获的金枪鱼可以获得海豚安全标签。基于此，通常在东热带太平洋海域通过大型袋装围网装置捕捞而来的墨西哥金枪鱼产品，无法获得美国的海豚安全标签。

墨西哥认为美国的措施影响了其金枪鱼出口，违反了《TBT 协定》，将其诉诸 WTO（DS 381）。墨西哥认为美国所采取的措施构成一项技术法规，且与《TBT 协定》第 2.1 条、2.2 条和 2.4 条不一致。而美国则认为其关于海豚安全标签的规定并非技术法规，因而不受《TBT 协定》第 2 条的约束，且美国采取的措施与《TBT 协定》第 2.1 条、2.2 条、2.4 条并不矛盾。

专家组审理后裁定美国的措施属于《TBT 协定》项下的技术法规，但未违反《TBT 协定》第 2.1 条，即给予了墨西哥的产品不低于其给予本成员同类产品或来自任何其他成员同类产品的待遇；该措施给国际贸易造成了不必要的贸易障碍，违反了《TBT 协定》第 2.2 条；AIDCP 属于国际标准，但其无法实现争端措施的目标，因此争端措施不违反《TBT 协定》第 2.4 条。

美国与墨西哥均就专家组的裁定提出上诉。上诉机构经过审理推翻了专家组关于美国未违反《TBT 协定》第 2.1 条的裁定，认为该措施改变了美国市场的竞争环境，在解决不同区域的不同捕鱼技术对海豚造成危险的方式也不公平，存在歧视；同时认为该措施对贸易的限制未超过实现其正当目标所必需的限度，推翻了专家组作出的违反《TBT 协定》第 2.2 条的裁定；对于第 2.4 条，上述机构推翻了专家组关于 AIDCP 属于国际标准的结论，认为争端措施不涉及第2.4条。

二、专家组及上诉机构的审查过程

1. 专家组组建过程

2009年3月9日，墨西哥请求根据DSU第4条和第6条、《GATT 1994》第23条和《TBT协定》第14条设立专家组。为研判此次争端，WTO争端解决机构（Dispute Settlement Body，DSB）成立了专家组和咨询专家组。

2. 专家组工作过程

专家组于2010年10月18日、19日和20日与双方举行了第一次实质性会议。于2010年10月19日和20日与第三方举行会议。第二次实质性会议于2010年12月16日和17日举行。2011年2月2日，专家组向双方发布了专家组报告的描述性部分。专家组于2011年5月5日向双方发布了临时报告，于2011年7月8日向双方发布了最终报告。

3. 上诉机构的裁决过程

美国和墨西哥各自就专家组报告“美国关于金枪鱼和金枪鱼产品进口、市场和销售的措施”中的某些法律和法律解释问题提出上诉。随后，上诉机构按照程序做出了最终裁定。

三、专家组及上诉机构的审查要点与结论

1. 标准与技术法规的区分——关于“强制性”的判断标准

在美国丁香烟案、美国原产地标签案和本案中，专家组都利用了“三层测试”的方法来认定争端措施属于技术法规，即，首先，文件必须适用于可确定的一个或一组产品；其次，文件必须规定产品的一项或多项特性；最后，遵守产品特性是强制性的。在美国丁香烟案、美国原产地标签案中，各方没有对专家组关于技术法规的裁定提起上诉。但在本案中，美国就专家组的裁定提起上诉，特别是针对专家组关于“强制性”的认定，美国指责专家组混淆了技术法规与标准的区别。

在本案中，关于争端措施究竟属于技术法规还是标准这一问题，在专家组内部存在不同意见。在申诉方墨西哥的陈述中提到，美国的措施违反

了《TBT 协定》中有关技术法规的规定。那么专家组首先要解决的问题就是，美国争端措施是否属于《TBT 协定》中的技术法规，即争端措施是否符合《TBT 协定》附件 1.1 中关于技术法规概念的界定，从而使得其可以适用《TBT 协定》第 2 条中关于技术法规的相关规定。

专家组关注的重点是争端措施在规定这些条件时采用的是约束性或强制性的方式。也即，“强制性”是分析争端措施是否属于技术法规的关键要素。

专家组的分歧在于：多数意见认为争端措施具有强制性，构成技术法规，这一观点最终也得到了上诉机构的支持；少数意见则认为争端措施不具有强制性，属于标准。

持多数意见的观点认为美国的海豚安全标签措施具有强制性，从而属于技术法规而非标准，主要理由有 3 点：第一，争端措施系美国政府官方发布，包含有配套的法律制裁手段，在美国法律下具有可执行性和约束性。专家组认为这是其具有强制性的重要理由。第二，争端措施规定了金枪鱼产品必须遵守某些要求才能获得海豚安全标签，该措施涵盖了类型广泛的金枪鱼产品且禁止了其他海豚术语的使用。即，如果金枪鱼产品未能满足该措施的要求，则无法获得海豚安全标签。第三，争端措施具有排他性，体现在只有具有该标签才能使消费者知悉该金枪鱼产品是符合海豚安全的。综上所述，专家组的多数意见认为美国的争端措施在法律上具有强制性，应当属于技术法规。

专家组多数意见和上诉机构对“强制性”的判定，是通过对争端措施的各项特征以及具体情况，如是否具有可执行性或排他性等，进行全面考察和分析的。通过判断争端措施具有法律拘束力且具备义务性的形式来对产品特性进行规制，得出了争端措施具有“强制性”，从而属于技术法规的结论。

而少数异议意见则认为，在本案中，争端措施并未强制要求在美销售的金枪鱼产品必须使用海豚安全标签，进口商、分销商等对于是否使用该标签享有选择权。事实上，仍有一些没有张贴标签的墨西哥金枪鱼在美国市场销售。也即，少数异议意见认为，判断标签是否具有强制性，应当考察相关产品使用与不使用该标签对进入市场能力的影响。并且，少数异议意见还认为，如果美国争端措施导致墨西哥金枪鱼根本无法进入美国市场，那么争端措施就无可非议地具有了事实上的强制性。在本案中，墨西哥金枪鱼难以在美国销售是其销售商私人选择的行为所造成的，并不是美国政府实施海豚安全标签制度所造成的。综上原因，异议意见认为争端措施不具有强制性。

《TBT 协定》并没有指出判断强制性的具体标准是什么，有大量的观点认为私人行为者因素因被广泛地遵守，而在市场事实上具有了某种强制性。因此，如果强制性被广义地理解，私人行为者因素将无法从《TBT 协定》中排除。

通过以上的分析，可以归纳出多数意见与少数意见之间的争议点之一在于对该措施是否与美国政府或私人行为者因素有关的判定上。标准与技术法规的界定核心在于"强制性"的判定，而判定强制性的条件之一则是某项措施是否与政府的强制有关。本案中专家组少数异议意见认为正是由于私人行为者因素的影响，使得美国政府的措施成为了美国进口商自主决定的结果，从而不涉及政府行为。专家组多数意见认为，该措施由美国政府引起和发布，必然与政府关系密切，零售商的自主决定改变不了政府因素介入的事实。

这一问题上的分歧促使我们思考以下问题：首先，如何理解规则的强制性与事实的强制性。即如果一项措施在规则层面上属于自愿性措施，但是却在事实上产生了强制性的效果（比如在本案中，没有海豚安全标签的墨西哥金枪鱼产品虽然也能够在美国市场流通，但却在交易和流通中面临巨大阻碍）。在这种情况下，应如何判断措施的强制性？其次，私人因素的介入是否影响对"强制性"的判断？之所以会存在以上难题，还是由于《TBT 协定》本身未明确规定"强制性"所包含的因素。

2. 措施的来源：政府权力介入的考量

可以确定的是，无论是多数意见还是少数意见，都承认了政府行为的介入。多数意见认为争端措施体现了政府权力整体的介入、行使和执行，少数意见认为当政府采取的争端措施达到了使某种产品无法进入进口国的程度时，争端措施才具有了强制性。因此，在政府权力是否介入这一问题上并不存在争议，矛盾的关键在于政府权力介入达到了何种效果，才使争端措施具有了强制性。多数意见认为，在审查某一措施是否为技术法规时，除非对该措施进行整体审查，否则无法确定所涉措施的适当法律性质，即应当在个案的基础上对争端措施进行综合考察，采取灵活的审查标准。而少数意见则认为，政府权力需要介入到使得相关产品无法进入进口国市场的程度上，才算具备了强制性，这种审查标准更显硬性与固定。相比较而言，虽然多数意见没有给出明确的程度标准，却在无形中一定程度地增加了强制性认定的可能性，这为打击隐蔽性极强的监管保护主义提供了有效途径，而少数意见所持的固化标准则难以应对复杂的贸易环境。扩大认定强制性的可能性并不意味着可以随意认定技术法规，虽然多数意见的审查标准具有一定的模糊性，但正如其所指出的，对争端措施的考量应当在个案基础上具体分析，用整体和综合的眼光来审视措施的完整运行。在这个意义上，对政府权力的介入程度进行灵活弹性的审查，反而更有利于准确判定争端措施的性质，而不致跌入生搬硬套的泥淖。

3. 私人行为者因素不排除“强制性”的认定

虽然墨西哥诉美国金枪鱼案Ⅱ表面上只涉及美国的公共政策，但这一争端也引发了私人行为者在国际贸易法中扮演的角色问题。少数意见认为，如果一项措施能够同时符合以下两层测试内容，便可视为在事实上具备了强制性：第一，产品在没有特定标签的情况下，实际上是无法进入市场的；第二，不能进入市场的情况是由成员的行为导致的，而与外在私人因素无关。

假定某项争端措施虽然不具备法律上的强制性，但在事实上产生了强制性，如果此时允许不将该措施认定为技术法规，那么私人行为者的介入就可以轻而易举地成为政府规避法律、制造贸易壁垒的手段。本案中专家组少数异议意见认为美国进口商自主决定的行为与政府措施无关，从而不能认定争端措施具有强制性。这种试图将私人行为者的行为与政府行为割裂开来的观点是难以令人信服的，私人监管行为的兴起是贸易壁垒的一个重要表现，而 WTO 规则规范的是成员之间的政府行为，私人主体及其选择并不为 WTO 所管理，这是出于对自由贸易的维护而作出的安排。如若让私人因素的介入阻断了强制性的判断，将会放任私人行为者的市场行为，从而为维护公平自由的贸易环境埋下隐患。

在本案中的上诉机构报告中，上诉机构认为争端措施是否构成技术法规应该根据案件的具体情形和措施的特点来判断。上诉机构认为，海豚安全标签是通过美国国会制定的，即美国的海豚安全标签制度是美国政府的立法行为。并且美国也没有提交区分技术法规和标准的依据，同时，美国不仅设立了使用该种海豚安全标签的条件，还禁止了其他类型的海豚安全标签的使用。可以看出，上诉机构在判断是否构成技术法规时并未给予“私人因素”太多关注，而是从案件的具体措施和实际情况来考虑。因此，私人因素通常而言并不能影响技术法规的判定。

4. 国际标准的解释

在本案中，AIDCP 标准是否属于一项国际标准也是争议点之一。相对于美国海豚安全标签措施而言，AIDCP 标准是一项美国和墨西哥之间达成的且更有利于墨西哥金枪鱼产品向美国出口的标准。如果该标准为国际标准，按照《TBT 协定》第 2.4 条的规定，美国就应该在制定技术法规时适用 AIDCP 标准。然而在此问题上，专家组和上诉机构得出了相反的结论。导致这一问题的原因是《TBT 协定》本身并未对国际标准作出定义，各方对何谓国际标准的理解不同。对于国际标准的定义，应当结合 ISO 和《TBT 协定》的相关规则，以及其他判例中的有效说理，来明确国际标准和国际标准化机构的正确含义。

专家组指出，根据《ISO/IEC 指南 2》的解释，国际标准应是为国际标准化组织（International Standardizing Organization）所采用，且向公众开放的标准。而国际标准化组织是基于其他机构或个人的成员资格而存在的法人实体或行政主体，该组织应有独立的章程和管理体系，具有公认的标准化活动，并且其成员资格应该向相关的所有成员主体开放。

然而对于国际标准的解释，上诉机构给出了不同的意见。上诉机构的分析基于 3 个方面明确了采取国际标准的国际机构的特征，即该机构必须是国际标准化机构，该机构必须有标准化的活动，且该机构的成员资格是开放的。

关于 AIDCP 标准是否属于国际标准这一问题，墨西哥主张 AIDCP 标准属于国际标准，其原因在于 AIDCP 标准是在 AIDCP 的成员协商和批准之后确立的，故其构成了一个公认的机构，同时其成员资格是向有兴趣加入的 WTO 成员开放的。然而美国提出反驳意见，AIDCP 的当事方应为一个国际条约的当事方，即 AIDCP 只是一个国际条约而非机构或组织，并且其成员资格从未向所有的 WTO 成员开放过，所以其标准不应被定性为国际标准。

对比来看，上诉机构的裁决更具有说服力。因为在TBT委员会决议中包含对国际标准定义的具有指导性的原则，即透明（transparency）、开放（openness）、公平（impartiality）、共识（consensus）、有效（effectiveness）、相关（relevance）和一致（coherence），这些原则的存在是为了能够使所有的利害关系方能够真正有机会参与，并达成更为广泛的合意。然而在本案中，墨西哥无法印证WTO成员可以自由加入AIDCP，故该组织并不能被理解为至少向所有WTO成员开放，所以其标准也并不能被理解为《TBT协定》项下的国际标准。

除了定义问题之外，国际标准的有效性和适当性问题也尤为突出。结合2012年的美国原产地标签案与本案，会发现相关国际标准的有效性与合法性证明责任是合法目的抗辩成功的关键，且这两个案子都以相关国际标准不符合争端措施合法目的的有效性和适当性而抗辩成功，这一问题对我国相关规则的制定具有重要的研究意义。

5. 必要性检验

在本案中，专家组认为争端措施不符合《TBT协定》第2.2条的要求，因为美国为了满足其所追求的合法目的对贸易造成了超过必要程度的限制。美国的海豚安全标签有两个目的：其一，确保消费者对金枪鱼产品中的金枪鱼是否是在对海豚产生不良影响的方式下捕获的判断上不会被误导和欺骗；其二，通过确保美国市场不鼓励渔船队采用对海豚有不良影响的方式捕获金枪鱼来保护海豚的安全。专家组认为该措施的两个目的分别属于《TBT协定》第2.2条所列出的合法目的中的“防止欺诈行为”和“保护动物或植物的生命或健康及保护环境”。所以，专家组认为美国提出的合法目的是满足《TBT协定》第2.2条的要求的。

而后，专家组对美国措施的必要性进行分析，专家组认为如果在贸易限制措施中存在比争议中的美国措施更小的替代措施，那么争议措施就不满足必要性测试的要求。通过事实的调查，专家组发现墨西哥提出的替代措施，即AIDCP措施可以满足美国的两个合法目的，并且对贸易的限制比争议措施更小。对美国的第二个目标，专家组也认为两种措施对保护海豚的安全而言作用是相同的。所以，墨西哥提出的AIDCP措施确实能够满足美国标签措施想要实现的目的。但是相比于同样能够实现美国提出的合法目的的AIDCP措施而言，美国的海豚安全标签措施对贸易产生了更大的限制，所以，专家组认为美国的海豚安全标签措施违反了《TBT 协定》第 2.2 条的必要性测试。因而与《TBT 协定》第 2.2 条相矛盾。

美国对专家组的这个结论提出上诉，认为墨西哥提出的 AIDCP 措施无法替代争议中的美国措施。美国认为 AIDCP 措施只能保护一定地域范围内的海豚，超过这个地域范围就无法满足保护海豚的合法目的。并且，美国提出 AIDCP 标准与美国标签措施非常相似，消费者会因此不知道该参照哪个措施购买金枪鱼产品，才能保证不被误导和欺骗。

专家组对这一问题的分析，看重争端措施和可替代措施的比较，而忽视了对其贸易限制性的分析。在加拿大、墨西哥诉美国原产地标签案（DS384、DS386）和本案中，上诉机构均有指出，《TBT 协定》第 2.2 条中规定的所谓“不必要限制”，恰恰意味着允许存在一定程度（必要）的贸易限制，也即，《TBT 协定》真正禁止的是非必要的贸易限制，但可以容忍必要、合理的贸易限制。在此基础上，上诉机构认为墨西哥所提供的可替代措施在实现美国的政策目标方面，效果弱于争端措施，故美国采取的措施符合《TBT 协定》第 2.2 条。《TBT 协定》的必要性测试主要涉及措施对合法目的的贡献程度、措施的贸易限制程度、成员追求的目的无法实现而产生的风险和后果这三个方面。值得注意的是，在非歧视条款的必要性测试问题上，要更加明确“不必要限制”的真正含义，并且应当考虑哪些因素以及这些因素要达到哪些基本要求，达到基本要求的因素对合法目的的贡献程度如何进行比较与衡量。在此问题的分析上，上诉机构的结论显然更加合理。

因此，申诉方在依据《TBT 协定》第 2.2 条证明技术法规造成不必要的贸易限制时，除了证明该措施具有不必要的“贸易限制性”以外，还需证明该措施不具有“正当目标”、不能实现“正当目标”以及超过了“必要”的限度。这些证明要素应当同时具备才能完成证明。首先，对“贸易限制性”的审查不以贸易量为依据，而是在对自由贸易竞争产生的影响上加以判断；其次，“正当目标”被解读为“非穷尽开放清单”，因而可以作无限解释而成为无限的目标，使得被申诉方能够轻松使其技术法规的目标落入“正当”的范围；再次，只要对目标的实现“做出贡献”即可被解读为“实现”正当目标，即使在做出贡献的同时损害该目标；最后，针对“必要限度”是否被超过这一问题，首先，申诉方必须找到具体、有操作性的替代措施。其次，将该替代措施为实现正当目标做出的贡献与争议措施做出的贡献相比较，替代措施如果不能做出与争议措施同等的贡献，就会被认为存在无法完成正当目标的风险，争议措施就不超过“必要限度”。是否造成“不必要的贸易限制”，需要严格遵从前述判断逻辑。

四、评析与启示

1.“合法目的”抗辩

在本案中，美国提出“确保消费者对金枪鱼产品中的金枪鱼是否是在对海豚产生不良影响的方式下捕获的判断上不会被误导和欺骗”这一合法目的。不难看出，这一合法目的是十分具体而详细的，难以存在相关的国际标准来满足这一具体的合法目的，美国“合法目的”的成功抗辩与其具体详细的合法目的内容本身密不可分。因此，在制定某项标准措施之前，首先需关注是否存在相关的国际标准，如果有完全相符的国际标准，则应当按照《TBT 协定》第 2.4 条的规定，适用相应的国际标准；但如果没有完全相符的国际标准，那么在制定措施时就应当尽可能地具体和详细。

同时，在必要性测试方面，上诉机构的分析强调了不同措施对合法目的的满足“程度”。比如，从空间角度来看，某个区域内可以满足合法目的，但在某个区域外却无法实现合法目的，或者从时间角度、政治角度等方面均可以进行考察。因此，国际标准与争端措施对合法目的的贡献程度也是被申诉方完成抗辩时应当仔细研判的细节。被申诉方可以针对申诉方提出的替代性措施进行详细分析，提出自己的合法目的，对比替代性措施与本国措施之间的差异，并仔细收集自身合法目的的相关证据，进一步指出替代性措施在某一方面与本国措施所产生的作用的差异，从而质疑替代措施影响了合法目的的实现。即使申诉方提出的某项国际标准可以满足争端措施的合法目的，但是在必要性测试上，特定国际标准与争端措施对合法目的的贡献程度可能会存在不同，这是本案上诉机构对技术法规的必要性测试问题做出的有益贡献，也将对我国在国际贸易中面临此类问题应如何着手进行抗辩带来有益启发。

2.“事实上的强制性”抗辩

《TBT 协定》附件 1.2 关于标准定义的注解为“ISO/IEC 指南 2 中定义的标准可以是强制性的，也可以是自愿性的。就本协定而言，标准被定义为自愿性的，技术法规被定义为强制性文件。”可以看出，自愿性与强制性是区分标准与技术法规的直接根据。根据前文的分析，政府的措施即使从规则层面上看是自愿性措施，但仍需要进一步分析该项措施在事实层面上是否构成强制性措施。如果事实层面上构成强制性措施，则该项措施就满足技术法规强制性的要求，从而适用技术法规的相关规定。基于此，我国应当吸取以往 WTO 案例中的经验，若某项措施从文本上来看是自愿性的，但如果在实施上产生了强制效果，也很容易被认定为技术法规从而适用《TBT 协定》第 2 条的相关规定。

3. 认定技术法规“强制性”的裁判趋势

理论和实务中的争议，使得技术法规与标准的界分成为了一个棘手难题，其中强制性要素的判定更是被广泛关注和议论着。墨西哥诉美国金枪鱼案Ⅱ作为对这一焦点进行了深入探讨的典型案例，其专家组内部出现的相左观点也进一步证实了强制性要素判定的复杂性。

综合裁判结论来看，WTO 更加倾向于放松对强制性判断标准的限制，扩充技术法规的认定范畴。这种思路在整体上是更应该被肯定的，因为随着技术法规解释外延的扩大，将会有更多的成员措施被纳入《TBT 协定》技术法规的规范范围之内，这无疑将在很大程度上阻止成员利用国内措施规避法律和制造贸易壁垒。并且基于《TBT 协定》对技术法规所规定的更为严格的义务，这种趋势也将更有利于加强成员贸易措施的透明度，从而促进自由贸易和公平竞争。在这一意义上，专家组多数意见的认定结论更为迎合 WTO 的目的与宗旨，尤其是对于在国际贸易中处于劣势的发展中成员而言，这种扩大解释的认定思路自然是更有利的。

第二节　新西兰诉澳大利亚苹果限制措施案

一、基本情况

1921 年，澳大利亚以奥克兰出现火疫病为由禁止了新西兰苹果的进口。新西兰在 1986 年、1989 年和 1995 年 3 次申请进入澳大利亚苹果市场，但均遭拒绝。新西兰于 1999 年 1 月又提交了一份进入澳方苹果市场的申请。为此，澳大利亚检疫检验局（AQIS）发起了进口风险分析，评估与从新西兰进口苹果有关的风险，特别是与火疫病、欧洲溃疡病和苹果卷叶蛾（ALCM）等3种检疫性有害生物有关的风险。2006年11月，澳大利亚生物安全部门发布了《新西兰苹果进口风险分析最终报告》(IRA)。IRA要求新西兰准备一份标准操作程序（SOP），对每种所关注的检疫性有害生物的植物检疫程序以及当事方的责任进行详细阐述。SOP必须在出口开始之前获得AQIS的批准，并接受AQIS审核。但澳大利亚和新西兰未就SOP达成协议。

2007年8月31日，新西兰根据《GATT 1994》第22条，要求与澳大利亚进行磋商。磋商于2007年10月4日在日内瓦举行，但未达成一致。2007年12月6日，新西兰就澳大利亚进口禁令和“风险管理措施”诉诸WTO（DS 367），认为上述措施不符合《SPS协定》相关规定，并据此要求DSB启动争端解决机制。本案涉及的争议措施共有17项（见表6-1），其中8项针对火疫病，5项针对欧洲溃疡病，1项针对ALCM，3项是针对3种病虫害的“一般措施”。由于双方随后对第12项措施达成一致，双方同意将其排除在专家组审查范围之外。

表6-1　新西兰诉澳大利亚苹果限制措施案的争议措施

一、与火疫病有关的措施
措施1：要求苹果源自无火疫病症状的地区。
措施2：要求对果园/园区进行火疫病症状检查，包括以95%的置信水平检查，如有1%的树木出现肉眼可见的症状，则要求在开花后4~7周内进行检查。
措施3：要求制定并批准果园/园区检查方法，以解决树顶症状的可见性、所需的检查时间、为达到有效性须检查的树木数目，以及检验员的培训和认证等问题。
措施4：如果有证据显示果园/园区在检查前进行了可能消除或隐藏火疫病症状的修剪等活动，则该果园/园区在该季节的出口暂停。
措施5：要求在发现肉眼可见的火疫病症状时，果园/园区的出口在该季暂停。
措施6：要求苹果在包装厂进行消毒处理。
措施7：要求所有用于直接接触苹果的分级和包装设备在每次处理输澳苹果之前进行清洁和消毒（使用经批准的消毒剂）。
措施8：要求为出口苹果注册的包装厂只加工来自注册果园的水果。

表 6-1（续）

二、与欧洲溃疡病有关的措施 措施 9：要求苹果产自无欧洲溃疡病的出口果园 / 园区（非疫产地）。 措施 10：要求对出口果园 / 园区中的所有树木进行欧洲溃疡病症状检查，包括检查那些不太容易发生疾病的地区的果园 / 园区时，可以沿着每一排走，目测每一排两边的所有树木，以及检查更容易发生这种疾病的地区时，采用上述相同的程序，并结合使用梯子（如有需要）检查每棵树的上部枝丫，而且此类检查应在落叶后和冬季修剪前进行。 措施 11：要求对所有新种植的树木进行欧洲溃疡病集中检查和防治。 措施 12：如果有证据显示果园 / 园区在检查前进行了可能消除或隐藏欧洲溃疡病症状的修剪等活动，则该果园 / 园区在该季节的出口暂停。（双方就措施 12 达成协议，专家组未就此措施作出裁决） 措施 13：要求在发现欧洲溃疡病时，果园 / 园区的出口在该季暂停，只有在根除该病疫并经检查确认后方可恢复。
三、与 ALCM 有关的措施 措施 14：ALCM 的检查和处理要求，包括以下各项： 根据在整个批次中随机选择的 3000 个单位样品对每个批次进行检验，以确定是否存在 ALCM、检疫性疾病的症状、检疫性有害生物、节肢动物、断枝落叶和杂草种子，并对任何活的检疫性节肢动物进行检测，从而对其进行适当处理或拒绝出口；或 根据在整个批次中随机选择的 600 个单位样品对每个批次进行检验，以确定是否存在检疫性疾病的症状、断枝落叶和杂草种子，并强制对所有批次进行适当处理。
四、"一般措施" 措施 15：要求澳大利亚检疫检验局官员参与果园对欧洲溃疡病和火疫病的检验、包装厂程序的直接核查，以及水果检查和处理。 措施 16：要求新西兰确保所有注册出口澳大利亚的果园均按照标准商业惯例经营。 措施 17：要求包装厂提供厂房布局详情。

2010 年 8 月 9 日，专家组发布最终报告：1）针对澳大利亚关于专家组挑选和咨询科学专家的程序方面的质疑，报告认定没有证据表明挑选和咨询专家的程序不当、专家咨询阶段的正当程序受到损害，也没有证据表明澳大利亚的权利受到任何不利影响；2）当前争端中的 16 项措施属于《SPS 协定》附件 A（1）中所指的 SPS 措施；3）澳大利亚的进口风险评估和各项风险管理措施未充分考虑科学证据、生产方式、病虫害本身的特点和环境条件等因素，未能充分证明病虫害传染的可能性，因此违反了《SPS 协定》对科学证据的要求，不属于适当的风险评估，不符合《SPS

协定》第 5.1 条和第 5.2 条，因此也不符合《SPS 协定》第 2.2 条；4）新西兰未能证明澳大利亚进口苹果与日本进口梨属于“不同但可比较”的情况，也未能证明保护水平存在“任意且不公正”的差别，不能证明违反《SPS 协定》第 5.5 条的非歧视原则，因此也不能证明这些措施不符合《SPS 协定》第 2.3 条；5）澳大利亚有关火疫病、欧洲溃疡病和 ALCM 的措施不符合《SPS 协定》第 5.6 条要求“替代性方案必须考虑技术和经济可行性、达到适当保护水平（ALOP），且对贸易的限制要显著低于现有的措施”，但是新西兰未能证明本争端中针对 3 种有害生物的“一般措施”要求不符合《SPS 协定》第 5.6 条；6）对于新西兰根据《SPS 协定》附件 C（1）（a）和第 8 条提出澳大利亚 IRA 流程存在“不当延误”的争议，专家组认为其不属于受权调查范围。

澳大利亚提出上诉认为，专家组对第 2 项、3 项、5 项审查结论中涉及法律问题作出的法律解释有误，同时专家组的行为不符合 DSU 第 11 条“专家组仅对争议事项进行客观评估”之规定。而新西兰则对第 6 项审查结论提出上诉。

2010 年 12 月 17 日，WTO 上诉机构发布仲裁报告：1）支持专家组的审查结论，即争议涉及的 16 项措施均属《SPS 协定》附件 A（1）所指的 SPS 措施；2）支持专家组对澳大利亚有关火疫病和 ALCM 的措施以及与 3 种有害生物相关的一般措施不符合《SPS 协定》第 5.1 条、5.2 条和 2.2 条的审查结论；3）裁定澳大利亚没有证明专家组的行为不符合 DSU 第 11 条之规定；4）推翻专家组对澳大利亚关于火疫病和 ALCM 的措施不符合《SPS 协定》第 5.6 条的审查结论，但无法对新西兰提出的其提议的替代措施符合澳大利亚 ALOP 的主张完成法律分析；5）推翻专家组对新西兰关于澳大利亚 IRA 流程存在“不当延误”的质疑不属于专家组受权调查范围的审查结论，但同时认定新西兰没有证明通过这 16 项措施的 IRA 流程存在“不当延误”。

二、专家组及上诉机构的审查过程

1. 专家组组建过程

2008 年 3 月 3 日，新西兰请求 WTO 总干事根据 DSU 第 8 条第 7 款确定专家组成员。2008 年 3 月 12 日，总干事组建专家组，专家组包括

1 名主席和 2 名成员。智利、欧盟、日本、巴基斯坦、美国等成员保留其作为第三方参加专家组程序的权利。

2. 专家组工作过程

2008 年 3 月 14 日，专家组向相关方分发了两套工作程序和时间表方案以征求意见，其中对第一套方案专家组将咨询科学专家，而另一方案则不准备咨询科学专家。专家组于 2008 年 3 月 19 日举行了第一次会议，就拟议的工作程序和时间表征求澳新双方的意见。专家组最终采纳第一套方案。由于案情复杂，且确定专家名单和咨询专家过程需要较多时间，专家组先后多次修订时间表，延迟澳新双方提交第一份书面意见和第三方提交意见的最后期限、推迟向专家发送咨询问题的时间，并两次推迟发布最终报告时间。

新西兰和澳大利亚分别于 2008 年 6 月 20 日和 7 月 18 日提交了第一份书面材料，欧盟于 7 月 31 日提交了第三方意见，智利、日本、美国等成员于 8 月 1 日提交了第三方意见。收到澳新双方和第三方意见后，专家组于 2008 年 9 月 2 日至 3 日与澳新双方举行了第一次实质性会议，并于 2008 年 9 月 3 日与第三方举行了会议。应澳新双方要求，上述会议通过闭路电视在单独的房间内向公众开放。2008 年 12 月 19 日，新西兰和澳大利亚联合向专家组致函，表示已就上述 17 项措施中的第 12 项措施达成一致，故专家组未再就该项措施进行研判。

关于咨询科学专家，2008 年 9 月 11 日澳大利亚和新西兰均表示，如果专家组咨询科学专家，则应咨询单独的相关专业领域的科学专家，而不是一个“专家组”。根据澳新双方意见，专家组先后提出 3 批科学专家名单，这些专家来自国际植物保护公约（IPPC）秘书处、国际双翅昆虫学大会理事会（CICD），也包括澳大利亚 / 新西兰提议的相关领域专家。2008 年 12 月 15 日，专家组根据专家本人以及澳大利亚和新西兰双方意见，并考虑利益冲突等因素，选定了 7 名专家。这些专家来自 4 个领域：（a）火疫病；（b）欧洲溃疡病；（c）苹果瘿蚊；（d）有害生物风险评估，包括使用半定量方法。其中（c）领域专家 1 名，其他领域专家各 2 名。

根据澳新双方的意见，专家组于 2009 年 1 月 16 日向选定的科学专家发送了 142 个书面问题。2009 年 3 月 9 日专家组收到科学专家对问题的书面答复。3 月 10 日，专家组将科学专家的书面答复转发澳新双方征求意见。澳新双方于3月25日发表了对科学专家答复的评论。4月9日，双方就彼此对科学专家答复的评论发表了评论。在对科学专家的答复发表评论之后，新西兰和澳大利亚于2009年4月21日提交了书面反驳意见。

专家组于2009年6月30日在澳新双方出席的情况下会晤了指定科学专家。这次会议为小组和澳新双方提供了向科学专家提问的机会，科学专家们澄清了他们在早先对问题的书面答复中提出的观点。专家组于2009年7月1日～2日举行了与澳新双方的第二次实质性会议。专家组与科学专家的会议以及专家组的第二次实质性会议均通过闭路电视在单独的房间内向公众开放。2009年7月，专家组与各相关方就有关问题进行了沟通。专家组报告草稿的描述性（事实和论据）部分于2009年10月2日发送给澳新。专家组于2010年3月31日向澳新发布了中期报告。4月22日，新西兰和澳大利亚就彼此的评论和进行中期审查的要求提交了书面意见，但澳新双方均未要求与专家组举行中期审查会议。2010年8月9日，专家组发布最终报告。

3. 上诉机构的裁决过程

2010年8月31日，澳大利亚通知DSB将上诉，并于9月7日提交上诉书面陈述。9月13日，新西兰通知DSB将提起其他上诉，并于9月15日提交上诉书面陈述。9月27日，澳大利亚和新西兰分别提交被上诉方书面陈述。同日，欧盟、日本和美国各提交了第三方陈述。随后，智利和巴基斯坦分别通知DSB打算作为第三方出席听证会。

本上诉的口头审理于2010年10月11日和12日举行。参与方和第三参与方（智利、欧盟、日本和美国）作了口头发言。参与方和第三方回答了听取上诉的分庭成员提出的问题。2010年12月17日，DSB例会通过新西兰诉澳大利亚苹果限制措施案（DS 367）上诉机构报告。

三、专家组及上诉机构的审查要点与结论

1. 本案所争议的16项措施是否为SPS措施

确定争议措施的属性，是专家组开展审查的前提。专家组审查认为，本案涉及的16项措施，无论作为整体还是单项，均构成《SPS协定》附件A（1）意义上的“SPS措施”。澳大利亚对此提出上诉，上诉机构维持了专家组的审查结论。

（1）专家组的审查结论

专家组指出，澳大利亚 1908 年《检疫法》是 IRA 的立法基础，因此也是 16 项措施的立法基础。该法将检疫措施定义为“其目标为预防或控制可能会对人类、动物、植物、环境或经济活动等其他方面造成重大损害的疾病或有害生物的传入、定殖和传播”。IRA 中一节也规定实施措施的目的是保护人类、动物和植物的健康。专家组认为，IRA 提出的 16 项措施中，每项措施都要求达到这些总体目标，因此均与《SPS 协定》附件 A（1）（a）所指的有害生物传入、定殖和传播造成的风险有关。此外，专家组分析了 IRA 中规定的每项单独措施的目的，认定这些目的和风险管理之间存在“密切联系”。专家组将这 16 项措施划分为法规、要求或程序。如果要将新西兰苹果进口到澳大利亚，16 项措施中的每一项都需要遵循。为此，专家组认定，争议的 16 项措施均为 SPS 措施。

（2）澳大利亚上诉观点

澳大利亚辩称 16 项措施整体上为 SPS 措施，但 16 项单独的措施中仅 4 项“主要”风险管理措施为 SPS 措施，其他“措施”仅仅是“辅助”要求。由于这些辅助要求是根据主要风险管理措施确定的，其仅用于实施或维持这些措施。这些要求除了增强某些保护动植物生命或健康免受相关风险的积极机制的效力外，没有其他作用。因此，澳方认为，不应将此类行政程序或流程等活动或要求认定为单独的 SPS 措施。以措施 3 为例：该措施要求“制定并批准果园检验方法，以解决树顶症状的可见性、所需的检验时间、为达到有效性须检验的树木数量，以及检验员的培训和认证等问题”。单靠该要求并不能有意义且有效地防范任何风险，只有在作为“苹果不得来自出现火疫病症状的地区”的主要措施的附属要求时，该要求才有实际意义。

（3）上诉机构审查及裁定

上诉机构认为，“SPS 措施”的概念是解决此争端的关键。上诉机构细致地分析了《SPS 协定》附件 A（1）对 SPS 措施的描述，指出附件 A（1）中“SPS 措施”的一个基本要素是，此类措施必须是“适用于保护”至少一项所列利益“或防止或限制”指定损害的措施。“to protect”这个不定动词短语中的“to”表明了一种“目的或意图”。因此，措施和受保护利益之间建立起必要的联系。此外，“适用”（applied）指的是措施适用，因此，“适用”一词表示措施与附件 A（1）所列目标之一的关系必须在措施中体现出来。

上诉机构指出，《SPS 协定》附件 A（1）（a）与《GATT 1994》第Ⅲ：1 条的措辞相似，两项规定均使用“适用”一词，且在这两项规定中，该词后面都有表达目的的不定式，即分别为“to protect（为保护）”或“to afford protection（为提供保护）”。根据《GATT 1994》第Ⅲ条，上诉机构认为，尽管措施目的不易确定，但通常可从措施设计、构架和结构中看出其目的。措施是否为附件 A（1）（a）所指的“适用……以保护”，不仅必须根据措施目标来确定，而且必须根据相关措施的文本和结构、其周围的监管环境以及其设计和适用方式来确定。附件 A（1）的最后一段与（a）项～（d）项列举的所有目的相关联。该段的第一部分包括一个由连词“和”连接的法律文书清单（“法律、法令、法规、要求和程序”）。该清单由“包括”和“所有相关”词语修饰。上诉机构认为“相关”一词是本段的关键要素。“相关”系回指附件 A（1）中的前一句，即每项 SPS 措施的具体目的清单。“包括”和“所有”两词表明该清单系泛指的说明性清单，未明确列出的措施在“相关”时，仍可构成 SPS 措施。最后一段的第二部分提出了一份文书清单，内含“包括，特别是”两词。“包括”和“特别是”两词的使用强调了清单仅具有指示性，清单本身包括具体程度各不相同的范围广泛的措施，但前提是该措施“适用”于第（a）项～（d）项规定的至少一个目的。

据此，上诉机构认为，争议的 16 项措施符合 SPS 措施的定义特征，无论是整体还是单项，均属于 SPS 措施范畴，专家组的结论无误。

2. 措施是否符合《SPS 协定》第 5.1 条和第 5.2 条，以及第 2.2 条

新西兰认为，澳大利亚对从新西兰进口的苹果采取的措施没有充分的科学依据。在缺乏科学支持的情况下，澳大利亚采用一种有缺陷的方法，该方法会任意放大风险，然后通过夸大交易量假设将放大后的风险加倍，因此澳大利亚违反了《SPS 协定》第 2.2、5.1 和第 2.2 条规定。

（1）专家组的审查结论

专家组指出，澳大利亚的 IRA 中很少说明是如何讨论和审查与火疫病、欧洲溃疡病和 ALCM 传入、定殖及传播有关的各种因素，继而将它们转换为量化估计值的。虽然“专家判断可能是风险评估人员的重要工

具，但其却不能替代科学数据，尤其是评估有害生物传入、定殖和传播的概率”。专家组要求澳大利亚证明以下 3 点：其整理记录了 IRA 对专家判断的采信情况；对在该报告中采信此类判断的情况并无隐瞒；该报告是根据相关的可靠科学信息（即使是有限的信息）来采信此类判断的。但澳大利亚未能证明这 3 点。

专家组认为，当相关科学证据根据《SPS 协定》第 5.1 条足以用于进行风险评估时，风险评估人员应依赖现有的科学证据（即使风险评估人员面临一定程度的科学不确定性），并必须使用专家判断作为其相关风险评估的部分。如果一个成员选择将 SPS 措施建立在风险评估的基础上，它必须已初步确定相关的科学证据足以用于进行风险评估。但是，如果成员认为科学证据不足以用于进行风险评估，则可以选择根据《SPS 协定》第 5.7 条采取临时的 SPS 措施。澳大利亚进行了风险评估，并将其 SPS 措施建立在该风险评估的基础上，这一事实表明，澳大利亚认为相关的科学证据足以用于进行风险评估。澳大利亚为其风险评估选择了一种半定量的方法，也突显了这一点，表明人们对现有的科学证据有一定程度的信心。专家组认为即使有科学证据，IRA 也多次依靠该报告的专家判断来估算某些事件的量化概率。依靠 IRA 中的专家判断本身并无问题，但要想仍将风险评估视为基于“现有科学证据”的一种科学流程，就必须按照《SPS 协定》第 5.1 条和第 5.2 条来推理和解释这些专家判断。

关于火疫病，专家组根据 IRA 的结构，审查了 8 个单独的进口流程，以及与有害生物的传入、定殖和传播有关的因素。专家组就中间步骤和因素作出了具体认定：关于火疫病的传入、定殖和传播，IRA 没有“关于估计的总体进口概率的单独理由和证据”，IRA 对火疫病暴露、定殖和传播的分析立足于一些假设和条件，而这些假设和条件使各方有理由怀疑作出的评估，同时 IRA 也“并未适当考虑可能对这一特定风险的评估造成（或已造成）重大影响的许多因素”；关于火疫病的潜在生物和经济后果，IRA 倾向于高估火疫病后果的严重性，特别是在植物生命或健康以及国内贸易或工业的标准方面，这些标准分别被评分为最严重的“F”级和“E”级。因此，专家组认为，IRA 对火疫病在澳大利亚传入、定殖或传播的潜在后果的评估未依据充分的科学证据，因此该评估结果并非一致的客观结果。此外，专家组发现，IRA 在方法上存在某些错误，这些错误放大了所评估的风险，而且由于这些错误，IRA 不是《SPS 协定》第 5.1 条所指的适当风险评估。

关于 ALCM，专家组认为 IRA 对其传入、定殖和传播的可能性的分析存在缺陷，足以使各方有理由怀疑其评估结论，同时 IRA 也“并未适当考虑可能对这一特定风险的评估造成（或已造成）重大影响的许多因素”，IRA 未能适当考虑到 ALCM 的生存能力、寄生影响、ALCM 的出现时期、气候条件和贸易方式，而这些因素加起来足以使各方有理由怀疑其在风险评估中对 ALCM 传入、定殖和传播的可能性作出的评估。关于 ALCM 的潜在生物和经济后果，IRA 倾向于高估 ALCM 后果的严重性，特别是在植物生命或健康、控制或消灭有害生物、国内贸易或工业以及国际贸易的标准方面，这些全部被评分为最严重的“D”级。IRA 对潜在后果的分析没有充分考虑到 ALCM 定殖所必需的地理范围和气候条件问题。因此，专家组认为，IRA 对 ALCM 在澳大利亚传入、定殖或传播的潜在后果的评估未依据充分的科学证据，因此该评估结果并非一致的客观结果。专家组认为，IRA 在 ALCM 进口流程的推理以及与传入、定殖和传播有关的因素方面发现的错误是多方面的，严重到足以使 IRA 不符合《SPS 协定》第 5.1 条。

关于争议的“一般措施”，专家组认为，“考虑到 IRA 中‘一般措施’与火疫病以及 ALCM 具体要求之间的关系，并考虑到 IRA 中这些‘一般措施’缺乏任何单独证明理由”，既然 IRA 不属于适当的风险评估，这些“一般措施”间接地与《SPS 协定》第 5.1 条、5.2 条和 2.2 条的规定不相符。

为此，专家组得出结论，澳大利亚的进口风险评估和各项措施未充分考虑科学证据、生产方式、病虫害本身的特点和环境条件等因素，未能充分证明病虫害传播的可能性，因此违反了《SPS 协定》对科学证据的要求，不属于适当的风险评估，不符合《SPS 协定》第 5.1 条和第 5.2 条，因此也不符合《SPS 协定》第 2.2 条 。

（2）澳大利亚上诉观点

1）专家组在评估澳大利亚的风险评估和澳大利亚 SPS 措施与上述规定的一致性时，采用了不恰当的审查标准（standard of review）。澳大利亚认为，专家组在审查《SPS 协定》第 5.1 条的风险评估时，误用了在美国/加拿大—继续中止案中上诉机构制定的科学“充分性”（scientific “sufficiency”）和“客观一致性”（“objectivity and coherence”）标准。在对火疫病和 ALCM 的 IRA 进行审查时，专家组本应只询问 IRA 中间结论是否“在科学界标准所规定的合理范围内”，而不是要求在 IRA 中准确解释 IRA 小组是如何在 IRA 的中间流程中得出专家判断；专家组本身不应进行风险评估，而是审查 WTO 成员所依据的风险评估，以确定该风险评估是否“客观合理”，而不是确定该风险评估“正确”与否。

2）专家组在审查澳大利亚的风险评估及其在若干中间步骤中使用专家判断时，要求过高的透明度和文件记录标准，从而使得在评估风险评估人员推理的客观性和一致性时出错。澳大利亚提出第 2 号和第 11 号国际植物检疫措施标准（ISPM2 和 ISPM 11）指明的相关风险评估技术承认，在存在科学不确定性的情况下，风险评估的每个阶段都需要专家判断。此外 ISPM2 和 ISPM11 中规定的“文件化”和“透明度”标准只要求确认在何处采信了专家判断，并解释出于何种科学不确定性而需要专家判断，但这两项规定并未表明有必要解释作出特定专家判断的方式。澳大利亚主张，在科学证据不充分的情况下，《SPS 协定》第 5.1 条中的“适合有关情况”（“as appropriate to the circumstances”）一语为开展风险评估的方式提供了一定的灵活性。澳大利亚还认为，专家组错误地要求 IRA 准确解释是如何按照其报告中的中间步骤来得出其报告中的专家判断的。《SPS 协定》第 5.1 条中不存在这种义务规定。

3）专家组发现澳大利亚风险评估中存在错误时，未能评估该错误的重要性，也未能确定被认定的缺陷是否严重到使整个风险评估受到质疑的程度。

（3）上诉机构审查及裁定

上诉机构根据澳大利亚的主张进行了以下分析。

1）专家组在审查澳大利亚的风险评估和澳大利亚 SPS 措施是否符合《SPS 协定》第 5.1 条、第 5.2 条和第 2.2 条时，是否采用了不恰当的审查标准

上诉机构分析了欧盟与美国荷尔蒙争端中上诉机构关于审查标准的解释，指出专家组在审查时主要考虑了风险评估的两个方面：①确定风险评估的科学依据来源是否可信，根据相关科学界标准是否可被视为“合法科

学”（legitimate science）；②确定风险评估人员的推理是否客观一致，其结论是否得到科学依据的充分支持。专家组应首先确定风险评估人员所依赖的科学依据是否“合法”（legitimate），然后审查风险评估人员依赖该科学依据得出的推理和结论是否客观一致。

上诉机构认为，专家组对 IRA 中间推理和结论是否客观一致（即科学证据是否充分支撑结论）的审查并无错处。IRA 审查火疫病和 ALCM 以及风险分析的科学和技术工作属于第一方面；IRA 的推理、各种流程和因素的中间结论以及其总体结论属于第二方面，即使是 IRA 用以解决所谓的科学不确定性的专家判断也属于第二方面。当使用专家判断作为风险评估分析内容的一部分时，其应与风险分析中所有其他推理和结论一样，受专家组审查。

IRA 中的推理是根据进口流程和方案以及定殖和传播因素阐述的，并通过汇总整合这些因素得出传入、定殖和传播的总体概率，并用类似结构对潜在生物学和经济学后果进行定性评估。专家组按照 IRA 自身的结构来分析该报告，审查范围包括各个步骤和因素，以及这些步骤和因素汇总组合而成的方法体系。在此过程中，专家组遵循了对《SPS 协定》第 5.1 条风险评估的审查标准，该标准要求专家组审查风险评估人员的结论，而不是自己进行风险评估。在这些情况下，若专家组无法评估 IRA 中间结论和推理的客观一致性，则缺乏依据评估 IRA 与《SPS 协定》第 5.1 条的一致性。因此，考虑到 IRA 正是在这些中间流程中推理和解释了科学证据与其结论之间的关系，专家组正确评估了 IRA 中间流程和因素的中间结论是否客观一致。

鉴于上述情况，上诉机构认为，专家组根据审查标准对 IRA 的审查无误。特别是，专家组正确审查了 IRA 就进口可能性、传入、定殖和传播可能性以及火疫病和 ALCM 潜在生物和经济后果得出的中间结论是否得到科学证据的充分支撑，以及结论是否客观一致。

2）专家组是否错误地评估了 IRA 专家判断的使用情况

如果风险评估人员根据专家判断得出某些结论，并确定存在一定程度的科学不确定性，这并不妨碍专家组评估这些结论是否客观一致，以及是否有可用科学证据的充分依据。潜在科学证据与风险评估人员基于该科学证据以及专家判断（如有必要）的推理和结论之间是有区别的。

上诉机构认为，即使使用了专家判断，也不应将《SPS 协定》第 5.1 条中的“适合有关情况”一词解释为授权风险评估人员偏离第 5.1 条和第 5.2 条的要求或忽略现有的科学证据。一定程度的科学不确定性不足以证明偏离第 5.1 条和第 5.2 条的要求，特别是在风险评估中考虑到现有科学证据的要求时。一般而言，使用了专家判断的文件和具有透明度有助于确定总体风险评估是否依赖现有的科学证据，是否符合《SPS 协定》，即使是在面临某些科学不确定性的情况下进行的风险评估也是如此。

澳大利亚依据的 ISPM2 提供了一个描述有害生物风险分析过程的框架，ISPM11 提供了进行有害生物风险分析以确定有害生物是否为检疫性有害生物的详细信息，并描述了用于风险评估的综合过程以及风险管理选项的选择。虽然《SPS 协定》第 5.1 条要求进行有害生物风险评估的成员考虑国际上制定的风险评估技术，但这并不意味着风险评估必须基于或符合此类技术，也不意味着仅遵守这些技术就足以证明成员遵守了《SPS 协定》规定的义务。ISPM2 和 ISPM11 都阐述了从开始到有害生物风险管理的整个风险评估过程的透明度和文件要求，并不排除在科学不确定的情况下使用专家判断，除了关于“不确定性”的章节要求透明度和文件不确定性的性质和程度外，关于“文件”的一般章节还规定，整个有害生物风险分析过程应充分记录。

鉴于上述情况，上诉机构认为专家组表达的观点并无不妥，即 IRA 没有充分记录其使用专家判断的情况，IRA 本应解释如何在中间步骤做出专家判断。专家组正确地评估了 IRA 中的推理是否揭示了在得出的结论与科学证据之间存在客观和合理的联系。

3）专家组是否未能评估其在 IRA 推理中发现的错误的严重性

上诉机构认为，专家组的分析表明，其在 IRA 关于进口流程的推理以及与传入、定殖和传播有关的因素方面发现的错误是多方面的，这些缺陷加起来足以表明 IRA 不构成《SPS 协定》第 5.1 条意义上的适当风险评估，不需要专家组来确定其在风险评估中发现的每一项错误本身是否严重到足以破坏整个风险评估。此外，专家组是否将风险评估作为一个整体进行审查，或是否将其总体结论建立在对所审查的各个步骤和因素的分析之上，将取决于所审查的风险评估的类型和结构，并可能取决于申诉方如何提出和开展其诉讼。在这种情况下，特别是鉴于 IRA 进行分析的方式，专家组采用的方法是适当的。因此，上诉机构认为，专家组在对IRA分析的各个步骤和因素进行全面分析的基础上，适当评估了IRA是否属于《SPS协定》第5.1条所指的风险评估。基于这些原因，上诉机构驳回澳大利亚的主张。

3. 关于火疫病、欧洲溃疡病和ALCM的措施是否符合《SPS协定》第5.6条

新西兰认为其提议的替代措施符合澳大利亚ALOP，在技术和经济上合理可行，并且大大低于澳大利亚措施产生的贸易限制，故澳大利亚有关火疫病、欧洲溃疡病和ALCM的措施对贸易的限制超过了必需水平，不符合《SPS协定》第5.6条要求。

（1）专家组的审查结论

专家组在分析新西兰根据该条款提出的主张时指出，如欲证明澳大利亚关于火疫病、欧洲溃疡病和ALCM的措施对贸易的限制超过了必需水平，不符合《SPS协定》第5.6条，申诉方必须证明替代措施同时具备以下要素：1）考虑到技术和经济可行性，合理可行；2）达到进口成员适当的卫生或植物卫生保护水平；3）与争议的卫生与植物卫生措施相比，大幅降低对贸易的限制。

根据上述标准，专家组对新西兰提出的替代措施（限制火疫病和欧洲溃疡病风险的替代措施为仅从新西兰进口成熟、无症状的苹果；限制ALCM风险的替代措施为对每个进口批次的600个水果样本进行检查，如果在样本中发现ALCM，则对该批次水果进行适当处理或拒绝其进口）进行了分析，认为这些替代措施满足上述3个要素。专家组得出结论，澳大利亚关于火疫病和ALCM的措施对贸易的限制超过了所需限度，不符合《SPS协定》第5.6条。但是新西兰未能证明本争端中针对3种有害生物的“一般措施”要求不符合《SPS协定》第5.6条。

（2）澳大利亚上诉观点

1）专家组不恰当地依据其根据《SPS协定》第5.1条、5.2条和2.2条做出的结论（澳大利亚的进口风险评估不属于适当的风险评估，不符合《SPS协定》第5.1条、第5.2条及第2.2条），得出新西兰拟议的替代措施将达到澳大利亚的适当保护水平的结论。澳大利亚请求上诉机构推翻专家组的结论，即澳大利亚关于火疫病和ALCM的措施与第5.6条不符。

2）专家组未能要求新西兰肯定地确定澳方措施不符合《SPS 协定》第 5.6 条，因为其仅确定替代措施“也许”或“可能”达到澳大利亚的适当保护水平。澳大利亚认为，在处理新西兰根据第 5.6 条提出的主张时，专家组因“急于”避免进行不允许的重新评估，未能根据新西兰提出的证据和论点，充分地证实替代措施“将实现”澳大利亚的适当保护水平。

3）专家组在解释《SPS 协定》附件 A（5）中定义的“适当的卫生或植物卫生保护水平”一词时，仅侧重于相关有害生物的传入、定殖和传播的概率，而没有审议相关的潜在生物和经济后果。

（3）上诉机构审查及裁定

关于“专家组是否不恰当地依据其根据《SPS 协定》第 5.1 条、5.2 条和 2.2 条做出的结论，得出新西兰拟议的替代措施将达到澳大利亚的适当保护水平的结论”。

上诉机构认为，《SPS 协定》第 5.1 条和第 5.6 条并不相互依赖，即使推翻专家组根据第 5.1 条和第 5.2 条做出的结论（上诉机构没有这样做），这不必然会推翻专家组根据第 5.6 条做出的结论。由于澳大利亚的上诉涉及专家组在评估新西兰根据第 5.6 条提出的主张时采取的总体分析方法，上诉机构对专家组分析方法进行了审查。在评估过程中，专家组采用“两步骤”分析方法：首先评估新西兰是否证明澳大利亚夸大了进口新西兰苹果造成的风险。由于风险管理措施只有在风险超过 ALOP 的情况下才有必要，如果怀疑风险超过了 ALOP，那么专家组则需要继续考虑新西兰建议的替代措施是否可以满足澳大利亚的 ALOP 要求。假设风险管理措施是必要的，则应考虑新西兰的替代措施是否可以充分将风险降低至澳大利亚 ALOP 或低于澳大利亚 ALOP。

上诉机构认为专家组采用的方法存在一些问题：“两步骤”要求申诉方证明进口成员在其风险评估中高估了与进口产品有关的风险，或错误地认为有必要采取 SPS 措施。上诉机构认为，第 5.1 条和第 5.6 条所规定的义务不同，两者在法律上相互独立。因此，对于专家组“仅在申诉方对进口成员的风险评估‘提出疑问’时，才可就申诉方是否成功证明其提议的替代措施符合第 5.6 条的第二项要求展开‘直接’分析”的观点，上诉机构并不认同。上诉机构认为，专家组必须对新西兰提议的替代措施是否能达到澳大利亚的适当保护水平进行独立的分析。

专家组分析新西兰提议的替代措施是否符合澳大利亚的适当保护水平时，一再表示，必须谨慎不要“陷入重新评估”，上诉机构认为专家组的谨慎存在错位。在专家组审查进口成员根据第5.1条进行的风险评估时，应注意不要重新进行评估。然而，就第5.6条主张而言，情况不同。第5.6条下的法律问题要求专家组本身客观地评估申诉方提出的替代措施是否能达到进口成员的适当保护水平。综上所述，上诉机构认为专家组分析新西兰第5.6条主张的方法是错误的。由于专家组不适当地依赖其根据第5.1条审查IRA时得出的结论，并且未能肯定地认定新西兰的替代措施将符合澳大利亚的适当保护水平，因此专家组根据第5.6条得出的结论缺乏足够的法律依据。

关于专家组是否未能要求新西兰肯定地确定澳方措施不符合《SPS协定》第5.6条及专家组在解释“适当的卫生或植物卫生保护水平”时是否仅侧重于相关有害生物的传入、定殖和传播的概率，而没有审议相关的潜在生物和经济后果。

上诉机构认为，由于推翻了专家组关于澳大利亚火疫病和ALCM措施不符合《SPS协定》第5.6条的结论，因此，没有必要考虑澳大利亚提出的其他论点，即：1）专家组误用了关于举证责任的规则，只要求新西兰证明其拟议的替代措施“可能”达到澳大利亚适当保护水平，而不是要求新西兰证明他们“会”这么做；2）专家组误解了第5.6条中“适当的卫生或植物卫生保护水平”一词，因为它只评估有害生物传入、定殖和传播的可能性，未能评估“相关的潜在生物和经济后果”；3）分析《SPS协定》第5.6条时，专家组未能客观评估其面对的问题。

同时，上诉机构提出以下意见。第一，关于举证责任问题，专家组在说明其将评估“新西兰是否提供足够证据来推定（即拟议的替代措施将达到澳大利亚ALOP）时”，恰当地阐明了相关举证责任。专家组的错误在于，从对新西兰第5.1条主张的分析中引入与IRA推理缺陷相关的推理和结论，而不是独立分析新西兰的第5.6条主张，并评估根据该举证责任所提出的论述和证据。第二，上诉机构倾向于同意澳大利亚的观点，即“适当保护水平”的概念，也可称为“可接受风险水平”，是由附件A（4）中“风险评估”一词的“风险”的意义决定的，即评估“可能适用的卫生或植物卫生措施，有害生物或疾病在进口成员领土内传入、定殖或传播的可能性，以及相关的潜在生物和经济后果”。换言之，上诉机构承认与有害生物和疾病相关的“风险”可能包括“后果”。因此，对替代措施是否达到适当保护水平的任何评估都必须考虑有害生物传入、定殖和传播的相关潜在后果。第三，分析《SPS 协定》第 5.6 条时，专家组未能客观评估其面对的问题，并建议专家组必须按照 DSU 第 11 条规定的“有限授权”，避免开展独立的风险评估，以确定替代措施是否能达到适当保护水平。

鉴于上述情况，上诉机构推翻了专家组关于澳大利亚有关火疫病和 ALCM 的争议措施不符合《SPS 协定》第 5.6 条的结论。关于火疫病和 ALCM 的替代措施相关风险问题，专家组虽然审查了与该问题相关的大量证据，但并未就这些证据或新西兰提出的具体主张（其提议的替代措施符合澳大利亚 ALOP）或新西兰认为相关风险“可以忽略不计”的论点做出结论。所以上诉机构无法对新西兰替代措施提供的保护水平和澳大利亚的 ALOP 进行必要的比较，且因此无法完成对《SPS 协定》第 5.6 条第 2 个条件（即达到进口成员适当的卫生或植物卫生保护水平）的法律分析。

4. 专家组是否未能根据 DSU 第 11 条的规定对其处理的事项进行客观评估

澳大利亚认为，专家组未能根据 DSU 第 11 条的规定对其处理的事项进行客观评估，并据此提出上诉。

（1）澳大利亚上诉观点

澳大利亚的上诉主张具体为：1）专家组未能采纳或无视其任命的专家对澳大利亚有利的证词；2）专家组误解了澳大利亚风险评估中采用的方法。

（2）上诉机构审查及裁定

1）关于专家组是否未能采纳或无视其任命的专家对澳大利亚有利的证词

上诉机构认为，专家组在评估事实，包括处理证据方面享有自由裁量权。但是，专家组作为事实审查方的自由裁量权在适用的 DSU 第 11 条审查标准中具有局限性。根据《SPS 协定》第 5.1 条，“对案件事实作出客观评估”时，专家组不能利用证据，包括其指定专家的证词，进行自己的风险评估。相反，专家组必须利用这些证据来审查 WTO 成员的风险评估。上诉机构针对澳大利亚对专家组在6个不同领域对指定科学专家的某些陈述的处理提出质疑的内容进行了详细的审查，并考虑了每一项陈述的背景，以及澳大利亚在专家组诉讼过程中对这些声明的重视程度。上诉机构考虑了专家组是否没有重述和讨论报告中的某一陈述，该陈述是否与专家组的推理明确相关并具有重要性，如果是的话，推理是否表明专家组考虑了该陈述。在审查了专家组对个别陈述的处理后，上诉机构考虑了专家组在对专家证词的总体处理中有没有按照DSU第11条对事实进行客观评估。经审查，上诉机构认为，在处理科学专家在6个不同领域的个人陈述时，专家组没有忽视或不采纳有利于澳大利亚的重要证据。

2）关于专家组是否误解了澳大利亚风险评估中采用的方法

专家组认为，IRA针对发生可能性为“可忽略”的事件选择$0 \sim 10^{-6}$的概率区间，但并未就该选择提供正当的理由，而且该选择导致对有害生物传入、定殖和传播概率的过高估计。IRA指定的概率区间涵盖相对频繁发生的事件和根据科学证据几乎肯定不会发生的事件。IRA采用了半定量方法，并使用对应关系将定量概率区间转换为定性评级和描述，但IRA使用的对应关系是不合理的。专家组审查认为，由于方法上的缺陷扩大了所评估的风险，IRA并非《SPS协定》第5.1条所指的适当风险评估。上诉机构同意专家组意见，认为在IRA这样的半定量风险评估中，对应关系的客观性对于风险评估结果的客观一致性至关重要。因此，上诉机构认为专家组并没有误解IRA使用的方法。因此，澳大利亚没有证实专家组在评估澳大利亚风险评估方法时的行为不符合DSU第11条。为此，上诉机构裁定，澳大利亚没有证明专家组的行为不符合DSU第11条中规定。

5. 专家组是否错误地认定新西兰根据《SPS协定》附件C（1）（a）和第8条提出的主张不在专家组的职权范围之内

（1）专家组的结论

专家组首先分析了与新西兰的主张（澳大利亚IRA流程存在“不当延误”，与《SPS协定》附件C（1）（a）和第8条不符）相关的措施是否在其受权审查范围内。专家组认为“IRA程序”如不当拖延，是一种“可能违反《SPS协定》附件C（1）（a）”的程序。专家组随后讨论了新西兰是否已在其请求中包含相关程序问题。专家组认为，新西兰“程序上的拖延”的主张与其质疑的17项措施不同。由于新西兰的专家组请求并未明确提出要求对此程序进行审查，所以专家组认为该主张不在其审查范围内。

（2）新西兰上诉观点

新西兰引用欧共体生物技术产品审批和销售案中的专家组意见，如果完成批准程序所用的时间，超过了检查和确保遵守相关卫生与植物卫生要求的合理必要时间，则意味着存在“不当延迟”。新西兰称，在此次争端中，有一些关键事实确凿无疑地表明完成 IRA 所需的时间超过了合理的必要时间，即：1）8 年完成 IRA；2）澳大利亚检疫局在 IRA 流程开始时发出的信函表明，风险评估将是“常规评估”，需要大约 12 个月才能完成，因为该评估在“技术上没有以前的流程复杂”；3）在澳大利亚政府授权对澳大利亚检疫制度进行的审查中，承认延误“很难自圆其说”；4）澳大利亚没有对延误做出解释或说明理由。

新西兰认为专家组的错误之处在于，其认定新西兰在其根据附件 C（1）（a）和第 8 条提出的主张中没有适当地确定争议措施，新西兰必须对已完成的“IRA 流程”提出质疑，“IRA 流程”是一项与 IRA 规定的措施不同的措施。专家组在解释《SPS 协定》附件 C（1）（a）和 DSU 第 6.2 条方面犯了 3 个主要错误，即：1）专家组错误地假设，争议措施必然会直接导致违反义务；2）专家组模糊了争议措施和主张之间的区别；3）专家组坚持认为 IRA 流程虽然已经结束，但却是唯一可以质疑的措施，专家组忽略了新西兰质疑的措施继续损害利益这一事实。SPS 措施与其制定过程密不可分，如果 SPS 措施是在不当延误的审批流程中制定和通过的，这种措施可能成为对该过度延迟提出质疑的依据，因此可以根据附件 C（1）（a）对其提出质疑。

（3）上诉机构审查及裁定

1）新西兰根据《SPS 协定》附件 C（1）（a）和第 8 条提出澳大利亚 IRA 流程存在“不当延误”，是否属于专家组的受权调查范围

DSU 第 6.2 条在 WTO 争端解决中发挥着关键作用，其规定了申诉方在其专家组请求中必须满足的两个关键要求，即“确定具体措施和简要概括申诉（或主张）的法律依据”。这两个要素一起构成“诉诸 DSB 的事项”。因此，如果其中任何一个没得到适当确定，该事项将不在专家组职权范围内。另一项明确的规定是，必须根据设立专家组的请求来确定是否

符合第6.2条的要求。上诉机构认为，专家组将上述两种要求混为一谈。专家组未能通过以下方式来妥善斟酌措施和主张之间的区别：一是分析新西兰是否在其专家组请求中确定了具体措施；二是裁定超出专家组职权范围的是新西兰方主张（澳大利亚IRA流程存在"不当延误"，与《SPS协定》附件C（1）（a）和第8条不符），而不是措施。

就DSU第6.2和7.1条而言，要使一个问题属于某个专家组的职权范围，申诉方必须确定"具体的措施"和"足以说清问题之申诉的法律依据"。此外，"提出申诉的成员在确定有争议的措施方面享有一定酌情处置权"，并且"只要第6.2条的具体要求得到满足，就没有理由阻止某个成员在某个专家组请求中可将另一成员的'作为或不作为'列为措施。"在本次争端中，专家组根据第6.2条进行的分析本应仅限于确定新西兰将何事确认为具体的措施，以及新西兰将何事确认为其申诉（主张）的法律依据。专家组在其初步结论中已经认定，新西兰的专家组请求确定了17项措施，新西兰的主张以《SPS协定》附件C（1）（a）和第8条为依据，因此，该事项在专家组职权范围内。

专家组请求中确定的措施是否会违反或导致违反附件C（1）（a）和第8条义务，这是一个实质性问题，需要根据实际情况解决。然而，专家组在裁决阶段停止了分析。专家组从未着手分析"新西兰在其专家组请求中确定的措施"不符合《SPS协定》附件C（1）（a）和第8条的确凿证据。因此，上诉机构推翻了专家组关于IRA不当延迟主张不属于专家组职权范围的结论。

2）澳大利亚的措施是否"不当延误"

《SPS协定》附件C（1）（a）中有一项义务规定，即在"无不当延迟"情况下实施和完成相关程序。就这点而言，"延迟"一词的通常含义是指"因不作为或无法进行而损失的（一段）时间"。"不当"一词是指"不应该或不应该做、不恰当、不适当、不正确、不合法、不合理"或"超出正当或自然范围的事情；过度，不相称"。因此，附件C（1）（a）要求各成员确保以适当的速度开展和完成相关程序，即此类程序不涉及任何不必要的或过度的、不相称的或不合理的时间段。因此，相关程序是否被不当延迟，不是一个可以抽象完成的评估，而是一个需要对所指的未能适当迅速采取行动的原因以及这些原因是否合理进行逐案分析的评估。

就新西兰根据附件 C（1）（a）和第 8 条提出的主张而言，新西兰并未质疑这 16 项措施的实质性内容，而是质疑这些措施的制定情况。然而，这些措施本身并没有确定或具体说明通过这些措施的过程，或该过程中的任何步骤。新西兰并没有提供任何其他论据来支持其主张，即这 16 项措施（单独或作为一个整体）“直接”或“间接”违反了附件 C（1）（a）和第 8 条中规定之“无不当延迟”的义务。

因此，上诉机构认为，新西兰没有证明这 16 项措施不符合《SPS 协定》附件 C（1）（a）和第 8 条规定，即在“无不当延迟”情况下实施和完成对 SPS 措施遵守情况进行检查和确定所需的程序。

四、评析与启示

1. DSU 争端中专家组职责范围及审查标准

DSU 第 6.2 条在 WTO 争端解决中发挥着关键作用，其规定了申诉方在其专家组请求中必须满足的两个关键要求，即“确定具体的争议措施和简要概括申诉（或主张）的法律依据”。这两个要素一起构成“诉诸 DSB 的事项”，因此，如果其中任何一个没得到适当确定，该事项将不在专家组职权范围内。另一项明确的规定是，必须根据设立专家组的请求来确定是否符合第 6.2 条的要求，而且“在专家组审理程序期间，不能在双方随后提交的呈件中‘补救’其中的缺陷”。DSU 第 11 条规定了专家组审查时适用的审查标准，该条相关部分规定：“专家组应对其审议的事项做出客观评估，包括对该案件事实及有关适用协定的适用性及与有关适用协定的一致性的客观评估，并做出可协助 DSB 提出建议或提出适用协定所规定的裁决的其他调查结果。”

通俗讲，WTO 争端解决机制采用的是“不告不究”原则。因此，在利用该机制解决贸易纠纷时，申诉方必须全面清晰提出需要 DSB 解决的事项。

2. 关于风险评估的客观性和科学性判定

关于风险评估，《SPS 协定》第 5.1 条要求 SPS 措施以“风险评估”为基础，《SPS 协定》附件 A（4）规定了“风险评估”的定义，《SPS 协定》第 5.2 条列出了风险评估所必须考虑因素的清单，该清单并非“封闭式清单”，第 5.2 条要求风险评估人员考虑现有科学证据以及其他因素。风险评估人员是否根据《SPS 协定》第 5.2 条的规定考虑现有科学证据，以及其风险评估是否为第5.1条和附件A（4）所规定的适当风险评估，必须通过评估风险评估人员的结论和相关现有科学证据之间的关系来确定。第5.1条是“《SPS协定》第2.2条所规定基本义务的具体适用”，并且“第2.2和5.1条通常应一并解读”。第2.2条强调卫生与植物卫生措施必须以科学原则和充分的科学证据为基础。

结合本案可以看出，开展SPS领域的风险评估时应符合以下几方面要求：1）风险评估的方法必须是科学的。风险评估是“一个系统、有纪律和客观的调查分析过程，即事实和观点的研究整理模式”。如果一个成员选择将SPS措施建立在风险评估的基础上，其已初步确定的相关科学证据必须足以进行风险评估。但是，如果成员认为科学证据不足以进行风险评估，则可以选择根据《SPS协定》第5.7条采取临时的卫生与植物卫生措施。2）基于科学证据的推理必须是合理的。专家组根据《SPS协定》第5.1条审查风险评估的两个方面：确定风险评估的科学依据来自受推崇的合格来源，因此根据相关科学界标准，可被视为“合法科学”；和确定风险评估人员的推理是客观一致的，其结论在基础科学依据上得到充分支持。本案中，IRA关于进口流程的推理以及与传入、定殖和传播有关的因素方面的错误是多方面的，这些缺陷加起来足以表明IRA不构成《SPS协定》第5.1条意义上的适当风险评估。3）在采用专家判断法时应非常谨慎。虽然“专家判断可能是风险评估人员的重要工具，但其却不能替代科学数据。4）避免风险分析“不当延迟”。

3. 关于替代措施是否符合第5.6条要求的检验标准

关于替代措施是否符合《SPS协定》第5.6条要求，第5.6条特别是该条的注脚提出了3个方面的检验：1）在考虑到技术和经济可行性的情况下是合理可用的；2）达到成员适当的卫生与植物卫生保护水平；3）比有争议的SPS措施对贸易的限制要小得多。这3个条件是累积性的，这意味着必须满足所有这些条件，才能确定符合第5.6条。在确定前两项条件是否得到满足时，专家组必须重点评估所提议的替代措施。只有在审查第三个条件是否得到满足时，专家组才需要将提议的替代措施与有争议的SPS措施进行比较。

4. 关于批准程序合规性问题

附件C（1）（a）中的义务要求各成员在无不当延迟情况下开始并完

成具体程序。因此，程序是相关义务的直接目标，而此类程序本身可能就是违反了该义务的措施。然而，这并不意味着其他类型的措施被先验地排除在与附件 C（1）（a）和第 8 条不一致之主张的适当目标之外。除了控制、检查和批准程序本身之外，采取其他措施（例如禁止、防止或阻碍在“无不当延迟”情况下实施和完成相关程序的作为，或在“无不当延迟”情况下未采取行动的不作为）可能会导致违反需要确保在“无不当延迟”的情况下实施和完成相关程序的义务。这些措施，即使本身不是程序，也同样会导致违反附件 C（1）（a）和第 8 条规定。可能违反附件 C（1）（a）和第 8 条中义务的措施包括：相关的“批准、控制和检查程序”；妨碍或阻止开展或完成此类程序的政府行动；以及未能以适当的速度实施或完成此类程序的情况。

第三节　欧盟诉俄罗斯生猪和猪肉制品进口限制措施案

一、基本情况

2014 年 1 月 24 日，在立陶宛东南部的野猪中发生两起非洲猪瘟（ASF）病例后，俄罗斯从 2014 年 1 月 27 日起不再接受整个欧盟的争议产品，包括生猪及其遗传物质、猪肉及部分猪肉制品（以下简称“欧盟禁令”），并相继发布了针对暴发非洲猪瘟的爱沙尼亚、拉脱维亚、立陶宛和波兰的相关产品的特定禁令（以下简称“成员国禁令”）。欧盟通过 WTO 争端解决机制进行申诉，2014 年 4 月 8 日，欧盟要求与俄罗斯进行磋商，双方未能达成一致。DSB 按照 DSU 及《SPS 协定》启动争端解决机制，组建专家组对双方主张、依据等进行审查，并进行裁决。专家组于 2016 年 8 月裁定俄罗斯的行为不符合其在《SPS 协定》第 2.2 条、3.1 条、3.2 条、5.1 条、5.2 条、5.3 条、5.6 条、6.1 条和 8 条以及附件 C（1）（a）和 C（1）（c）项下的义务，抵消或减损了欧盟根据该协定获得的利益。此后，俄罗斯和欧盟分别针对专家组报告中的部分结论提出上诉。2017 年 2 月上诉机构发布报告，维持了专家组报告中关于俄罗斯违反《SPS 协定》相关条款的裁定。

二、专家组及上诉机构的审查过程

1. 专家组组建过程

2014年6月27日，欧盟要求建立专家组。在2014年7月22日的会议上，DSB应欧盟的要求成立了专家组。2014年10月23日，WTO总干事指定了专家组的成员，包括1名组长和2名成员。由于有1位专家组成员辞职，WTO总干事于2014年11月6日任命了另1位专家，但该专家于2014年11月26日辞职。于是，WTO总干事于2014年12月4日重新任命了1位专家，组成由3名专家构成的团队。

2. 专家组工作过程

2014年12月8日，专家组在与当事双方协商之后，通过了工作程序和时间表。专家组于2015年4月20日至23日组织召开了与双方的第一次实质性会议。2015年4月21日召开了与第三方成员的会议。专家组与世界动物卫生组织（OIE）和部分专家磋商，并在与各方协商之后，于2015年6月2日通过了经修订的时间表和咨询专家组的其他工作程序。2015年9月16日至17日专家组召开了与双方的第二次实质性会议。2016年2月11日专家组向当事双方发布了中期报告，2016年4月7日专家组向当事双方发布了最终报告，2016年8月19日专家组报告分发给WTO成员并在WTO网站发布。

3. 上诉机构的裁决过程

2016年9月23日，俄罗斯根据DSU第16.4条和第17条通知DSB，将对专家组报告中某些问题提出上诉，并分别根据《上诉审查工作程序》第20条和第21条提交了上诉通知书和上诉人陈述。2016年9月28日，欧盟根据DSU第16.4条和第17条通知DSB，将对专家组报告中某些问题提出上诉，并根据《上诉审查工作程序》第23条提交了其他上诉通知书和其他上诉人陈述。2016年10月11日，欧盟和俄罗斯分别提交了被上诉人陈述。2016年10月14日，澳大利亚、巴西和美国分别提交了第三方参与者陈述，中国、印度、日本、韩国、挪威等成员通知其将作为第三方参与者出席口头听证会。2016年10月17日，南非通知其将作为第三方参与者出席口头听证会。2016年11月2日，上诉机构收到俄罗斯来函，请求在上诉程序的口头听证会中允许使用英语与俄语同声传译。2016年

11 月 14 日，上诉机构发布了一项程序性裁决，授权俄罗斯在口头听证会中使用口译人员进行英语与俄语同声传译。2016 年 11 月 21 日上诉机构主席通知 DSB 主席表示无法在 DSU 规定的 60 天内或 90 天内分发上诉机构报告。2016 年 11 月 24 日，上诉机构举行了口头听证会，参与者和第三方参与者均做了发言，并回答了上诉机构成员提出的问题。2017 年 2 月 23 日，上诉机构的报告分发给 WTO 成员并在 WTO 网站发布。

三、专家组及上诉机构的审查要点与结论

1. 俄罗斯措施是否为 SPS 措施

欧盟认为，俄罗斯实施的欧盟禁令和成员国禁令与《SPS 协定》规定不符。俄罗斯认为，欧盟禁令不是 SPS 措施，因此不违反俄罗斯在《SPS 协定》项下的义务，而成员国禁令符合相关的国际标准（根据《SPS 协定》第 3.2 条）。此外，俄罗斯已不承认欧盟建议的非疫区，成员国禁令与俄罗斯根据《SPS 协定》承担的义务并不矛盾。因此，专家组首先对俄罗斯的措施是否属于 SPS 措施进行研判。

专家组指出，欧盟已经证明针对整个欧盟的禁令是一项综合措施。俄罗斯拒绝进口生猪、猪肉和其他猪肉制品的依据是与欧盟谈判达成的兽医证书中的要求。根据该要求，整个欧盟地区（撒丁岛除外）必须在 3 年内不出现 ASF，俄罗斯才会进口这些产品。在立陶宛突发 ASF 疫情后，欧盟的产品不再符合这一要求，俄罗斯因而实施针对整个欧盟的禁令。专家组认为，欧盟禁令和成员国禁令是为保护俄罗斯动物健康免受 ASF 的危害，符合《SPS 协定》对 SPS 措施的定义，认定其属于 SPS 措施。俄罗斯未对专家组的此项裁定进行上诉。

2. 俄罗斯是否为欧盟禁令的制定方

专家组认为俄罗斯正在采取具体行动，使欧盟的出口商无法向俄罗斯出口争议产品，出口产品遭到了俄罗联邦兽医和植物检疫监督局（FSVPS）地方部门的拒绝。根据俄罗斯的国内法规，FSVPS 及其地方部门是俄罗斯政府的机关，由此认为，FSVPS 及其地方部门负责人的行动应属于俄罗斯采取的行动。专家组承认，截至 2014 年 1 月 25 日，欧盟地区（撒丁岛除外）出现 ASF，因此不满足双边商定的兽医证书中的明确要求，但是俄罗斯而不是欧盟采取了实施进口禁令的行动。此外，兽医证书

的条款不是欧盟对进口产品的要求，而是俄罗斯对产品进口的要求。专家组进一步指出，俄罗斯不仅要求出口国出示兽医证书，而且要求遵守俄罗斯的若干要求，包括获得俄罗斯签发的进口许可证。因此，专家组认为，俄罗斯是欧盟禁令的制定方。

俄罗斯对此提出上诉称，专家组错误地将双边兽医证书的“内容”归咎于俄罗斯。在提到双边兽医证书的“内容”时，俄罗斯侧重于这些证书中的条件，即为了使相关产品获得向俄罗斯出口资格，整个欧盟地区（撒丁岛除外）必须在 3 年内不出现 ASF。虽然俄罗斯国内法律规定进口争议产品需要兽医证书，但这些法律并未规定整个欧盟地区无 ASF 的具体条件。俄罗斯强调，“虽然前者是俄罗斯联邦的国家卫生与植物卫生措施，但后者不是。”俄罗斯还称，专家组未能承认双边兽医证书中固有的顺序，即在俄罗斯承认证书的有效性并允许进口之前，欧盟必须首先签发有效的证书。

此外，俄罗斯主张，双边兽医证书的有效性必须具有完全法律效力，俄罗斯为遵守证书要求而采取的行动符合其在 WTO 的义务。对此，俄罗斯提出了两个相互关联的观点。首先，俄罗斯认为，在其加入 WTO 的工作组报告中关于双边兽医证书“将继续有效”的承诺相当于俄罗斯加入 WTO 过程中的一项承诺，即用于进口争议产品的证书是俄罗斯和欧盟商定的证书。第二，俄罗斯坚持认为，为了确保双边兽医证书的完全法律效力，俄罗斯必须按照这些证书行事，这符合其 WTO 义务。

欧盟称，俄罗斯对其入世工作组报告的解读违反了俄罗斯加入 WTO 条款的规定。该条款规定，保持双边兽医证书有效性是一项义务，而不是一项权利。此外，欧盟不同意俄罗斯试图将这些证书描述为“保持不变”的表述。

上诉机构指出，专家组认为俄罗斯的措施不是 3 年内整个欧盟地区无 ASF 的双边兽医证书中的条件，而是俄罗斯拒绝进口争议产品的决定，即针对整个欧盟的禁令。俄罗斯并不否认其禁止进口争议产品，而且俄罗斯法律中可能没有规定这样做的依据，但这一事实并不改变针对整个欧盟的禁令归属于俄罗斯 SPS 措施的结论。因此，上诉机构裁定，俄罗斯是禁令的发起方，支持专家组的结论。

对于俄罗斯声称的其按照证书要求行事是为遵守入世承诺，上诉机构指出,《SPS 协定》第 6.1 条要求各成员保证其 SPS 措施适应产品的原产地和目的地的卫生与植物卫生检疫特点,特别考虑特定病虫害的流行程度、是否存在根除或控制计划以及有关国际组织可能制定的适当标准或指南;第 6.2 条规定了各成员应特别认可病虫害非疫区和低度流行区的概念,成员方应依据地理状况、生态系统、流行病监测以及卫生与植物卫生控制措施的有效性等因素,确定某地区是否为病虫害非疫区和低度流行区。上诉机构认为,鉴于《SPS 协定》第 6.1 和 6.2 条规定的义务具有持续性,并且要求 SPS 措施随着时间的推移进行调整,以确保适应区域卫生与植物卫生检疫特点。无论俄罗斯在加入 WTO 的条件中承诺哪个证书将在其他 WTO 成员对俄罗斯的某些贸易中有效,根据《SPS 协定》第 6 条,俄罗斯仍然有义务持续调整其措施以适应区域卫生与植物卫生特点。因此,上诉机构否决了俄罗斯的论断。

3. 俄罗斯措施是否符合协调原则

OIE《陆生法典》中关于 ASF 的条款规定了无疫国、无疫区和隔离区的认可条件,并规定来自这些地方的猪和猪肉产品是安全的;对于非疫区之外的产品,只要经过处理确保销毁 ASF 病毒,也可以进行贸易。欧盟认为,俄罗斯的欧盟禁令和成员国禁令并不“符合”也不是“基于”《SPS 协定》第 3.1 条和 3.2 条中所指的国际标准,甚至是违反了相关标准。

俄罗斯称,欧盟并没有提供充足的证据和论据来证实欧盟范围内禁令的存在,其所指的禁令其实是俄罗斯在遵守双方达成的兽医证书要求,且尽可能基于 OIE 的标准。俄罗斯的成员国禁令符合《SPS 协定》第 3.2 条中关于国际标准的要求,且措施是“基于”第 3.1 条所指的相关国际标准。

专家组认为,《陆生法典》的有关规定要求 OIE 成员允许在一个成员或“地区”的基础上承认无 ASF 地位(无论是历史上还是在根除的基础上)。欧盟已经为俄罗斯提供了必要的证据,以客观地证明爱沙尼亚、拉脱维亚、立陶宛和波兰以外的欧盟地区属于且有可能继续属于 ASF 非疫区,以及爱沙尼亚、立陶宛和波兰境内的部分地区属于且有可能继续属于 ASF 非疫区。但俄罗斯自 2014 年 1 月以来,未考虑从未受疫情影响的欧盟成员国进口未经处理产品的可能性,自 2014 年 2 月以来也未考虑从波兰进口未经处理产品的可能性,与《陆生法典》中关于无 ASF 地位的规定“根本背离”。因此，对于未经处理产品而言，欧盟范围内的禁令和针对爱沙尼亚、立陶宛和波兰的禁令与相关国际标准相抵触，不符合《SPS 协定》第 3.1 条的规定。对于拉脱维亚，由于欧盟没有向俄罗斯提供必要的证据来客观地证明该国有些地区属于且有可能继续属于 ASF 非疫区，因此俄罗斯关于禁止从拉脱维亚进口未经处理产品的禁令是以相关国际标准为依据，符合《SPS 协定》第 3.1 条的规定。对于俄罗斯针对成员国经处理产品的禁令，由于《陆生法典》中的相关条款规定允许经过处理以确保销毁 ASF 病毒的产品进行贸易，因此该禁令不符合《SPS 协定》第 3.1 条和 3.2 条的规定。

俄罗斯未对专家组的此项裁定进行上诉。

4. 俄罗斯措施是否有科学依据和风险评估

欧盟认为俄罗斯实施的措施不符合 OIE 标准，有必要确定其是否基于风险评估以及科学依据。欧盟称俄罗斯没有提供任何风险评估来支持其在欧盟范围内的禁令，在实施这些争议措施时也未考虑《SPS 协定》第 5.2 条列出的进行风险评估时必须考虑的因素。因此，欧盟认为俄罗斯违反了《SPS 协定》第 5.1 条和第 2.2 条的规定，也不符合第 5.7 条的要求。

俄罗斯认为欧盟并没有提供充足的证据来证明存在欧盟范围内的禁令，俄罗斯并没有实施该禁令。对成员国猪和猪肉产品的限制措施是由于这些成员国的兽医官员无法按照事先达成的要求向欧盟生产商提供兽医证书而造成的。俄罗斯遵守兽医证书符合《SPS 协定》第 5.7 条的规定。俄罗斯还指出，对于从其他欧盟成员国进口未经认证的猪和猪肉产品导致 ASF 传入俄罗斯的风险，没有足够的科学证据开展风险评估，遵守兽医证书是基于现有信息所做的决定。

专家组认为，俄罗斯有足够的科学证据根据情况对未受 ASF 影响及受 ASF 影响的欧盟成员国进行风险评估，俄罗斯的措施并非是基于现有信息所采取的临时措施，且没有寻求获取更多资料，没有在合理时间段内审查欧盟范围内的禁令和针对 4 个成员国的禁令。这 2 个禁令都不属于《SPS 协定》第 5.7 条的管辖范围，因此无法享受《SPS 协定》第 5.1、5.2 和 2.2 条中义务的豁免。俄罗斯没有以《SPS 协定》附件 A（4）所指的风险评估为依据，因此违反了《SPS 协定》第 5.1 条和第 5.2 条的规定。

俄罗斯未对专家组的此项裁定进行上诉。

5. 俄罗斯措施是否适应地区条件

专家组认为，俄罗斯承认与 ASF 相关的病虫害非疫区和低度流行区的概念，其欧盟禁令和成员国禁令符合俄罗斯在《SPS 协定》第 6.2 条第 1 句中的义务。专家组指出，欧盟在 2014 年 2 月 7 日至 2014 年 9 月 11 日期间，根据《SPS 协定》第 6.3 条客观地向俄罗斯证明，在欧盟境内除爱沙尼亚、拉脱维亚、立陶宛和波兰之外，有些地区属于且有可能继续属于 ASF 非疫区。俄罗斯没有调整欧盟范围内的禁令，以适应受该措施管制的产品的原产地 ASF 相关的卫生与植物卫生特点。因此，欧盟禁令不符合《SPS 协定》第 6.1 条的规定。同时，截至 2014 年 9 月 11 日，欧盟根据《SPS 协定》第 6.3 条客观地向俄罗斯证明，爱沙尼亚、立陶宛和波兰境内有些地区属于且有可能继续属于 ASF 非疫区，但未能客观地证明拉脱维亚境内有些地区属于且有可能继续属于 ASF 非疫区。俄罗斯没有调整禁止从爱沙尼亚、拉脱维亚、立陶宛和波兰进口争议产品的禁令，以适应受进口禁令管制的产品的原产地 ASF 相关的卫生与植物卫生特点。此外，俄罗斯没有开展相关风险评估，以确定争议产品的原产地的卫生与植物卫生特点。因此，禁止从爱沙尼亚、拉脱维亚、立陶宛和波兰进口争议产品的禁令同样不符合《SPS 协定》第 6.1 条的规定。

上述两次提及的客观证明包括：自 2014 年 1 月 24 日起，欧盟向俄罗斯发送了关于立陶宛、波兰、拉脱维亚和爱沙尼亚 ASF 疫情的信函。欧盟的信函可分为三大类。第一类是每日更新欧盟成员国新暴发 ASF 的疫情信息；第二类是欧盟为双方计划举行的会议而进行的通信，这些会议是为就解决这一情况的最佳方式进行磋商；第三类信函中写有证明欧盟所声明的 ASF 非疫区以及很可能继续无 ASF 相关信息，这些信函大部分是应俄罗斯的要求而发送的。除信函外，欧盟还多次邀请俄罗斯派专家作为观察员参加欧盟兽医应急小组对受 ASF 影响的欧盟成员国进行实地考察。欧盟提供的资料还包括 2007 年至 2014 年欧盟的 ASF 情况地图汇编以及爱沙尼亚和拉脱维亚的根除计划。

俄罗斯对此提出上诉。首先，俄罗斯认为，在对各出口成员是否按照《SPS 协定》第 6.3 条规定提供了必要的证据进行解释时，专家组认为仅对出口成员提供的证据进行检查便足够，并未考虑应基于进口成员的适当保护水平，尽可能地将进口成员所依赖的、基于科学和技术的证据纳入相关评估。出口成员收集必要的证据，其目的在于使进口成员相信该出口成员的部分地区目前属于且将来可能继续属于非疫区。第 6.3 条第 2 句给予进口成员对声称相关区域为非疫区的出口成员进行考察的权利，即要求将进口成员对必要证据进行的客观评估纳入考虑。《陆生法典》以及《卫生与植物卫生委员会关于实施第 6 条的准则》中也强调了进口成员对所提供的必要证据扮演审查者和评估者的角色。《SPS 协定》第 5.1 条和第 5.2 条下的相关风险评估强调在对必要的证据进行评估时，必须至少将进口成员所依赖的科学和技术证据纳入考虑。俄罗斯所依赖的关键科学证据包括野猪活动和加强野猪狩猎工作（即野猪控制策略）重要性的相关证据，以及 ASF 通过大量生物安全水平较低的后院养殖场进行传播风险的相关证据。俄罗斯还认为，由于专家组对第 6.3 条不正确的解释，错误地认定欧盟客观地向俄罗斯证明在欧盟境内部分地区以及立陶宛、波兰和爱沙尼亚境内部分地区属于且有可能继续属于 ASF 非疫区。第二，俄罗斯认为，专家组未认识到第 6.3 条为进口成员评估和核实出口成员提供的证据留出了一定时间。专家组在评估欧盟是否按照《SPS 协定》第 6.3 条规定提供了必要的证据时，并未确定合理的时间，以开展对该证据的收集和审查。即使 4 个受到 ASF 影响的欧盟成员国在完全不同的时期经历了 ASF 并确定为受 ASF 影响的地区，专家组还是为该 4 个成员国采用了相同的评估截止日期。尤其是专家组未能提供合理的时间以对爱沙尼亚的证据进行评估，导致其错误认定欧盟从爱沙尼亚境内首次暴发 ASF 后的 3 天时间内就向俄罗斯提供了必要的证据，客观地证明爱沙尼亚部分地区属于且有可能继续属于 ASF 非疫区。专家组认为 3 天的时间足以使欧盟证明爱沙尼亚部分地区可能继续属于 ASF 非疫区，也足以使俄罗斯在审查期间对“必要的证据”进行翻译、审查和评估。《卫生与植物卫生委员会关于实施第 6 条的准则》中，预计完成信息交流的平均合理时间长度为 90 天左右。《陆生法典》中关于疫病的条款强调，合理时间的范围应取决于之前病虫害非疫区持续暴发疫病的情况，并可按照实际情况进行调整。第三，俄罗斯认为，专家组在解释《SPS 协定》第 6.1 条与第 6.3 条之间的关系时存在错误，即在出口成员未能遵守第 6.3 条的情况下裁定进口成员违反了第 6.1 条的规定。专家组基于这一错误的法律解释，在欧盟未能提供必要的证据以客观证明拉脱维亚部分地区将来可能继续属于 ASF 非疫区的情况下，认定俄罗斯还是部分违反了第 6.1 条规定，原因在于俄罗斯的措施未能按照拉脱维亚的卫生与植物卫生特点进行调整。《卫生与植物卫生委员会关于实施第 6 条的准则》规定了在处理出口成员提出的区域化请求时，出口成员和进口成员必须遵守的步骤“顺序”。根据该准则，第 6.3 条中指出其部分地区为病虫害非疫区的出口成员对其声称为非疫区的地区无自动识别权，必须首先提供必要的证据以客观证明其属于且有可能继续属于非疫区。《陆生法典》第 5.3.7 条“对某地区 / 区域进行确定，并识别该地区 / 区域可进行国际贸易时所采取的步骤顺序”中有更多此类规定。

欧盟也提出了上诉。欧盟认为，专家组错误地裁定俄罗斯认可与 ASF 相关的病虫害非疫区和病虫害低度流行区的概念，从而认定俄罗斯的禁令符合俄罗斯根据《SPS 协定》第 6.2 条第 1 句承担的义务。专家组仅根据进口成员的法律内容（此法律正式承认病虫害非疫区的概念）作出的决定应是临时性的，专家组应继续按照《SPS 协定》中第 6.3 条和第 6.1 条的规定进行分析，以确认此临时性结论的正确性。

关于俄罗斯在上诉中主张专家组对《SPS 协定》第 6.3 条的解释有误，未认定该条款要求考虑进口成员所依赖的证据，以及为进口成员评估和核实出口成员提供的证据留出了一定时间的看法，上诉机构认为，《SPS 协定》第 6.1 条和第 6.2 条规定了进口成员在使措施适应区域卫生与植物卫生特点的过程中的义务，而第 6.3 条并没有涉及进口成员在这一过程中的义务。当出口成员根据第 6.3 条声称其领土内的区域属病虫害非疫区或低度流行区时，进口成员必须评估与这些区域有关的所有相关证据，以根据第 6.2 条第 2 句“确定”其病虫害状况，并根据第 6.1 条第 2 句“评估”其卫生与植物卫生特点。在某些情况下，进口成员对相关区域的卫生与植物卫生特点的评估还可以作为成员根据第 5.1 条至第 5.3 条进行的风险评估的一部分。对于评估出口成员提供的证据的时间，上诉机构认为，进口成员评估与某一特定区域相关的所有相关证据所需的时间涉及第 6.1 条第 2 句“确定该区域的虫害或疾病状况”、第 6.2 条第 2 句“评估其卫生与植物卫生特点”，以及根据第 6.1 条第 1 句调整进口成员的措施以适应此类卫生与植物卫生特点。进口成员履行此类职责和义务所需的时间由第 6.1 条和第 6.2 条所涵盖，而不是出口成员根据第 6.3 条所承担职责的一部分。因此，上诉机构认为，专家组根据第 6.3 条承担的任务是评估欧盟向俄罗斯提供证据的性质、数量和质量是否足以使俄罗斯最终确定欧盟境内相关地区的病虫害状况，而不需要考虑俄罗斯开展风险评估所需要的证据，以及俄罗斯评估和核实欧盟提供的证据所需的时间，专家组对《SPS 协定》第 6.3 条既不涵盖进口成员对相关证据的评估、也不涵盖进行这一评估所需时间的解释正确。

关于俄罗斯在上诉中主张专家组在解释《SPS 协定》第 6.1 条和第 6.3 条之间的关系时的错误看法，上诉机构认为，在就出口成员是否遵守第 6.3 条与进口成员涉嫌违反第 6.1 条之间的关系得出结论之前，专家组应根据所有相关情况进行详细审查。专家组根据第 6.3 条进行的分析发现，欧盟向俄罗斯提供了必要的证据，客观地证明在任何特定时间点拉脱维亚境内都有 ASF 非疫区，但欧盟没有提供必要的证据来客观证明拉脱维亚境内的 ASF 非疫区可能会继续存在。在特殊情况下，如印度农产品案中上诉机构认为，即使出口成员没有为第 6.3 条规定的客观证明提供必要的证据，也可能发现某一成员的行为不符合第 6.1 条第 1 句规定的义务。”。但专家组应提供理由解释为什么进口成员的行为不符合第 6.1 条。本案中的专家组并未提供这种理由。因此，上诉机构认为，专家组关于俄罗斯针对拉脱维亚产品的进口禁令没有适应其非疫区特点、从而违反第 6.1 条的结论不正确。

对于专家组关于俄罗斯未能进行风险评估“进一步强化”了禁止从拉脱维亚进口争议产品不符合第 6.1 条的看法，上诉机构认为对一个地区卫生与植物卫生特点的评估可以但不必须作为成员风险评估的一部分。由于俄罗斯未根据风险评估禁止从拉脱维亚进口争议产品，也未表明其当局以其他方式对拉脱维亚境内的卫生与植物卫生措施特点进行了科学和技术证据评估，无法看出俄罗斯可以根据这些地区的卫生与植物卫生措施特点调整其措施的依据，因此违反了第 6.1 条。

关于欧盟主张专家组错误地认定俄罗斯承认与 ASF 相关的病虫害非疫区和病虫害低度流行区的概念、符合《SPS 协定 6.2 条》第 1 句的看法，上诉机构认为，第 6.2 条中有关承认病虫害非疫区和低度流行区的义务与第 6.1 条中适应卫生与植物卫生特点是相关的，而且第 6.2 条是第 6.1 条规定的适应地区条件义务的一个方面，病虫害非疫区和低度流行区是地区条件的特定部分。第 6.2 条规定的承认地区化的义务不是一个抽象义务，而是使相关概念可操作的义务，第 6.2 条第 2 句要求进口成员根据实施特定的步骤和程序做出是否为非疫区的决定。上诉机构认为在评估成员方是否符合第 6.1 和第 6.2 条时，不仅要审查进口成员相关的法律规章，还要审查其根据相应地区卫生与植物卫生特点实施的特定步骤和行为。上诉机构审查了海关联盟第 317 号决议，其中包含了“区域化”的定义，但是该定义本身并没有使这些概念可操作化，俄罗斯也没有给予欧盟向俄罗斯澄清其境内存在病虫害非疫区和低度流行区的机会。上诉机构推翻了专家组报告中俄罗斯承认与 ASF 相关的非疫区和低度流行区的概念这一裁定，认为俄罗斯的欧盟禁令和成员国禁令与俄罗斯根据《SPS 协定》第 6.2 条第 1 句承担的义务不相符。

6. 俄罗斯对贸易的限制是否超出必要程度

《SPS 协定》第 5.6 条规定“在制定或维持卫生与植物卫生措施以实现适当的卫生与植物卫生保护水平（ALOP）时，各成员应保证此类措施对贸易的限制不超过为达到适当的卫生与植物卫生保护水平所要求的限度，同时考虑其技术和经济可行性。”。欧盟认为俄罗斯没有明确表示其适当的卫生与植物卫生保护水平（ALOP），因此要求专家组从实际采用的 SPS 措施中推断俄罗斯的 ALOP。此案与印度农产品案类似，当时印度没有明确其 ALOP 并在全国范围内对有争议的进口产品实施了禁令，其专家组发现该禁令并不意味着印度实施了零风险的政策，原因是低致病性禽流感（LPAI）可以通过野生鸟类传播，贸易禁令不能限制野生动物的活动。尽管在爱沙尼亚、拉脱维亚、立陶宛和波兰的部分区域以及欧盟的其他区域都未受 ASF 影响，俄罗斯还是实施了对这 4 国争议产品的禁令以及欧盟范围内的禁令，但在俄罗斯国内来自未受 ASF 影响地区的相关产品可以进行交易，这并不能遏制 ASF 的传播。欧盟还指出，野猪种群也是 ASF 传播的一个重要因素。

俄罗斯称其对从爱沙尼亚、拉脱维亚、立陶宛和波兰进口产品的 ALOP 要求高，是为了通过较高的 ALOP 达到 OIE 的要求。对从欧盟进口的猪和猪肉产品的 ALOP 也高，这与在其国内交易的猪和猪肉产品所适用的 ALOP 相同。俄罗斯强调，其“重要目标是防止将 ASF 传入未感染 ASF 的俄罗斯联邦地区，进一步目标是消除和控制 ASF 在俄罗斯地区的暴发”。俄罗斯提交了大量证据来支持其在国内实施高 ALOP 的主张，包括国内法律以及监督、监测、控制和消除ASF的行政计划等。此外，俄罗斯认为对进口货物（包括来自欧盟的货物）的ALOP是通过海关联盟第317号决定的目标来制定的，该决定旨在“确保对海关联盟领土的保护，防止传染性病原体的进口和传播，包括动物和人类共同的疾病以及不符合共同兽医要求的商品。”俄罗斯指出，面对高密度的野猪和高比例的低生物安全农场，基于隔离的进口措施是实现ALOP的贸易限制最少的措施，俄罗斯也已经向欧盟通报了其按照《陆生法典》中的规定实施了较高的ALOP。俄罗斯还指出欧盟未能证明其按照与《陆生法典》一致的方式建立了无ASF区域或隔离区，不符合经处理产品的安全贸易条件。

专家组认为，欧盟根据《陆生法典》中关于区域化的建议确定了一些措施，作为适用于15.1.5条、15.1.12条和15.1.13条所涵盖产品的欧盟禁令和适用于15.1.14条、15.1.15条和15.1.16条所涵盖经处理产品从爱沙尼亚，拉脱维亚，立陶宛和波兰进口禁令的替代方案，该方案在技术上和经济上可行，能够实现俄罗斯的ALOP，且对贸易的限制远比欧盟范围内的禁令要少。因此，欧盟范围内的禁令和针对欧盟4个成员国经处理产品的禁令不符合《SPS协定》第5.6条的规定，同时也与第2.2条不一致，该禁令超出了保护人类和动物生命或健康的必要范围。专家组还认为，欧盟根据《陆生法典》中关于区域化的建议确定了一些措施，作为适用于15.1.5条、15.1.8条、15.1.10条、15.1.12条和15.1.13条所涵盖未经处理产品从爱沙尼亚，拉脱维亚、立陶宛和波兰进口禁令的替代方案，该方案在技术上和经济上可行，能够实现俄罗斯的ALOP，且远比禁止从爱沙尼亚、立陶宛和波兰进口该产品对贸易的限制要少。因此，适用于未经处理产品的禁止从爱沙尼亚，立陶宛和波兰的进口禁令与《SPS协定》第5.6条不符，同时也与第2.2条不一致，该禁令超出了保护人类和动物生命或健康的必要范围。

俄罗斯未对专家组的此项裁定进行上诉。

7. 俄罗斯措施是否构成不合理歧视

欧盟认为俄罗斯不符合《SPS协定》第2.3条，即“各成员应保证其卫生与植物卫生措施不在情形相同或相似的成员之间，包括在成员自己领土和其他成员的领土之间构成任意或不合理的歧视。卫生与植物卫生措施的实施方式不得构成对国际贸易的变相限制。”欧盟指出，俄罗斯对从欧盟范围（包括 4 个受影响的成员国）进口的争议产品实施全面禁令，而对俄罗斯国内进行贸易的相关产品禁令仅适用于 ASF 发源地周围的有限范围，这种对待方式上的差异构成了歧视。对俄罗斯领土和欧盟领土之间的歧视是任意的和不合理的，欧盟和俄罗斯的情况相同或相似，即境内都存在 ASF 病毒。欧盟还指出，俄罗斯所采取的措施构成了对国际贸易的变相限制。

俄罗斯认为，与其国内的限制措施相比，对从受 ASF 影响的欧盟成员国进口相关产品的限制措施没有歧视性，在法律上并没有差异对待，实施措施的任何差异都是由于欧盟无法客观地证明其无 ASF 区域现在及将来持续是非疫区。考虑到“欧盟受 ASF 感染的国家普遍存在的情况”，俄罗斯决定在坚持其本国区域化的同时拒绝欧盟区域化的决定没有歧视性。俄罗斯还指出，欧盟未能证明存在相同或类似的情况。首先，与俄罗斯国内措施相比，进口措施所覆盖的地理区域更大，但欧盟无法也不愿提出合理范围的 ASF 感染区或隔离区，而俄罗斯则实施了严格而广泛的国内分区措施。其次，从这些受影响的欧盟成员国进口产品到俄罗斯构成传播 ASF 病毒的风险更大，俄罗斯国内则实施了严格的管控措施。关于禁止从爱沙尼亚、拉脱维亚、立陶宛和波兰进口争议产品的措施，俄罗斯根据第 5.5 条提出证据和论证，称其并不构成对国际贸易的变相限制。关于欧盟范围内的禁令，俄罗斯认为，欧盟未能证明该措施构成了对国际贸易的变相限制，造成这种情况的原因是欧盟未能满足商定的兽医证书中与 ASF 有关的要求。

专家组认为，俄罗斯针对欧盟范围的禁令和禁止从爱沙尼亚、拉托维亚、立陶宛和波兰进口争议产品的禁令不符合《SPS 协定》第 2.3 条的规定。因为该措施允许来自俄罗斯 ASF 非疫区的争议产品进行国内贸易，但不允许来自欧盟非疫区的争议产品进行贸易，构成了对在情形相同或相似的成员之间任意或不合理的歧视，而且没有按照相关的国际标准承认欧盟的非疫区。

俄罗斯未对专家组的此项裁定进行上诉。

8. 俄罗斯措施是否符合 SPS 批准程序

欧盟称俄罗斯未能确保检查和执行 SPS 措施的任何程序没有不必要的延误，以及对进口产品的待遇不低于附件 C（1）（a）中的国内同类产品；俄罗斯没有遵守在附件 C（1）（b）中所述的批准程序的义务；俄罗斯未能确保信息要求仅限于附件 C（1）（c）中控制、检查和批准程序所必需的内容。因此，俄罗斯违反了《SPS 协定》第 8 条以及附件 C（1）（a）、（b）和（c）。

俄罗斯认为，《SPS 协定》第 8 条和附件 C 规定的控制、检查和批准程序的范围不涵盖欧盟的要求和提出的证据，即使涵盖了，欧盟也没有提出充分的证据履行其举证责任，以确定俄罗斯违反《SPS 协定》第 8 条以及附件 C。对于欧盟范围内的禁令，欧盟未能证明俄罗斯对未受影响的欧盟地区采取的“临时”措施与《SPS 协定》第 8 条和附件 C 不一致。关于对爱沙尼亚、拉脱维亚、立陶宛和波兰采取的进口措施，俄罗斯称该 4 国在最初提出 ASF 非疫区认可请求以及之后立法变更非疫区边界时，都没有提供全面、及时、充分的 ASF 有效控制措施，才导致了俄罗斯审查的延误。对于欧盟声称所谓俄罗斯在评估区域化请求方面的拖延，欧盟没有证明这种拖延是“不当的”。

《SPS 协定》附件 C（1）（c）规定，对于检查和保证实施卫生与植物卫生措施的任何程序，各成员应保证有关信息的要求仅限于控制、检查和批准程序所必需的限度。专家组认为，根据《SPS 协定》第 6.3 条，欧盟向俄罗斯客观证明其境内存在 ASF 非疫区的相关信息，目的就在于说明有争议的程序所要验证的内容。基于此，专家组认为在验证欧盟境内除爱沙尼亚、拉脱维亚、立陶宛和波兰以外是否存在 ASF 非疫区方面，俄罗斯的信息要求应限于 1）ASF 监视措施（包括疫情通报）；2）为防止 ASF 的引入和扩散而采取的措施（即控制措施）；3）ASF 暴发时应采取的措施（即应急计划）；4）养殖猪和野猪种群的信息。在验证受 ASF 影响的 4 个欧盟成员国是否存在 ASF 非疫区方面，俄罗斯的信息要求应限于 1）地理；2）对 ASF 的流行病学监测；3）关于 ASF 的卫生或植物卫生措施的有效性；4）生态系统，尤其是 ASF 在野生动物的存在和野生动物行为生态模式；5）ASF 的流行程度；6）根除或控制方案。俄罗斯在 2014 年 2 月至 2014 年 7 月之间提出的信息要求超出了这些领域。因此，违反了《SPS 协定》附件 C（1）（c）的规定。

《SPS 协定》附件 C（1）（a）规定，对于检查和保证实施卫生与植物卫生措施的任何程序，各成员应保证此类程序的实施和完成不受到不适当的延迟，且对进口产品实施的方式不严于国内同类产品。专家组通过审查发现，俄罗斯对未受 ASF 影响的欧盟成员国的监视和控制措施信息的要求过多且不合理，对受 ASF 影响的 4 个欧盟成员国的养猪业和国外猎人等详细信息的要求过多且不合理，造成了对执行和完成程序的不适当延迟。此外，专家组还发现，从俄罗斯采用的针对欧盟染疫成员的 ASF 控制和根除计划（包括对来自非疫区之外的可安全贸易产品的控制根除计划）来看，俄罗斯不愿及时考虑欧盟的要求。因此，违反了《SPS 协定》附件 C（1）（a）第 1 条的规定，但欧盟没有提供足够的证据来证明俄罗斯采取的措施与附件 C（1）（a）的第 2 条和 C（1）（b）不符。

专家组最终认定俄罗斯对欧盟关于承认 ASF 非疫区请求的审议流程，不符合《SPS 协定》第 8 条及附件 C（1）（a）、附件 C（1）（c）的规定。

俄罗斯未对专家组的此项裁定进行上诉。

四、评析与启示

欧盟诉俄罗斯生猪和猪肉禁令案是 SPS 领域非常典型的案例，涉及了《SPS 协定》的国际协调、区域化、非歧视等核心原则及批准程序相关要求。该案不论对于准确理解《SPS 协定》相关原则要求，还是把握 WTO 争端中的起诉应诉策略技巧，均有启示意义。

1. 关于“协调原则”

为降低各成员方 SPS 措施差异导致的国际贸易障碍，WTO 鼓励各成员采用国际标准。对于严于国际标准要求的措施，必须提供充分的科学依据证明其合理性。本案所涉及 OIE《陆生法典》国际标准规定了 ASF 非疫区的认可条件，并明确了来自 ASF 疫区及非疫区产品的安全贸易条件。俄罗斯在欧盟已经提交足够的科学依据证明其满足 OIE 非疫区条件的情况下，仍然禁止符合 OIE 安全贸易标准的产品进口。尽管俄罗斯声称其 ALOP 较高，并提供了其国内以高 ALOP 为目标的相关监督、监测、控制措施，但这些依据未形成《SPS 协定》认可的证据链，不构成其采取比 OIE 标准更严措施的科学理由，因此被认定未履行“协调”义务。

从本案可以看出，“协调原则”尽管不强制各成员采用国际标准，但一旦措施要求严于国际标准，措施制定方需要承担举证义务，且该举证应是基于按照 SPS 规定的方式获得的客观评估结果。由此可见，在国际贸易中采取高于国际标准的SPS措施应相当谨慎，必须基于客观科学证据，经过严格的风险评估过程，否则极易受到质疑和挑战。采用OIE、IPPC和CAC等《SPS协定》认可的国际标准一般可满足各成员的安全保护要求，可以豁免多项《SPS协定》规定的义务，也无需投入大量资源去开展复杂的风险评估。因此，在非特殊情况下，直接采用国际标准或等效采用国际标准是可行、有效的办法，对于发展中成员更是如此。

2. 关于“区域化原则”

为尽可能降低疫病疫情对国际贸易的影响，《SPS协定》要求各成员的SPS措施与其适用地区的动植物疫病疫情状况相适应，即“区域化”。为了实现“区域化”，《SPS协定》提出了3方面要求：各成员应认同非疫区和低度流行区理念；出口成员对声称的非疫区或低度流行区有证明责任；进口成员应保证措施与目标地区疫病疫情状况特点相适应。

在本案中，尽管俄罗斯的相关法规中有关于“区域化”的定义，但缺乏可操作化的规定，在实践中也未给予欧盟证明其境内存在非疫区的机会，从而被DSB认定其“实质上”不认同“区域化”概念。由此可以看出，《SPS协定》关于非疫区和低度流行区概念的认可不是一个抽象义务，而是必须保证该概念可操作化的具体义务。在出口方举证和进口方的评估方面，本案的专家组基于欧盟向俄罗斯提供的疫情信息日报、欧盟疫情分布地图、非疫区相关疫情信息、邀请俄罗斯专家实地考察情况等信息，判定欧盟提供证据的性质、数量和质量已足以使俄罗斯确定欧盟境内相关地区的疫病疫情及非疫区状况，但俄罗斯未基于这些信息评估、调整禁令，从而违反措施与适用地区卫生状况相适应的要求。由此可以看出，在区域化方面，出口方对“非疫区”无自动识别权，需要向进口方提供“必要”的证据“客观”证明目标区域的非疫状态，而“必要”和“客观”的判定标准需要具体情况具体分析。对进口方而言，尽管有承认“非疫区”的主动权，但不可随意为之，需要按照相关标准和程序进行评估。对于符合非疫区标准的，应及时予以认可。

此外，区域化原则中出口成员相关区域疫病状况证据与进口成员保证措施适应性的关系也值得关注。在本争端案中，俄罗斯认为二者具有逻辑上的因果关系，即出口成员提供足够信息是进口成员保证措施适应性的必要条件之一。但上诉机构指出，对一个地区卫生与植物卫生特点的评估可以但不必须作为成员风险评估的一部分，在特殊情况下，即使出口成员没有提供客观证据，进口成员的措施也可能不符合“适应性”要求。据此可以看出，出口成员提供证据与进口成员保证措施适应性是针对出口方和进口方的不同义务，尽管二者有关联，但前者并不能作为后者义务的豁免因素。此外，由于特定地区的疫病疫情状况会随时间变化而不断变化，这意味着保证措施的适应性是一个持续性义务，即进口方需要适时对已采取措施进行适应性审查，从而保证措施的持续适应性。

3. 关于控制、检查和批准程序

SPS 领域的控制、检查和批准程序属于 SPS 措施的范畴，因此同样需要符合《SPS 协定》规定的系列要求。基于此类措施的特殊性，《SPS 协定》特别规定了三方面的针对性要求：一是非歧视性要求，包括实施方式不得严于国内同类产品，信息保密要求不低于国内同类产品，支付费用与国内同类产品相比应公平且不高于实际费用，所用设备设置地点的确定和进口产品取样应使用与国内产品相同的标准等；二是时限性要求，包括公布每一程序的标准处理时限、迅速审查申请文件、尽快传达程序结果、程序的执行不应不合理延迟等；三是必要性要求，包括对信息的要求仅限于必需的限度、对样品的要求仅限于合理和必要的限度等。在本案中，由于俄罗斯要求无 ASF 的欧盟成员国提供监测和控制措施信息，对受 ASF 影响的成员国要求提供养猪业和国外猎人等详细信息，从而被专家组认定其要求过多且不合理，造成了对欧盟提出的非疫区审议流程的不当延迟，从而被判定违反《SPS 协定》。因此，在实施各种控制、检查和批准程序时，要特别注意《SPS 协定》附件 C 提出的三方面专门要求，避免违规。

4. 关于协定各原则间的关系

《SPS 协定》规定的各项要求既相对独立，又彼此依赖。以协调原则为例，其要求 SPS 措施应基于国际标准，但同时允许在有充分科学证据的情况下采用高于国际标准要求的措施，而“充分科学证据”就涉及《SPS 协定》的另一项重要原则“科学原则”，需要通过风险评估证明其措施具有“充分科学依据”；反过来说，“科学原则”要求开展风险评估时要考虑国际组织制定的风险评估技术。正因为如此，SPS 措施对某项规则的违反，往往会连锁触发多项不符合问题。在本争端案中，俄罗斯的措施被认定不符合科学原则、区域化原则、非歧视性原则乃至《SPS 协定》对批准程序的要求，其根本上是由于俄罗斯的措施不符合协调原则而导致的。

5. 关于在争端中对协定内涵的准确把握和适用

WTO 各项协定是争端解决的基本法律依据。在争端解决过程中，准确把握相关协定内涵并精准适用非常重要。在本案中，由于俄罗斯未能准确理解《SPS 协定》6.1 条关于进口方保证措施与目标地区疫病疫情状况持续性适应义务的要求，导致其固守加入 WTO 时与欧盟签订的兽医卫生条件；在主张进口方需要足够时间来分析出口方提交的证据时，俄罗斯错误引用 6.3 条作为依据，且错误理解 6.3 条和 6.1 条的关系；在主张高 ALOP 时，俄罗斯仅列出为实现高 ALOP 而采取的各项措施，而不是直接列出实施高 ALOP 的科学理由。这一系列问题使得俄罗斯在专家组及上诉机构裁决过程中非常被动，也在一定程度上导致了不利裁决结果。因此，把握规则要求内涵并精准适用，不论对于全面履行 WTO 义务，还是有效保障自身合法权利，均不可或缺。

第四节　日本诉韩国食品中放射性污染物监管措施案

一、基本情况

2011 年日本发生福岛核电事故后，韩国对日本食品采取系列进口监管措施，并逐步加码。最初仅要求输韩食品随附原产地证明，至后来额外要求 16 个县的畜产品和 8 个县的水产品随附放射性铯、碘检测证书，并在铯超过一定含量时需附加检测其他放射性核素（以下简称“附加检测要求”）；同时，完全禁止 8 个县的水产品输韩。在前期磋商未达成一致的情况下，2015 年 8 月，日本就韩国进口禁令和附加检测要求措施诉诸 WTO（DS495）。WTO 争端解决机构依据 DSU 及 SPS 协定启动争端解决机制，组建专家组对双方主张、依据等进行审查。2018 年 2 月，WTO 发布专家组报告，认定韩国的限制措施违背《SPS 协定》规定的透明度原则、贸易影响最小原则、非歧视性原则，并建议韩国调整其措施以符合《SPS 协定》要求。韩国随后提出上诉。2019 年 4 月，WTO 上诉机构发布仲裁报告，认定专家组报告对《SPS 协定》相关原则的引用和理解有误，并判决韩国的主要措施符合《SPS 协定》要求。

二、专家组及上诉机构的审查过程

1. 专家组组建过程

为研判此次争端，DSB 成立了审查专家组（Panel's terms）和咨询专家组（consult experts）。审查专家组包括 1 名组长和 2 名成员，均由 WTO 总干事指定。咨询专家组由审查专家组在征求日韩双方意见后建立，最初建议名单为 15 人，后因韩国对部分专家的独立性、公正性提出质疑，咨询专家组最终确定为 5 人，涵盖核材料环境中的释放、食品放射性污染、海洋中放射性核素等 3 个专业领域。

2. 专家组工作过程

从 2015 年 8 月日本提出争端解决诉求到 WTO 公布专家组报告，共历时 2 年半时间。其中专家组实际工作时间为 2016 年 2 月至 2017 年 10 月，共 20 个月。专家组成立后，首先制定了审查专家组工作程序、咨询专家组程序和工作时间表，并要求日韩双方对争端提出书面意见。在收到书面意见后，专家组于 2016 年 7 月组织召开与当事方的第一次会议，提出了需要日韩双方回答的问题。2017 年 2 月，专家组召开第二次会议，提出了需要日韩继续澄清的问题。2017 年 4 月，专家组向日韩发放了报告的“事实描述”部分，征求双方意见。2017 年 8 月，专家组向日韩发放中期报告。随后，日韩提出了对报告中重点部分进行再次审查的要求，但均未要求召开中期审查会议。在审查过程中，专家组还听取了巴西、加拿大、中国等 11 个第三方成员的意见。2017 年 10 月，专家组向日韩双方发放最终报告。2018 年 2 月 22 日，专家组报告在 WTO 网站发布。

3. 上诉机构的裁决过程

2018 年 4 月 9 日，DSB 接到韩国方面关于打算对专家组报告中涉及的某些法律问题以及专家组提出的某些法律解释提出上诉的通知书及上诉方书面陈诉。2018 年 4 月 16 日 DSB 接到日本方面类似上诉通知书和上诉方书面陈诉。2018 年 4 月 27 日，日本和韩国各自提交了被上诉方书面陈诉。随后，巴西、欧盟和美国提交了作为第三当事方的书面陈述，加拿大、中国、危地马拉、印度、新西兰、挪威、俄罗斯等成员通知 DSB 打算作为第三当事方出席听证会。2018 年 6 月 8 日，上诉机构主席通知 DSB

主席表示无法在DSU规定的60天内或90天内分发上诉机构报告。2018年9月28日，当事方和第三当事方被告知，上诉机构主席已通知DSB主席决定授权上诉机构成员Shree负责对此上诉的处理。2018年12月3日至4日举行听证会，当事方和6位第三当事方（巴西、加拿大、欧盟、新西兰、挪威和美国）作了口头陈述，并回答了上诉机构成员在审理上诉时提出的问题。2019年4月11日上诉机构报告在WTO网站发布。

三、专家组及上诉机构的审查要点与结论

1. 韩国措施是否为SPS措施

为确定适用的WTO规则，专家组首先对韩国限制措施的性质进行了审查。专家组认为，韩国所采取措施的目的是保护国民免受食品放射性污染风险，属于《SPS协定》定义的SPS措施范畴。同时，韩国的进口禁令明显会影响国际贸易，而附加检测要求可能造成产品的延迟或拒绝进口，同样会影响国际贸易。为此，专家组认定，韩国的限制措施为“SPS措施”，且对国际贸易有影响，适用《SPS协定》。对此，上诉机构认可专家组观点。

2. 韩国措施是否为临时措施

专家组认为，由于韩国在辩护中提出“其措施是根据《SPS协定》第5.7条临时采取的”，并且“这影响了专家组在《SPS协定》其他条款下对日本主张的实质性内容的分析”，因此有必要对韩国的措施是否属于5.7条规定的“临时措施”进行审查。根据《SPS协定》第5.7条规定，“临时措施”要符合4项累积要求：1）有关科学证据不充分；2）根据现有的有关信息；3）采取措施的成员要“设法获取做出更客观的风险评价所需的额外信息”；4）采取措施的成员要“在合理期限内”审查该措施。其中后两项要求突出了措施的临时性质。在欧共体荷尔蒙案中，上诉机构还认为《SPS协定》第5.7条反映了预防原则，即政府在面临不可逆转的风险时通常需要从审慎和预防的角度采取行动。专家组认为，核事故发生后的初期，在相关监测数据欠缺的情况下，韩国的限制措施并无不妥。但事故发生数年后，在有关监测数据及持续环境状况评估可以公开获取、相关科学证据也足够进行科学评估的情况下，韩国未基于可获得的科学信息，仍然采取进口禁令、附加检测要求等措施并长时间维持，且未在合理期限内审

议这些措施，不符合《SPS 协定》对于临时措施的相关条款，认定韩国的措施不属于临时措施。

对此，韩国上诉指出，日本在设立专家组的请求中没有关于韩国的措施不符合《SPS 协定》第 5.7 条的申诉，韩国也没有向专家组提出“如果措施符合第 5.7 条，就不能裁定其不符合第 2.3 条和第 5.6 条的规定，或将其排除在这些规定之外”。相反，韩国在辩护中提及第 5.7 条的目的是说明现有的科学证据不足以证明日本根据《SPS 协定》第 5.6 条提出的替代措施能够达到韩国的适当保护水平（ALOP）要求，也无法断定日本国内的普遍情况与韩国或其他国家的普遍情况存在《SPS 协定》第 2.3 条所指的相似或相同情形。基于此，韩国认为判决争议措施是否符合第 5.7 条不在专家组职权范围内，违背 DSU 第 7 条“按照争端各方引用的适用协定名称的有关规定，审查（争端方名称）在……文件中提交 DSB 的事项。”

上诉机构支持了韩国观点，认为设立专家组的请求书中会定义争端的范围，该请求书中所阐明的措施和主张构成“提交 DSB 的事项”，专家组职责是根据当事各方援引的适用协定的有关规定来审查摆在他们面前的“事项”，不包括对仅作为解释背景而引用的某项规定进行审查。既然日本、韩国均未向专家组提出就韩国措施是否符合第 5.7 条进行审查，专家组根据《SPS 协定》第 5.7 条得出的结论不具有法律效力。

3. 韩国措施对贸易的限制是否超出必要程度

这是日本对韩国附加检测要求措施的主要质疑点之一。《SPS 协定》第 5.6 条规定，“在制定或维持卫生与植物卫生措施以实现适当的卫生与植物卫生保护水平时，各成员应保证此类措施对贸易的限制不超过为达到适当的卫生与植物卫生保护水平所要求的限度，同时考虑其技术和经济可行性。”韩国要求，当日本输韩食品中放射性核素“铯 -134，铯 -137”含量超过 0.5Bq/kg 时（韩国的限量为 100Bq/kg，食品所致年有效剂量限值为 1mSv/ 年），需要额外检测锶、钚等其他放射性核素含量。日本提出大量科学证据指出，仅需检测食品中铯放射性水平，如不超过 100Bq/kg，无需附加检测，足以保证韩国消费者相关来源食品所致辐射暴露量低于 1mSv/ 年的安全阈值，韩国的措施超出实现其 ALOP 的必要程度。同时，韩国的附加检测触发条件存在随意性（部分产品在铯检测水平为 0.2Bq/kg 甚至“不确定”的情况下仍被要求实施附加检测）、附加检测地点不明确、附加检测周期不确定。

专家组审查认为，尽管《SPS 协定》未强制要求各成员设定定量的ALOP，但ALOP也不得过于模糊，韩国的附加检测触发条件存在随意性，且针对锶、钚的附加检测方法成本高、检测周期长、在技术上也有困难，对日本输韩水产品造成了影响。同时，日本提出的“仅检测铯”的替代措施可达到韩国附加检测要求同等的风险保护水平，且对贸易影响明显更小。为此，专家组认定韩国的附加检测要求违背《SPS 协定》5.6条要求。

韩国在上诉中指出，韩国的ALOP包括低于1mSv/年的辐射剂量限值、维持在最低合理可行水平和维持在普通环境水平三要素，专家组结论仅考虑了安全阈值这一要素，且1mSv/年剂量限值是可容许风险的一个“上限”，满足该限值的措施不一定能满足其他两个要素。日方认为专家组已经考虑了韩国ALOP的三要素，但这三要素之间存在关联关系，后两种要素是确定第一种要素的依据，且最低合理可行水平不构成或不能界定特定的“保护水平”，不适合作为ALOP的要素。

上诉机构指出，成员的ALOP是一个“目标”，而SPS措施是用来实现或执行该目标的工具。设定适当的保护水平是成员的“特权”，但采取SPS措施的成员必须十分精确地确定适当保护水平，以便适用《SPS 协定》的有关规定。尽管认识到韩国关于放射性污染的ALOP包含多个要素，但专家组将安全阈值作为判定日本提议替代措施可达到韩国ALOP的决定性指标，且未论证当暴露量低于该阈值时是否必然会达到韩国“最低合理可行水平”和“维持在普通环境中的水平”。因此，专家组认为日本替代措施可达到韩国ALOP的结论不正确，故专家组认为韩国的措施超出对贸易的必要限制这一判定也不成立。

4. 韩国措施是否构成不合理歧视

日本方面认为，来自日本的食品和来自其他来源食品的风险状况相似，韩国对日本的限制违背《SPS 协定》第2.3条，即“各成员应保证其卫生与植物卫生措施不在情形相同或相似的成员之间，包括在成员自己领土和其他成员的领土之间构成任意的或不合理的歧视。卫生与植物卫生措施的实施方式不得构成对国际贸易的变相限制”。

专家组认为，第2.3条规定的“情形相同或相似”比较的相关条件包括“在产品中发现的条件”及“出口或进口成员的地域条件”。因此需要比较“来自日本和世界其他地区的产品是否具有类似的受污染的可能性……以及污染水平是否低于韩国容许的辐射级”。在比较日本和非日本食品的检测结果，并考虑铯过去释放量、其全球范围和向食品转移的可能性的调查结果后，专家组认为，“大多数日本产品和非日本产品的铯含量都有可能低于 100Bq/kg 的耐受水平”“来自日本和其他来源的食品含有低于其耐受水平的锶和钚的可能性相似”，因此日本和其他成员存在类似条件。因而这些只针对日本采取的措施存在歧视性。特别是，日本船捕捞的远洋产品禁止进口韩国，但其他成员在同一地区的捕捞产品却允许进口，明显构成了不合理歧视。同时，专家组认为，韩国针对日本产品的附加检测要求与韩国针对本国产品的检测要求不一致，同样存在歧视。此外，专家组还认定，韩国的进口禁令和附加检测要求与韩国的监管目标没有必然联系。特别是进口禁令，没有给予被禁区域产品任何机制以允许经证明的低风险产品可以出口韩国。为此，专家组认定，韩国进口禁令和附加检测要求对日本食品构成了任意且不合理的歧视。

韩国方面认为，专家组对《SPS 协定》第 2.3 条的适用过于狭隘，只把产品中存在的风险作为“有关条件”而没有充分考虑构成相关条件的情况或因素（如环境和生态条件）。专家组虽然认识到放射性核素的扩散可能取决于“大气输送、降水、海流以及特定同位素的物理和化学特性”，但没有评估这些因素对福岛第一核电站（FDNPP）释放的放射性核素扩散的影响。此外，专家组也没有考虑事故发生后“放射性核素的持续释放”以及“日本存在放射性核素污染的活跃来源”，这一事实使得日本的情况有所不同。特别是专家组“几乎只关注产品检测数据”，而“未能正确评估日本和世界其他地区的情况是否相似”。此外，关于日本的生态条件以及 FDNPP 状况的资料也不足。

上诉机构指出，对于《SPS 协定》第 2.3 条，申诉方承担对相同或相似情形的举证责任，即证明成员之间“存在相同或类似条件”的基本事实。为此，查明有关条件并评估它们是否相同还是相似，是分析“是否构成歧视”的起点。对于第 2.3 条的分析需要考虑不同成员产品中存在的条件特征，也需要考虑其他相关条件，如地域条件，只要这些条件有可能影响相关产品。即需要考虑不同成员的所有相关条件，包括尚未在产品中体现但与监管目标和所涉“SPS”风险相关的地域条件。然而，专家组在评估中一方面认为食品污染可能存在地域差异，同时又提出源自FDNPP和其他核事件的放射性物质“已随着大气输送、降水、海流及其他物理和化学特性扩散到世界各地”，并通过观察食品中实际污染水平检测值来判定日本食品和其他成员食品一样都低于韩国允许的辐射水平，这存在相互矛盾。专家组对第2.3条“条件”比较实际上是以食品样品中的实际放射性核素浓度水平为基础的，而没有考虑日本和世界其他地区的地域条件相似性及其与“潜在污染”可能性的关系。为此，上诉机构得出结论，专家组在判断日本与其他成员是否存在相似条件时对《SPS协定》第2.3条的理解和适用不正确，导致对韩国措施存在歧视的判定证据不足。

5. 韩国是否正确履行透明度义务

（1）法规“公布”义务

《SPS协定》附件B.1规定，“各成员应保证迅速公布所有已采用的卫生与植物卫生法规，以使有利害关系的成员知晓”；附件B.3规定，“每一成员应保证设立一咨询点，负责对有利害关系的成员提出的所有合理问题做出答复”。日本认为，韩国在限制措施的公布方式、内容及在回复日本咨询等方面存在问题。在公布方式上，韩国在不同网站上以新闻稿的形式发布这些措施，使日本无法及时知晓该措施；在公布内容上，进口禁令使用模糊术语“水产品”而非HS编码和OIE《水生动物卫生法典》的定义，使日方无法准确了解禁令涉及的产品范围；关于附加检测要求的新闻稿仅包括部分检测项目、内容而非全部；在咨询方面，韩国SPS咨询点没有对日本的相关咨询做出有效答复。因此，韩国未正确履行《SPS协定》项下的透明度义务。

专家组调查认为，协定附件B.1规定的“公布”与B.5规定的“通报”存在质的差异，前者要求公布已获通过的法规内容，而非公布该法规的存在或其简介，实现方式可以“通过官方公报等正式途径，或通过新闻通稿、网站等转载法规内容”。专家组同时指出，基于附件B.2“使出口成员、特别是发展中成员的生产者有时间使其产品和生产方法适应进口成员的要求”可以推论，法规的公布应包含足够的内容，使有关成员“了解适用于其商品的条件（包括具体原则和方法）。韩国全面进口禁令的新闻通稿使用模糊的术语“水产品”而非国际协调的HS编码或OIE《水生动物卫生法典》中的术语，使日本无法准确了解该禁令涵盖的准确产品范围；2011 年和 2013 年的附加检测要求的相关新闻通稿未提及触发附加检测的铯或碘的水平，即未公布法规全部内容。同时，专家组认为，韩国没有提供证据证明在采取措施时日本知道访问指定的网站以获取有关措施信息，且韩国没能提供“自适当时间段开始的网站存档版本”，无法确定公布新闻通稿的网址在韩国宣布措施的当天是否可用。因此，专家组支持日本观点。

韩国在上诉中指出，附件 B.1 只要求向有关成员公布动植物卫生检疫法规，而专家组认为在公布时应“包含充分的内容，使相关成员了解对于产品的要求（包括具体原则和方法）”，这超出了《SPS 协定》附件 B.1 规定的义务。同时，韩国认为专家组的其他结论，包括认为韩国的全面进口禁令新闻通稿没有包含涉及的全部产品，附加检测要求新闻通稿不能使日本了解适用于产品的条件，以及韩国不能证明有关成员可从相关网站找到被质疑措施信息等均不正确。此外，韩国认为，日韩对公布新闻通稿当日相关网站是否可用并无争议，专家组要求韩国就无争议事项提供“网页的存档版本”等证据不符合 DSU 第 11 条的规定。

上诉机构认为，根据协定附件 B.1 和 B.2 之规定，成员在公布法规时应采用其他成员熟悉的方式，且应包括充分的信息，以使有关成员能够及时了解包括涉及的产品及要求。发布的信息是否需要包括专家组所指的适用于产品的“具体原则和方法”，只能根据法规的性质、涵盖的产品范围以及所涉 SPS 风险的性质等具体情况而定。对于韩国全面禁令和附加检测要求，上诉机构支持专家组的看法，认为韩国未公布足够的信息以确保日本知晓这些要求；在信息的可获取性方面，韩国的 3 项措施新闻通稿分别在 3 个不同的政府网站发布，特别是全面禁止禁令是在不直接负责相关产品进口的总理办公室网站发布，且未能证明日本为什么应该知道通过这些网站得到这些措施信息，因此上诉机构支持专家组的结论，即韩国公布措施的方式不符合附件 B.1 要求。对于专家组因为“韩国没有提供网站当时的存档版本”而推出“当天应该无法登录该网站”的结论，上诉机构认为，专家组不应在日本没有对公布日期提出质疑的情况下，让韩国预见到将要求其提交网页的存档版本，以证明政府网站上新闻通稿的公布日期，同时，专家组也没有考虑韩国的新闻通稿本身就含有相关措施公布实施日期相关信息，因此认定专家组未对此问题做出客观评估。

（2）咨询义务

《SPS 协定》附件 B.3 规定，“每一成员应保证设立一咨询点，负责对有利害关系的成员提出的所有合理问题作出答复”。日本认为，韩国 SPS 咨询点在对日本的第一次咨询进行答复之后，没有对日本的第二次咨询进行答复，违背协定要求。韩国则认为，其咨询点答复了日本的第一次咨询，就意味着已经履行了义务，且咨询点没有答复的单次事例并不构成不符合附件 B.3 的结论。

专家组认为，是否遵守了附件 B.3 不能仅通过设立咨询点的形式决定，还应该看对合理问题提供的实际资料和答复。咨询是一个反复的过程，而咨询点不可能采用“十全十美的标准”。然而，尽管单次答复的不完整或未能在答复时提供某一个文件不一定会构成不符合附件 B.3 的要件，但“完全不答复就应该属于不符合附件 B.3”。

韩国上诉指出，附件 B.3 款所要求的义务是成员确保设立一个咨询点，并赋予该条款所述的职责。不符合该条款的主张必须以成员没有确保设立咨询点为依据，长期或多次未能对请求作出答复也可能构成违规，但该条款并未暗示对一个问题的单次失误就必然造成违规。

上诉机构认为，《SPS 协定》附件 B.3 款要求成员确保设立了一个负责回答所有合理问题和提供相关文件的咨询点。咨询点是否以及实际在何种程度上为所有合理问题提供答复和文件，与评估该条款的符合性存在密切联系。该评估需要审查所有相关因素，包括审查该咨询点收到的问题总数、问题得到答复的比例和范围、所寻求和收到的信息的性质和范围，以及咨询点是否多次未答复。然而，专家组没有对日本第二次请求所搜索的信息的范围和性质进行评估，也没有审查韩国的咨询点在一段时间内总共收到了多少请求、回答问题的比例以及是否存在多次未提供答复情况。因此，专家组仅凭咨询点一次没有回复就认定不符合附件 B.3 的结论不正确。

6. 关于专家组对证据的处理

韩国和日本在申诉时均提出，专家组在评估韩国的措施是否符合《SPS 协定》第 2.3 条和第 5.6 条时，在处理证据方面存在失误。韩国称，专家组考虑了韩国采取被质疑措施时尚未获得的证据，或在专家组成立之时并不存在的证据，并依据这些证据认定日本与其他成员存在情形相似的条件，且日本提出的替代措施可以达到韩国的 ALOP。日本也提出，专家组在评估韩国措施是否符合第 2.3 条和第 5.6 条规定时，忽略了日本在专家组成立时提交的证据，但认为此等失误并不会对专家组的调查发现产生重大影响。

上诉机构指出，由于已经认定专家组在适用《SPS 协定》第 2.3 条、第 5.6 条时存在错误，其结论已被推翻，因此没有必要再对专家组在处理证据时是否存在失误进行进一步审查。

7. 关于专家组的遴选

韩国在申诉中指出，专家组的决定是与两名专家协商之后做出的。而专家组在任命这 2 名专家时无视韩国的正当程序权利，不符合 DSU 第 11 条之规定。韩国认为，专家组本应能够通过客观的依据认定这两位专家的独立性或公正性可能受到影响，或对他们的独立性或公正性产生正当的怀疑。为此，韩国要求上诉机构否定专家组的结论。日本则认为，专家组在其专家遴选过程中较为严苛，且尊重了韩国的正当程序权利，同时韩国未能证明专家组不符合 DSU 第 11 条的规定。

上诉机构经调查确定，专家组在评估韩国采取的措施是否符合第 2.3 条、第 5.6 条和第 5.7 条规定时，主要以 2 名专家对专家组问题的答复为依据。但考虑到专家组根据第 2.3 条和第 5.6 条得出的结论已被推翻，且专家组根据第 5.7 条得出的结论尚有争议，不具备法律效力，因此没有必要进一步审查在遴选专家时是否存在不妥。

四、评析与启示

1. ALOP 的内涵及要求

在《SPS 协定》中，ALOP 指制定 SPS 措施以保护其领土内的人类、动物或植物的生命或健康的成员所认为适当的保护水平（Appropriate Level of Protection），许多成员也称此概念为“可接受的风险水平”（Acceptable Level of Risk，即 ALOR）。设定并维持 ALOP 是《SPS 协定》授予各成员的基本权利。ALOP 可以定量，也可以定性，或者是二者的组合。由于影响人类及动植物健康的风险特性各不相同，相应 ALOP 的表现形式也会多种多样，如食品中化学残留限量标准要求，植物产品“不得携带检疫性有害生物”要求等；针对同一类风险，不同成员的ALOP要求及内涵也会有差异。如在日韩争端中，日本认为针对食品中放射性污染风险的ALOP就是不超过限量标准要求，而韩国则认为该ALOP应包括“不超过限量标准要求、维持在正常环境水平及最低合理可行水平”等3个要素。

按照《SPS协定》规定，结合本案可以看出，各成员在设定并维持ALOP时，应遵循以下要求：一是ALOP作为一项衡量指标，必须具体、明确；二是ALOP的保护水平应“适当”，应与本成员的经济社会发展水平和安全保护需求相匹配；三是ALOP应避免歧视性，即避免在情形相似情况下存在任意的或不合理的差异；四是实现ALOP所采取的SPS措施应合理，应选择技术性上可行、经济成本较低的措施。

2.“透明度”的内涵及要求

保证SPS法规制定和实施的“透明”是各WTO成员最基本的义务。相比《SPS协定》其他规则而言，《SPS协定》中的透明度规则规定比较明确，也相对简单，引发争议、特别是诉诸争端解决机制的案例很少。尽管如此，日韩争端案仍提出了不少值得探究的问题。

（1）“公布”义务。“公布”义务是针对各成员已经采用的SPS法规（regulation，非measure）而言的。对此，《SPS协定》有3方面要求：一是公布时间要“迅速”。根据日韩争端案的解释，“迅速”一般指措施采用的当天；二是公布范围是“所有”，即公布的内容应是法规的全部内容，应全面；三是公布途径“能使相关成员知晓”。公布可以通过官方公报等正式途径，也可以通过新闻通稿、网站等途径，但不论方式如何，该公布途径应为相关成员所熟知。对此，公布方承担举证责任。

（2）“通报”义务。“通报”义务是针对各成员拟采取的SPS法规（即法规草案）而言的。对于“通报”，《SPS协定》有下述几方面要求：一是通报机构，各WTO成员需要设立机构负责通报相关工作；二是通报范围，包括两个要件：1）相关国际标准不存在或法规内容与相关国际标准“实质不同”，“实质不同”通常指法规的要求严于国际标准；2）对国际贸易有“重大影响”。对于何为“重大影响”，目前并无一致的判定标准。在实践中，通常认为只要对国际贸易有影响，不论大小，都应该通报。但“通报”更多是一种信息告知，这点和最终法规的全面“公布”有显著区别；三是通报评议，法规通报方要留出合理评议时间（一般为 60 天，紧急措施除外），以便各利益相关方研究提出书面意见，并要对这些意见予以考虑；四是提供法规草案，如果其他成员方有要求，通报方应向其提供法规草案文本，并在可能的情况下标出该法规与国际标准实质不同的部分。

（3）“咨询”义务。《SPS 协定》对“咨询”提出了几方面要求：一是要求各成员设立“咨询点”，负责答复其他成员关于 SPS 措施方面的问题；二是明确咨询的业务范围，不仅包括生效或拟议的 SPS 法规，还包括相关控制和检查程序、生产和检疫处理方法，杀虫剂、食品添加剂等投入品的批准程序，风险评估及 ALOP 确定的程序及考虑的因素等；三是明确仅有义务对“合理问题”予以回复。对于何为“合理”，《SPS 协定》未做进一步说明。在日韩放射性污染争端案例中，上诉机构认为在评估咨询点是否正确履行其义务时，需要根据接收的问题数量、问题的合理性和性质、问题的复杂程度及一定期限内回复的比例等进行综合判断，对个别咨询不予回复或回复不充分并不构成违规。

参考文献

[1] World Trade Organization. The WTO agreements series [R].Geneva: WTO, 2014.

[2] 世界贸易组织.技术性贸易壁垒协定[Z].1994

[3] 葛志荣.《技术性贸易壁垒协定》的理解[M].北京：中国农业出版社，2001.

[4] Committee on Technical Barriers to Trade-Twenty-fifth annual review of the implementation and operation of the TBT Agreement [R/OL].https://docs.wto.org/dol2fe/Pages/SS/directdoc.aspx?filename=q: /G/TBT/44.pdf&Open=True.

[5] World Trade Organization.WTO Dispute Settlement: One-Page Case Summaries 1995-2018 [R].Geneva: WTO, 2019.

[6] World Trade Organization.The WTO agreements series [R].Geneva: WTO, 2010.

[7] 世界贸易组织.实施卫生与植物卫生措施协定[Z].1994

[8] 葛志荣.《实施卫生与植物卫生措施协定》的理解[M].北京：中国农业出版社，2001.

[9] Committee on Sanitary and Phytosanitary Measures.Review of the operation and implementation of the SPS Agreement [R/OL].https://docs.wto.org/dol2fe/Pages/SS/directdoc.aspx?filename=q: /G/SPS/64.pdf&Open=True

[10] Committee on Sanitary and Phytosanitary Measures.Overview regarding the level of implementation of the transparency provisions of the SPS Agreement [R/OL].https://docs.wto.org/dol2fe/Pages/SS/directdoc.aspx?filename=q: /G/SPS/GEN804R12.pdf&Open=True

[11] Committee on Sanitary and Phytosanitary Measures.Specific trade concerns [R/OL].https://docs.wto.org/dol2fe/Pages/SS/directdoc.aspx?filename=q: /G/SPS/GEN204R20.pdf&Open=True

[12] Understanding Codex》FAO/WHO, Rome 2016

[13] FAO/WHO The Procedural Manual of Codex Alimentarius Commission,

Twenty-Fifth Edition, 2016

[14] FAO/WHO. Report of the thirty-eighth session of the Codex Committee on Pesticide Residues. Fortaleza, Brazil, 3-8 April 2006 http: //www.fao.org/fao-who-codexalimentarius/sh-proxy/en/?lnk=1&url=https%253A%252F%252Fworkspace.fao.org%252Fsites%252Fcodex%252FMeetings%252FCX-718-38%252Fal29_24e.pdf

[15] FAO/WHO. Report of the thirty-ninth session of the Codex Committee on Pesticide Residues. Beijing, China, 7-12 May 2007 http: //www.fao.org/fao-who-codexalimentarius/sh-proxy/en/?lnk=1&url=https%253A%252F%252Fworkspace.fao.org%252Fsites%252Fcodex%252FMeetings%252FCX-718-39%252Fal30_24e.pdf

[16] FAO/WHO. Report of the fortieth session of the Codex Committee on Pesticide Residues. Hangzhou, China, 14–19 April 2008 http: //www.fao.org/fao-who-codexalimentarius/sh-proxy/en/?lnk=1&url=https%253A%252F%252Fworkspace.fao.org%252Fsites%252Fcodex%252FMeetings%252FCX-718-40%252Fal31_24e.pdf

[17] FAO/WHO. Report of the forty-first session of the Codex Committee on Pesticide Residues. Beijing, China, 20–25 April 2009 http: //www.fao.org/fao-who-codexalimentarius/sh-proxy/en/?lnk=1&url=https%253A%252F%252Fworkspace.fao.org%252Fsites%252Fcodex%252FMeetings%252FCX-718-41%252Fal32_24e.pdf

[18] FAO/WHO. Report of the 43rd session of the Codex Committee on Pesticide Residues. Beijing, China, 4-9 April 2011 http: //www.fao.org/fao-who-codexalimentarius/sh-proxy/en/?lnk=1&url=https%253A%252F%252Fworkspace.fao.org%252Fsites%252Fcodex%252FMeetings%252FCX-718-43%252FREP11_PRe.pdf

[19] FAO/WHO. Report of the 44th session of the Codex Committee on Pesticide Residues. Shanghai, China, 23-28 April 2012 http: //www.fao.org/fao-who-codexalimentarius/sh-proxy/en/?lnk=1&url=https%253A%252F%252Fworkspace.fao.org%252Fsites%252Fcodex%252FMeetings%252FCX-718-44%252FREP12_PRe.pdf

[20] FAO/WHO. Report of the 45th session of the Codex Committee on Pesticide

Residues. Beijing, China, 6–11 May 2013 http://www.fao.org/fao-who-codexalimentarius/sh-proxy/en/?lnk=1&url=https%253A%252F%252Fworkspace.fao.org%252Fsites%252Fcodex%252FMeetings%252FCX-718-45%252FREP13_PRe.pdf

[21] FAO/WHO. Report of the 46th session of the Codex Committee on Pesticide Residues. Nanjing, China, 5–10 May 2014 http://www.fao.org/fao-who-codexalimentarius/sh-proxy/en/?lnk=1&url=https%253A%252F%252Fworkspace.fao.org%252Fsites%252Fcodex%252FMeetings%252FCX-718-46%252FREP14_PRe.pdf

[22] FAO/WHO. Report of the 47th session of the Codex Committee on Pesticide Residues. Beijing, China, 13–18 April 2015 http://www.fao.org/fao-who-codexalimentarius/sh-proxy/en/?lnk=1&url=https%253A%252F%252Fworkspace.fao.org%252Fsites%252Fcodex%252FMeetings%252FCX-711-47%252FREP15_FAe.pdf

[23] FAO/WHO. Report of the 48th session of the Codex Committee on Pesticide Residues. Chongqing, China, 25–30 April 2016 http://www.fao.org/fao-who-codexalimentarius/sh-proxy/en/?lnk=1&url=https%253A%252F%252Fworkspace.fao.org%252Fsites%252Fcodex%252FMeetings%252FCX-718-48%252FReport%252FREP16_PRe.pdf

[24] FAO/WHO. Report of the 49th session of the Codex Committee on Pesticide Residues. Chongqing, China, 25–30 April 2016Beijing, P.R. China, 24–29 April 2017 http://www.fao.org/fao-who-codexalimentarius/sh-proxy/en/?lnk=1&url=https%253A%252F%252Fworkspace.fao.org%252Fsites%252Fcodex%252FMeetings%252FCX-718-49%252FREPORT%252FREP17_PRe.pdf

[25] FAO/WHO. Report of the 50th session of the Codex Committee on Pesticide Residues. Haikou, P.R. China, 9–14 April 2018 http://www.fao.org/fao-who-codexalimentarius/sh-proxy/en/?lnk=1&url=https%253A%252F%252Fworkspace.fao.org%252Fsites%252Fcodex%252FMeetings%252FCX-718-50%252FREPORT%252FFINAL%252520REPORT%252FREP18_PRe.pdf

[26] FAO/WHO. Report of the 51st Session of the Codex Committee on Pesticide Residues. Macao SAR, P.R. China, 8–13 April 2019 http://www.fao.org/fao-who-codexalimentarius/sh-proxy/en/?lnk=1&url=https%253A%252F%

252Fworkspace.fao.org%252Fsites%252Fcodex%252FMeetings%252FCX-718-51%252FREPORT%252FFinal%252520Report%252FREP19_PRe.pdf

[27] ALINORM 08/31/24, Report of the 40th Session of the Codex Committee on Pesticide residues, Hangzhou, China, April 14-19, 2008, Geneva: FAO/WHO Joint Publications, 2008

[28] ALINORM 09/32/24, Report of the 41st Session of the Codex Committee on Pesticide residues, Beijing, China, April 20-25, 2009, Geneva: FAO/WHO Joint Publications, 2009

[29] ALINORM 10/33/24, Report of the 42nd Session of the Codex Committee on Pesticide residues, Xian, China, April 19-24, 2010, Geneva: FAO/WHO Joint Publications, 2010

[30] Codex Alimentarius Commission, REP11/PR, Report of the 43rd Session of the Codex Committee on Pesticide residues, Beijing, China, April 4-9, 2011, Geneva: FAO/WHO Joint Publications, 2011

[31] Codex Alimentarius Commission, REP12/PR, Report of the 44th Session of the Codex Committee on Pesticide residues, Shanghai, China, April 23-28, 2012, Geneva: FAO/WHO Joint Publications, 2012

[32] Codex Alimentarius Commission, REP13/PR, Report of the 45th Session of the Codex Committee on Pesticide residues, Beijing, China, May 6-11, 2013, Geneva: FAO/WHO Joint Publications, 2013

[33] Codex Alimentarius Commission, REP14/PR, Report of the 46th Session of the Codex Committee on Pesticide residues, Naning, China, May 5-10, 2014, Geneva: FAO/WHO Joint Publications, 2014

[34] Codex Alimentarius Commission, REP15/PR, Report of the 47th Session of the Codex Committee on Pesticide residues, Beijing, China, April 13-18, 2015, Geneva: FAO/WHO Joint Publications, 2015

[35] Codex Alimentarius Commission, REP16/PR, Report of the 48th Session of the Codex Committee on Pesticide residues, Chongqing, China, April 25-30, 2016, Geneva: FAO/WHO Joint Publications, 2016

[36] Codex Alimentarius Commission, REP17/PR, Report of the 49th Session of the Codex Committee on Pesticide residues, Beijing, China, April 24-29, 2017, Geneva: FAO/WHO Joint Publications, 2017

[37] Codex Alimentarius Commission，REP18/PR，Report of the 50th Session of the Codex Committee on Pesticide residues，Haikou，China，April 9-14，2018，Geneva：FAO/WHO Joint Publications，2018

[38] Codex Alimentarius Commission，REP19/PR，Report of the 51st Session of the Codex Committee on Pesticide residues，Macao，China，April 8-13，2019，Geneva：FAO/WHO Joint Publications，2019

[39] Codex Committee on Pesticide residues. Codex Classification of Foods and Animal Feeds，Draft Revision-1. Geneva：FAO/WHO Joint Publications，2006

[40] 季颖、张宏军、刘丰茂. 国际食品法典和中国农产品分类实用手册[M]. 北京：中国大百科全书出版社，2015

[41] 周普国、季颖、刘丰茂，等. 国际食品法典农药残留标准制定进展[M]. 北京：中国农业出版社，2017

[42] FAO/IPPC. Standards Committee（SC）[EB/OL]. https：//www.ippc.int/en/core-activities/standards-setting/standards-committee/.（2018-07-20）[2020-09-21].

[43] FAO/IPPC. IPPC General Survey 2016：A Report of Findings of Contracting Party Implementation [EB/OL]. https：//www.ippc.int/en/publications/88314/.（2020-08-15）[2020-09-21].

[44] WTO/STDF. Global Phytosanitary Manuals，Standard Operating Procedures and Training Kits Project [EB/OL]. https：//www.standardsfacility.org/sites/default/files/STDF_PG_350_Evaluation_Report_Jan19.pdf.（2019-01-19）[2020-04-13].

[45] FAO/IPPC. Progress of key Implementation and Capacity Development activities [EB/OL]. https：//www.ippc.int/static/media/files/publication/en/2020/02/28_CPM_2020_ICD_activities_in_2019_2020-02-19.pdf.（2020-02-19）[2020-04-13].

[46] FAO/IPPC. Fourteenth Session of the Commission on Phytosanitary Measures Report [EB/OL]. https：//www.ippc.int/static/media/files/publication/en/2019/07/CPM-14_Report_withISPMs-2019-07-31.pdf.（2019-07-31）[2020-04-13].

[47] FAO/IPPC. Twelfth Session of the Commission on Phytosanitary Measures

Report [EB/OL] . https: //www.ippc.int/static/media/files/publication/en/2017/05/CPM-12_Report-2017-05-30_withISPMs.pdf. (2017-05-30) [2020-04-13] .

[48] FAO/IPPC. Joint Work Plan between the WCO and the IPPC Secretariat [EB/OL] . https: //www.ippc.int/en/partners/wco/publications/2019/03/joint-work-plan-between-the-wco-and-the-ippc-secretarait/. (2019-03-18)[2020-04-13] .

[49] FAO/IPPC. IPPC Secretariat launches new IPPC pest reports bulletin to facilitate global phytosanitary information exchange [EB/OL] . https: //www.ippc.int/en/news/ippc-secretariat-launches-new-ippc-pest-reports-bulletin-to-facilitate-global-phytosanitary-information-exchange/. (2020-02-04)[2020-04-13] .

[50] FAO/IPPC. Fifth Implementation and Capacity Development Committee (IC) report [EB/OL] . https: //www.ippc.int/static/media/files/publication/en/2020/01/Report_2019_Nov_IC_meeting_2020-01-07.pdf. (2020-01-17) [2020-04-13] .

[51] FAO/IPPC. Topics for IRSS Studies and Surveys [EB/OL] . https: //www.ippc.int/en/publications/87720/. (2019-10-17)[2020-04-13] .

[52] FAO/IPPC. Implementation and Capacity Development Projects [EB/OL] . https: //www.ippc.int/en/core-activities/capacity-development/projects-on-implementation-and-capacity-development/. (2020-01-15)[2020-04-13] .

[53] FAO/IPPC. Phytosanitary Capacity Evaluation (PCE)[EB/OL] . https: //www.ippc.int/en/core-activities/capacity-development/phytosanitary-capacity-evaluation/. (2020-03-12)[2020-04-13] .

[54] FAO/IPPC. Implementation of Phytosanitary Capacity Evaluations under the IPPC Secretariat oversight from 2000 to date [EB/OL] . https: //www.ippc.int/static/media/uploads/implementation_of_pces_in_countries2020-03_12.pdf. (2020-03-12)[2020-04-13] .

[55] FAO/IPPC. IPPC Regional Workshops [EB/OL] . https: //www.ippc.int/en/core-activities/capacity-development/regional-ippc-workshops/. (2020-02-20)[2020-04-13] .

[56] FAO/IPPC. Technical Consultation among RPPOs [EB/OL] . https: //

www.ippc.int/en/core-activities/external-cooperation/partners/technical-consultation-among-rppos/.（2020-02-10）[2020-04-13].

[57] FAO/IPPC. The IPPC ePhyto Solution [EB/OL]. https：//www.ippc.int/en/ephyto/.（2018-06-27）[2020-04-13].

[58] FAO/IPPC. The IPPC ePhyto Solution Enters 2020 with Positive Momentum! [EB/OL]. https：//www.ippc.int/en/news/the-ippc-ephyto-solution-enters-2020-with-positive-momentum/.（2020-01-30）[2020-04-13].

[59] United Nations Conference on Trade and Development. Review of Maritime Transport 2019 [EB/OL]（2019）[2020-04-13].https：//unctad.org/en/PublicationsLibrary/rmt2019_en.pdf.

[60] 易宗强，周淑辉，顾光昊 . 集装箱检疫概述 [J]. 植物检疫，2018，32（6）：1-5.

[61] 国务院 . 国务院关于印发 2016 年推进简政放权放管结合优化服务改革工作要点的通知 [EB/OL]. http：//www.gov.cn/zhengce/content/2016-05/24/content_5076241.htm.（2016-05-23）[2020-04-13].

[62] 海关总署，农业农村部，国家林业和草原局 . 海关总署 农业农村部 国家林业和草原局公告 2018 年第 141 号关于《国（境）外引进农业种苗检疫审批单》等 3 种监管证件实施联网核查的公告 [EB/OL]. http：//www.customs.gov.cn/customs/302249/2480148/2480945/index.html.（2018-10-22）[2020-04-13].

[63] FAO/IPPC. Convention text [EB/OL]. https：//www.ippc.int/en/core-activities/governance/convention-text/.（1999-01-01）[2020-04-13].

[64] OIE. OIE Tool for the Evaluation of Performance of Veterinary Services [EB/OL]. https：//www.oie.int/fileadmin/Home/eng/Support_to_OIE_Members/docs/pdf/2019_PVS_Tool_FINAL.pdf.（2019）[2020-04-13].

[65] FAO/IPPC. Implementation pilot surveillance-The implementation pilot project on surveillance and emerging pests [EB/OL]. https：//www.ippc.int/en/publications/85494/.（2018-05-05）[2020-04-13].

[66] FAO/IPPC. Adoption of the IPPC Strategic Framework 2020-2030 Summary [EB/OL]. https：//www.ippc.int/static/media/files/publication/en/2020/01/08_CPM_2020_Summary_StrategicFramework-2020-01-31.pdf. =（2020-01-31）[2020-04-05].

[67] 王福祥 . 国际植保公约重点工作及国际植物检疫发展趋势 [J/OL] . 植物检疫：1-9. https：//doi.org/10.19662/j.cnki.issn1005-2755.2020.00.009.（2020-02-17）/ [2020-04-05] .

[68] 冯晓东，李潇楠，王晓亮，等 . 我国农业植物检疫性有害生物监测工作成效与建议 [J] . 中国植保导刊，2017，37（10）：71-75，79.

[69] 王晓亮，李潇楠，常均，等 . 全国植物检疫信息化管理系统的开发原则和设计思路 [J] . 中国植保导刊，2015，35（11）：70-75.

[70] 黄冲，刘万才，姜玉英，等 . 农作物重大病虫害数字化监测预警系统研究 [J] . 中国农机化学报，2016，37（05）：196-199，205.

[71] 李金祥，张弘，王树双，等 . 世界动物卫生组织及其规则 [M] . 北京：中国农业科学技术出版社，2008.

[72] 滕翔雁，周晓翠，王岩译 . 全球动物卫生背景下兽医机构的挑战与适应 [M] . 北京：中国农业出版社，2020.

[73] 周晓翠，姜雯，滕翔雁 .OIE 陆生动物卫生法典 [M] . 北京：中国农业出版社，2020.

[74] 刘湘涛，张强，等 . 口蹄疫 [M] . 北京：中国农业出版社，2015.

[75] 李卫华，刘飞，周鸿鹏 .OIE 动物福利标准与多边贸易政策框架 [J] . 中国动物检疫，2017，34（3）：65-69.

[76] 庞素芬 . 世界动物卫生组织第六战略计划简介 [J] . 中国动物检疫，2014，31（7）：37-38.

[77] Safe trade for sustainable development：the OIE and its contribution. https：//www.oie.int/fileadmin/Home/eng/Internationa_Standard_Setting/docs/pdf/Observatory/Safe_trade_for_sustainable_development.pdf.

[78] WTO 动植物卫生信息管理系统 http：//spsims.wto.org/en/Notifications/Search.

[79] OIE 参考实验室名单 https：//www.oie.int/scientific-expertise/reference-laboratories/list-of-laboratories/.

[80] European Union-Draft Implementing Regulations amending Regulation（EC）No. 607/2009 laying down detailed rules for the application of Council Regulation（EC）No 479/2008 as regards protected designations of origin and geographical indications，traditional terms，labelling and presentation of certain wine sector products（ID 345）[EB/OL] . http：//tbtims.wto.org/en/

SpecificTradeConcerns/View?ImsId=345

[81] European Union-Amendments to the Directive 2009/28/EC, Renewable Energy Directive (ID 553)[EB/OL] . http: //tbtims.wto.org/en/Specific-TradeConcerns/View?ImsId=553

[82] Brazil-Technical Regulation 14, 8 February 2018, to set the additional official identity, quality standards for wine and derivatives of grape and wine products as well as the requirements to be acquainted and Technical Regulation No. 48, 31 August 2018 published in the Official Gazette on 10 September 2018 (ID 568)[EB/OL] . http: //tbtims.wto.org/en/SpecificTradeConcerns/View?ImsId=568

[83] Korea's import restrictions due to African swine fever (ID 393)[EB/OL] . http: //spsims.wto.org/en/SpecificTradeConcerns/View?ImsId=393

[84] US import restrictions on apples and pears (ID 439)[EB/OL] . http: //spsims.wto.org/en/SpecificTradeConcerns/View?ImsId=439

[85] New EU MRLs for lambda-cyhalothrin (ID 459)[EB/OL] . http: //spsims.wto.org/en/SpecificTradeConcerns/View?ImsId=459

[86] Government Accountability Office. Seafood Safety: Responsibility for Inspecting Catfish Should Not Be Assigned to USDA (GAO-12-411)[EB/OL] . (2012-06-08)[2021-03-23] . http: //www.gao.gov/products/GAO-12-411.

[87] United States Department of Agriculture. Risk Assessment of the Potential Human Health Effect of Applying Continuous Inspection to Catfish [EB/OL] . (2012-07-01)[2021-03-23] https: //www.fsis.usda.gov/sites/default/files/media_file/2020-07/Catfish_Risk_Assess_July2012.pdf.

[88] 李乐，何雅静 . 水产品 WTO 通报评议与案例分析 [M] . 北京：中国农业出版社，2017.

[89] 何雅静，李乐，宋怿 . 美国鲶鱼法案解读及我国的应对策略 [J] . 世界农业，2019 (7): 121-125，247-248.

[90] 何雅静，李乐，房金岑，等 . WTO 成员有关水产品技术性贸易措施的通报趋势及其对中国的影响 [J] . 中国渔业质量与标准，2015，5 (2): 28-34.

[91] 贾立甲，李建军，王耀 . TBT 协定中认定技术法规的“强制性”判断标准探析 [J] . 口岸科学与技术，2020，(9): 50-54